PHYSIK

Band 9/10

Gymnasium
Niedersachsen

Schroedel
westermann

DORN·BADER

PHYSIK

Band 9/10

Gymnasium
Niedersachsen

Herausgegeben von
Prof. Dr. Rainer Müller

Begründet von
Prof. Dr. Franz Bader †, Prof. Friedrich Dorn †

Bearbeitet von
Dr. Peter Drehmann
Prof. Dr. Gunnar Friege
Christian Koch
Prof. Dr. Rainer Müller
Holger Wendlandt

westermann GRUPPE

© 2016 Bildungshaus Schulbuchverlage
Westermann Schroedel Diesterweg
Schöningh Winklers GmbH, Braunschweig
www.schroedel.de

Druck A^4 / Jahr 2019
Alle Drucke der Serie A sind im Unterricht parallel verwendbar.

Redaktion: Armin Kreuzburg
Grafiken: Dirk Hinrichs, Liselotte Lüddecke, newVISION! GmbH, Domke Grafik,
diGraph Medienservice Fontner-Forget, Sperling Info Design, ww-visuell, Werner
Wildermuth
Fotos: Michael Fabian, Christian Gleixner, Hans Tegen, Heinz-Werner Oberholz
Umschlaggestaltung: elbe-drei, Hamburg
Typografie, Layout und Satz: Fa. Lithos, Dirk Hinrichs, Wolfenbüttel
Druck und Bindung: Westermann Druck GmbH, Braunschweig

ISBN 978-3-507-86774-1

Inhaltsverzeichnis

Energieerhaltung quantitativ

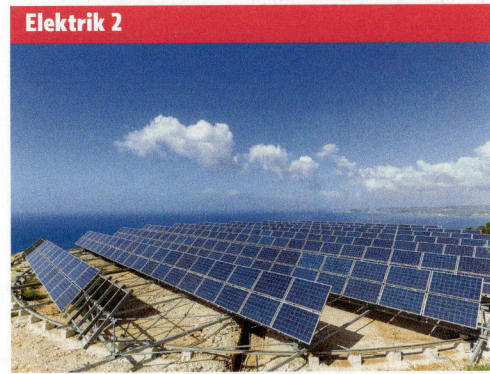

Elektrik 2

Die mit „■" gekennzeichneten Seiten beinhalten ergänzende Vertiefungen, Themen und Projekte.

Atom- und Kernphysik

Atom- und Kernphysik

Thermodynamik

„Wenn du eine ausführliche Antwort haben willst, dann hole Papier und Bleistift", sagt Ingas Opa immer, wenn sie mit einer Frage zu ihm geht. Meistens muss sie bei der Suche nach der ausführlichen und verständlichen Antwort auch noch ein Lexikon oder ein bestimmtes Buch aus dem Bücherschrank holen.

So ein idealer Opa steht nicht allen und meist auch nur selten zur Verfügung. Aus diesem Grund ist es hilfreich, wenn du früh lernst, Antworten auf deine Fragen selbst zu suchen.

Dieses Physikbuch ist dafür geschrieben, dir ausführliche und verständliche Erklärungen zu liefern. Es ist also vorteilhaft, wenn du dich in deinem Physikbuch gut zurecht findest.

Im **Inhaltsverzeichnis** dieses Buches findest du die Themen für all das, was du am Ende deines Physikunterrichts von Physik verstehen sollst und wo im Alltag du die Physik wiederfindest.

Physikbücher enthalten ganz hinten auch ein **Stichwortverzeichnis** ① – das ist ein alphabetisches Verzeichnis der Wörter, die man benutzt, wenn man über die behandelten Themen redet. Dort findest du zu jedem Wort eine oder mehrere Seitenzahlen. Sie sagen dir, wo du das Wort im Buch wiederfindest.

Physikbücher sagen nicht nur *wie etwas ist*, sondern auch, *woher man weiß, wie es ist* und *wie man es sich erarbeitet*. Wie Ingas Opa gibt dieses Physikbuch meistens ausführliche und gründliche Erklärungen.

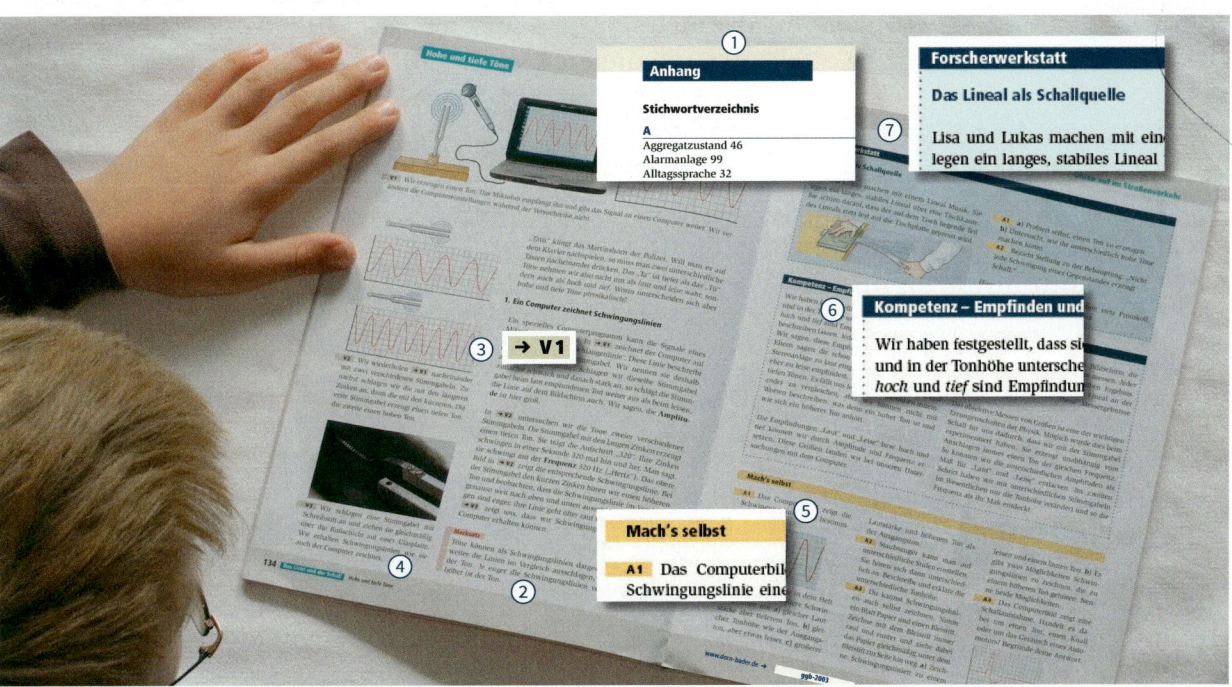

Der Text auf einer Seite ist meistens in eine Hauptspalte und eine Nebenspalte aufgeteilt.

→ In der **breiten Hauptspalte** ② findest du die Hauptgedanken zu einem Thema: Was wollen wir wissen? Welche Überlegungen müssen wir anstellen? Welche Ergebnisse finden wir durch Experimente?

→ Ein Pfeil → ③ in der Hauptspalte lenkt dich zu Experimenten in der **schmalen Nebenspalte** ④. Sie sind für das Verständnis von Physik unentbehrlich. Dort findest du auch erläuternde und unterstützende Bilder und Tabellen.

Aufgaben findest du unter den gelben **Mach's selbst** ⑤ Kästen.

In blau gerahmten Kästen findest du zusammengefasst, was du an Können (**Kompetenz**) ⑥ erworben hast.

Für zusätzliche Physikstunden gibt es **Vertiefungen**, Lesetexte mit interessanten **Informationen und Projekte** für eigenes Experimentieren. Zudem findest du **Ergänzungen** und **Forscherwerkstätten** ⑦ mit weiteren Experimenten und Hinweisen zum Unterrichtsthema.

Energieerhaltung quantitativ

Das kannst du in diesem Kapitel erreichen:

- Du kennst verschiedene Energieformen und kannst die Änderung der Energie in ausgewählten Beispielen berechnen.

- Du kannst den Unterschied zwischen Temperatur und innerer Energie mit Beispielen erläutern.

- Du erklärst, warum bei der Änderung eines Aggregatzustandes die Temperatur trotz Energieänderung gleich bleibt.

- Du wendest den Energieerhaltungssatz zur Lösung physikalischer Fragestellungen an.

- Du kannst Experimente zur Messung von Energieänderungen planen und durchführen und die Messergebnisse bewerten.

Energie im Alltag

A1 Die Bilder zeigen den Bewegungsablauf beim Stabhochsprung. Die richtige Technik ist dabei entscheidend. Beschreibe den Bewegungsablauf aus sportlicher Sicht. Welche Höhen werden erreicht? Beschreibe den Ablauf auch aus physikalischer Sicht mit Hilfe des Energiebegriffs.

A2 Beim Ice-Battle versuchen zwei Paare, nur mit ihrer Körperwärme Flugtickets für Las Vegas aus einem Eisblock freizuschmelzen. Wer am schnellsten ist, bekommt den Flug. Wie soll man dabei vorgehen?
Sammle Ideen und Vorschläge. Schätze ab, wie lange der Vorgang dauert. Führe dazu eigene Versuche mit einem Eiswürfel durch. Beschreibe, welche Rolle die Energie dabei spielt.

A4 Ein „Perpetuum mobile" ist ein Gerät, das sich ohne Antrieb ständig bewegt. Immer wieder haben Menschen solche Geräte erdacht. Erkläre das gezeigte Beispiel. Heutzutage sind Physiker der Überzeugung, dass es kein Perpetuum mobile geben kann. Informiere dich, wie diese Überzeugung begründet wird.

A3 Eine Powerbank liefert Reserveenergie für ein Smartphone. Nenne Kriterien, die man beim Kauf einer Powerbank beachten sollte. Was kann man tun, wenn der elektrische Strom über längere Zeit ausfällt? Sammle kreative Ideen, wie man elektrische Energie erzeugen kann.

A5 Max führt es vor wie eine Mutprobe: Er zieht den Kopf nicht weg, wenn die Kugel zurückschwingt. Warum kann er sicher sein, dass die Kugel ihn beim Zurückschwingen nicht verletzt? Worauf muss er beim Start der Kugel achten.

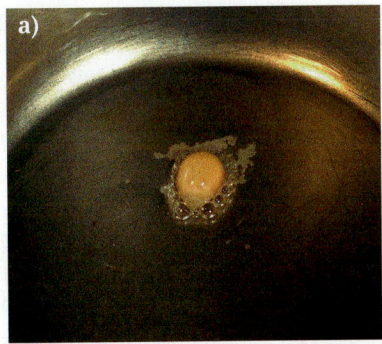 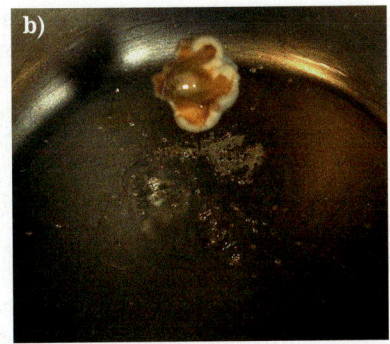 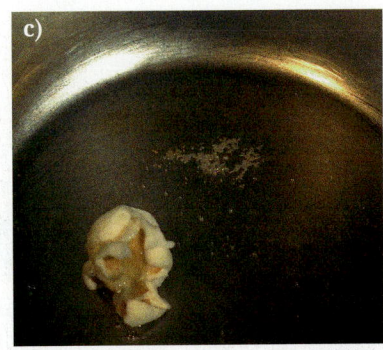

V1 **a) – c)** Die Entstehung von Popcorn im Zeitraffer: Das Maiskorn wird im heißen Öl erhitzt. Bei ca. 180 °C reißt die Hülle des Korns auf und das fertige Popcorn springt in die Höhe. Der Vorgang läuft im Bruchteil einer Sekunde ab.

1. Welchen Weg nimmt die Energie?

Popcorn entsteht, wenn Maiskörner erhitzt werden. Nach kurzer Zeit bläht sich das Innere des Maiskorns auf, es macht „plopp" und das Maiskorn springt in die Höhe **→ V1**.

Wir untersuchen den Vorgang unter dem Gesichtspunkt: Welchen Weg nimmt die Energie? Zunächst steckt die Energie als innere Energie in dem ca. 200 °C heißen Öl **→ V1a**. Aus dem Öl wandert Energie in das Maiskorn und erhöht dessen Temperatur. Bei ca. 180 °C dehnt sich das Innere des Maiskorns schlagartig aus **→ V1b** und schleudert das Popcorn in die Höhe **→ V1c**. Dabei wird ein kleiner Teil der inneren Energie in Bewegungsenergie umgewandelt.

Auf der Flugbahn nach oben wird die Bewegungsenergie mehr und mehr in Höhenenergie umgewandelt. Am höchsten Punkt angekommen ist sie dann für einen kurzen Moment vollständig in Höhenenergie umgewandelt. Die **Energieübertragungskette** (EÜK) **→ B1** veranschaulicht die Umwandlung in verschiedene Energieformen mit Hilfe von Energiekonten. Wichtige Energiekonten sind in Tabelle **→ T1** zusammengestellt. Manchmal benötigt man für die Übertragung der Energie auf ein anderes Energiekonto ein technisches Gerät, einen **Energiewandler**. **→ B2** zeigt ein Beispiel, wie ein Energiewandler in einer EÜK dargestellt wird.

2. Die Einheit der Energie

Energie kann man messen. Erst dadurch ist es möglich, Vorgänge zu vergleichen und Energie optimal zu nutzen.
Die Maßeinheit für die Energie ist 1 J (Joule). Bei Nahrungsmitteln wird die Energie auch in der Einheit „Kalorie" angegeben. Eine Tafel Schokolade enthält ca. 2000 kJ – das sind ca. 480 kcal (kJ = 1000 J).

Merksatz

Energie wird in Joule (J) gemessen. Mit etwa 4,2 J kann man die Temperatur von 1 g Wasser um 1 °C erhöhen.

B1 Die Energieübertragungskette (EÜK) zeigt die beteiligten Energiekonten für **→ V1**. Jeder Kasten stellt ein Energiekonto dar. Bei diesem Vorgang sind drei verschiedene Energiekonten des Maiskorns beteiligt.

Energiekonto	Formelzeichen
Innere Energie	W_{In}
Höhenenergie	W_{H}
Bewegungsenergie	W_{Bew}
Spannenergie	W_{Sp}
Chemische Energie	W_{Ch}

T1 Wichtige Energiekonten

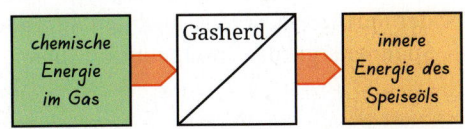

B2 In einer EÜK wird ein Energiewandler durch einen Kasten mit einer Diagonalen dargestellt.

Mach's selbst

A1 Führe die EÜK aus **→ B1** weiter fort.

A2 Zeichne eine EÜK für den Stabhochsprung **→ Seite 10**. Stelle den Stab als Energiewandler dar.

A3 Skizziere eine EÜK für einen Gewichtheber und seine Hantel, sowie eine EÜK für einen Bogenschützen und seinen Pfeil und Bogen.

V1 Das Bild zeigt Momentaufnahmen der Bewegung eines Flummis und die zugehörige Energieübertragungskette. Neben den Konten für Höhen- und Bewegungsenergie gibt es auch ein Konto für Spannenergie, die in der elastischen Verformung des Flummis steckt. Die Maximalhöhe nimmt langsam ab, daher die schmalen Abzweigungen auf das Konto der inneren Energie der Umgebung.

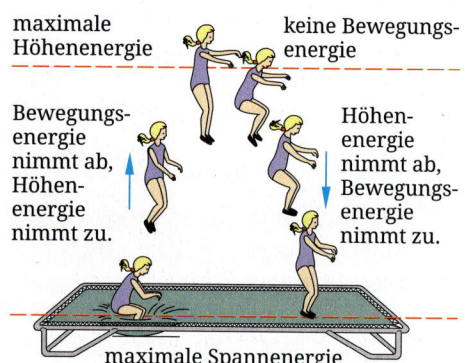

B1 Auch beim Trampolinspringen findet ständig Energieübertragung statt. Neben Konten für Höhen- und Bewegungsenergie der Springerin ist aber auch ein Konto für Spannenergie des Trampolins im Spiel.

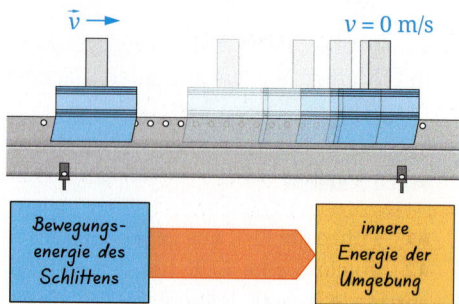

V2 Auf den letzten 20 cm der Bahn sind die Luftaustrittslöcher mit Klebestreifen verschlossen. Ohne das Luftpolster gibt es eine Reibungskraft, die den Schlitten bremst. Seine Geschwindigkeit nimmt schnell ab.

1. Energieerhaltung beim Flummi

Der hüpfende Flummi in →**V1** hat Energiekonten für Höhenenergie W_H, Bewegungsenergie W_{Bew} und Spannenergie W_{Sp}. Seine Gesamtenergie verteilt sich auf diese drei Konten. Im obersten Punkt der Flugbahn, wenn der Flummi die Bewegungsrichtung umkehrt, sind die Konten für Bewegungsenergie und Spannenergie leer: $W_{Bew} = W_{Sp} = 0$ J. In diesem Moment ist die gesamte Energie auf dem Konto „Höhenenergie". Die Verteilung der Energie auf die Energiekonten ändert sich ständig, die Summe der Energien bleibt (im Idealfall) aber immer gleich: $W_{Bew} + W_{Sp} + W_H =$ konstant.

In der Praxis gibt der Flummi auch Energie an die Umgebung (z.B. den Boden) ab. Deshalb nimmt seine Maximalhöhe ab. Wenn man diese „Energieverluste" berücksichtigt, bleibt die Gesamtenergie konstant. Man sagt: Die Energie bleibt erhalten.

2. Energieerhaltung beim Trampolinspringen

Die Trampolinspringerin in →**B1** hat im höchsten Punkt nur Höhenenergie W_H, keine Bewegungsenergie W_{Bew}. Im tiefsten Punkt gibt es wieder einen Augenblick ohne Bewegung. Die gesamte Energie der Springerin steckt dann im Trampolin, in den stärker gespannten Federn (W_{Sp}). Beim Entspannen geben sie ihre Energie wieder an die Springerin zurück. Die Energie fließt bei jedem Sprung vom Energiekonto der Springerin auf das Energiekonto des Trampolins und wieder zurück. Ohne Energieabgabe an die Umgebung bliebe die Gesamtenergie von Springerin und Trampolin konstant.

3. Energieerhaltung auch bei Reibung

Solange der Gleiter in →**V2** auf dem Luftpolster schwebt, bleibt seine Bewegungsenergie unverändert. Das Luftpolster verhindert die Reibung zwischen Gleiter und Fahrbahn. Deshalb wird (fast) keine Energie an die Fahrbahn abgegeben. Fehlt das Luftpolster, wird der Schlitten abgebremst, bis er zum Stillstand kommt. Dabei gibt er seine Bewegungsenergie vollständig an die Umgebung ab und die innere Energie von Fahrbahn und Schlitten nimmt zu. Mit einem empfindlichen Thermometer könnte man eine Temperaturerhöhung messen. Auch hier gilt: Die Bewegungsenergie des Gleiters geht nicht verloren, sie fließt auf das Konto der inneren Energie der Umgebung.

Merksatz

Die Gesamtenergie eines Körpers geht nicht verloren. Sie verteilt sich auf die eigenen Energiekonten oder auf die Energiekonten eines anderen Körpers. Wenn Reibung im Spiel ist, wird immer auch Energie auf das Konto der inneren Energie der Umgebung übertragen. Addiert man die Energien aller beteiligten Energiekonten, ist die Summe zu jedem Zeitpunkt gleich: $W_{Bew} + W_H + W_{Sp} + W_{In} + \ldots =$ konstant.

4. Temperatur und innere Energie unterscheiden

Das Teilchenmodell erklärt viele physikalische Vorgänge durch die Annahme, dass alle Stoffe aus kleinsten Teilchen bestehen. Es hilft auch dabei, den Unterschied zwischen den Größen Temperatur und innere Energie zu verstehen.

- Die Temperatur eines Körpers zeigt, wie schnell sich die einzelnen Teilchen im Mittel bewegen, wie groß also die mittlere Bewegungsenergie der einzelnen Teilchen ist. Auf die Anzahl der Teilchen kommt es nicht an.
- Die innere Energie eines Körpers hängt dagegen von der Anzahl seiner Teilchen ab: Je mehr Teilchen, desto größer ist die innere Energie.

An Beispielen können wir den Unterschied verdeutlichen.
→ B 2a zeigt zwei gleiche Wassermengen gleicher Temperatur. Die Teilchen sind links und rechts also im Mittel gleich schnell. Dann ist die innere Energie links so groß wie in der rechten Wassermenge. In **→ B 2b** sind beide Wassermengen zusammen in einem Gefäß. Die mittlere Schnelligkeit der Teilchen ist unverändert, die Temperatur also auch. Die doppelte Wassermenge im Gefäß hat aber doppelt so viele Teilchen und damit die doppelte innere Energie.
→ B 3 zeigt zwei gleiche Wassermengen. Nach dem Teilchenmodell sind in beiden Bechern gleich viele Teilchen. Jetzt sind aber die Temperaturen verschieden. Die Wasserteilchen mit der höheren Temperatur bewegen sich schneller, haben also eine größere Bewegungsenergie. Darum ist die innere Energie dieser Wassermenge ebenfalls größer.

Im Alltag findet man viele Beispiele für den Unterschied von Temperatur und innerer Energie. Eine Badewanne enthält mehr innere Energie als eine Wärmflasche gleicher Temperatur. Ein großes Zimmer enthält mehr innere Energie als ein kleiner Raum gleicher Temperatur.

Der Unterschied zwischen innerer Energie und Temperatur zeigt sich auch beim Erhitzen. In **→ V 3** wird verschiedenen Wassermengen dieselbe Energie zugeführt. Die innere Energie nimmt also in beiden Fällen um den gleichen Wert zu. Die Temperaturerhöhung ist aber in der kleinen Wassermenge größer als in der großen Wassermenge. In der kleineren Wassermenge verteilt sich die Energie auf weniger Teilchen. Jedes Teilchen erhält also im Mittel eine größere Energieportion. Das Wasser hat deshalb eine höhere Temperatur.

Merksatz

Die Temperatur ist ein Maß für die mittlere Bewegungsenergie der einzelnen Teilchen.

Die innere Energie hängt von der Summe der Bewegungsenergie aller Teilchen ab. Je mehr Teilchen und je höher die Temperatur, desto größer ist die innere Energie.

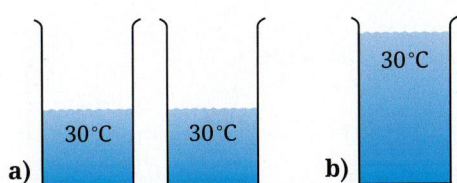

B 2 **a)** Das Wasser in beiden Bechern hat dieselbe Temperatur und die gleiche innere Energie. **b)** Zusammengeschüttet hat das Wasser immer noch dieselbe Temperatur aber insgesamt die doppelte innere Energie.

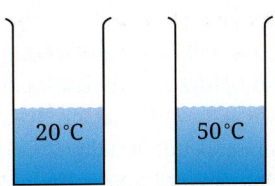

B 3 Die linke Wassermenge hat weniger innere Energie als die rechte.

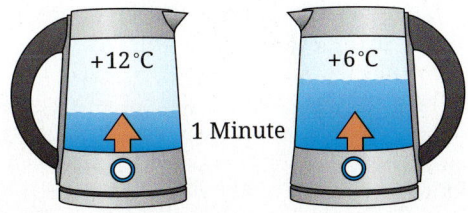

V 3 Verschiedenen Wassermengen wird die gleiche Energiemenge zugeführt. In der kleineren Wassermenge ist die Temperaturerhöhung größer.

Mach's selbst

A 1 Vergleiche jeweils die innere Energie:

a)   beide 35 °C

b)   25 °C; 50 °C

c)   60 °C; 40 °C

A 2 Ein Wasserkocher bringt 1 Liter Wasser (20 °C) in 200 Sekunden zum Sieden. Wie lange braucht der Wasserkocher, um 0,2 Liter zum Sieden zu bringen? Begründe mit dem Teilchenmodell.

A 3 Ein kleiner Stein hat die Temperatur 50 °C, ein großer Stein hat die Temperatur 20 °C. Erläutere, warum man in diesem Fall nicht ohne weiteres entscheiden kann, welcher Stein mehr innere Energie besitzt.

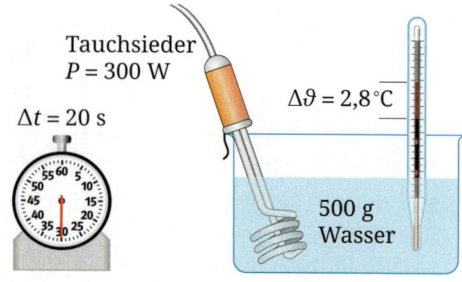

Tauchsieder
$P = 300$ W

$\Delta t = 20$ s

$\Delta\vartheta = 2{,}8\,°\mathrm{C}$

500 g
Wasser

V1 Wir bringen den Tauchsieder in eine Wassermenge mit $m = 500$ g und schalten ihn 20 s lang ein. Wir führen ihm so die Energieportion

$$W = P \cdot t = 300 \text{ J/s} \cdot 20 \text{ s} = 6000 \text{ J}$$

zu. Vom heißen Tauchsieder geht die Energie zum kälteren Wasser. Nach dem Abschalten und mit Umrühren gleichen sich die Temperaturen von Tauchsieder und Wasser an. Jetzt wird die Temperatur abgelesen. Anschließend heizen wir wieder 20 s lang, führen also noch einmal die gleiche Energieportion zu. Schrittweise erhöhen wir so die Wassertemperatur.

Zeit in s	Energie in Portionen	Energie W in J	Temperatur ϑ in °C	Temperaturzunahme in °C
0	0	0	20,0	–
20	1	6 000	22,6	2,6
40	2	12 000	25,6	5,6
60	3	18 000	28,3	8,3
80	4	24 000	31,1	11,1

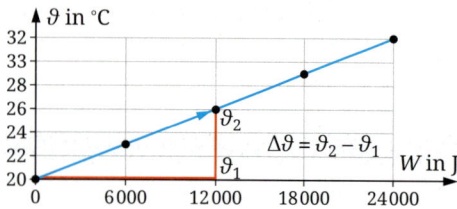

B1 Wertetabelle und Energie-Temperatur-Diagramm zu → **V1**. Die Punkte liegen praktisch auf einer Geraden, die Temperatur steigt gleichmäßig mit der Energiezufuhr. Mit 24 000 J steigt die Temperatur um 11 °C.

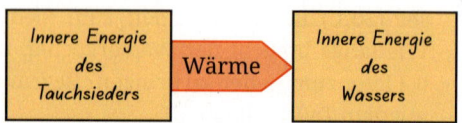

Innere Energie des Tauchsieders — Wärme → Innere Energie des Wassers

B2 Energieübertragung von höherer Temperatur (Tauchsieder) zu niedrigerer Temperatur (Wasser). Energie, die aufgrund dieses Temperaturunterschieds fließt, nennt man Wärme.

1. Temperaturerhöhung erfordert Energiezufuhr

Temperaturerhöhung erfordert Energiezufuhr, so haben wir früher angefangen, über Energie nachzudenken. In → **V1** führt ein Tauchsieder dem umgebenden Wasser Energie zu. Mehrere Male wird der Tauchsieder für 20 s eingeschaltet und die Temperaturerhöhung gemessen. Jedesmal steigt die Temperatur um knapp 3 °C. Messwerte und Diagramm in → **B1** zeigen: Die Zahl der zugeführten Energieportionen und die dabei erreichte Temperaturerhöhung sind proportional. Die Temperaturerhöhung messen wir als Temperaturdifferenz $\Delta\vartheta = \vartheta_2 - \vartheta_1$. Bei $W = 12\,000$ J beträgt sie 5,6 °C. Allgemein gilt:

$$W \sim \Delta\vartheta \text{ (bei konstanter Wassermenge).}$$

Für die doppelte Wassermenge würden wir mit zwei Tauchsiedern, also mit doppelt so großen Energieportionen, die gleichen Temperaturdifferenzen messen. Also gilt auch:

$$W \sim m \text{ (bei konstanter Temperaturdifferenz).}$$

Die beiden Proportionalitäten kann man zu einer Gleichung zusammenfassen → **Seite 21**:

$$W = c \cdot m \cdot \Delta\vartheta. \qquad (1)$$

Der Proportionalitätsfaktor c heißt **spezifische Wärmekapazität** und gibt an, wieviel Energie benötigt wird, um die Temperatur von 1 g Wasser um 1 °C zu erhöhen. Eine genaue Messung zeigt, dass dafür 4,2 J nötig sind. Die spezifische Wärmekapazität von Wasser ist also:

$$c_{\text{Wasser}} = \frac{4{,}2 \text{ J}}{(\text{g} \cdot °\mathrm{C})}.$$

Mit der Gleichung (1) und den Messwerten aus → **V1** bestätigen wir dies:

$$W = \frac{4{,}2 \text{ J}}{(\text{g} \cdot °\mathrm{C})} \cdot 500 \text{ g} \cdot 11\,°\mathrm{C} = 23\,100 \text{ J}.$$

Der Tauchsieder hat in unserem Versuch 24 000 J geliefert, mehr Energie, als vom Wasser aufgenommen wurde. Auch das Gefäß und der Tauchsieder selbst wurden erhitzt.

Merksatz

Die für die Temperaturerhöhung $\Delta\vartheta$ bei einem Körper der Masse m erforderliche Energie berechnet man mit

$$W = c \cdot m \cdot \Delta\vartheta.$$

Die Konstante c heißt: spezifische Wärmekapazität und hat die Einheit 1 J/(g · °C).

2. Wärmekapazität ist materialspezifisch

Nicht immer haben wir es mit Wasser zu tun. Im Alltag werden verschiedenste flüssige oder feste Stoffe erwärmt. Um die spezifische Wärmekapazität eines Stoffes zu bestimmen, lösen wir Gleichung (1) nach c auf:

$$W = c \cdot m \cdot \Delta\vartheta \Leftrightarrow c = \frac{W}{m \cdot \Delta\vartheta}.$$

Beispielhaft bestimmen wir damit die spezifische Wärmekapazität von Glykol. Dazu führen wir →**V2** durch und berechnen mit den Messwerten:

$$c_\text{Glykol} = \frac{18\,000\,\text{J}}{500\,\text{g} \cdot 14{,}5\,°\text{C}} = \frac{2{,}5\,\text{J}}{(\text{g} \cdot °\text{C})}.$$

Die spezifische Wärmekapazität von Glykol ist also viel kleiner als die von Wasser. Deshalb steigt die Temperatur von Glykol schneller an. Die spezifische Wärmekapazität hängt vom Stoff ab, sie ist eine Materialkonstante.

3. Wärme erhöht die innere Energie

In →**V1** floss Energie vom heißen Tauchsieder ins Wasser. Nach Abschalten des Tauchsieders sinkt die Wassertemperatur wieder, weil Energie jetzt aus dem Wasser in die Umgebung fließt. Energie fließt von selbst immer von Stellen höherer Temperatur zu Stellen niedrigerer Temperatur. Die aufgrund eines Temperaturunterschieds übertragene Energie nennt man in der Physik **Wärme** →**B2**.

Merksatz

Energie, die infolge eines Temperaturunterschieds von einem Gegenstand höherer Temperatur zu einem Gegenstand niedrigerer Temperatur fließt, nennt man Wärme. Die Einheit der Wärme ist 1 J (Joule).

4. Reibung erhöht die innere Energie

Nicht nur Wärme erhöht die innere Energie eines Körpers. Das spürt man, wenn man z. B. die Handflächen aneinander reibt oder mit einem Bohrer ein Loch bohrt: Die Temperatur steigt, ohne dass Wärme von „heiß" nach „kalt" fließt. Bei solchen Vorgängen, wird mechanische Energie direkt in innere Energie umgesetzt. Dabei ist immer Reibung mit im Spiel.

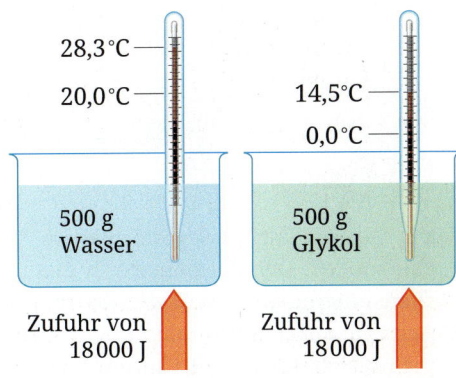

28,3 °C
20,0 °C

14,5 °C
0,0 °C

500 g Wasser

500 g Glykol

Zufuhr von 18 000 J

Zufuhr von 18 000 J

V2 Mit einem 300-W-Tauchsieder erhitzen wir 500 g Glykol (Frostschutzmittel). Wir führen dem Glykol in einer Minute 300 W · 60 s = 18 000 J zu. Dabei steigt seine Temperatur um $\Delta\vartheta = 14{,}5\,°\text{C}$.

Mach's selbst

A1 In einem Becherglas ($m = 100$ g) sind 500 g Wasser. Berechne die Energie, die nötig ist, um die Temperatur des Becherglases samt Inhalt von 20 °C auf 50 °C zu erhöhen ($c_\text{Glas} = 0{,}75$ J/g · °C).

A2 In einer Waschmaschine werden 10 l Wasser von 15 °C auf 95 °C aufgeheizt. Berechne die aufgewendete Energie und schätze die Kosten dafür ab.

A3 100 l Wasser von 15 °C fließen in eine Badewanne. 50 l davon auf dem Umweg durch einen Durchlauferhitzer, den sie mit 45 °C verlassen. Berechne die Temperatur des Badewassers.

Praktikum

Spezifische Wärmekapazität fester Körper

Arbeitsteilig sollen Werte für die spezifische Wärmekapazität verschiedener Metalle ermittelt werden. Wiederholt den Versuch →**V1**, legt aber vorher eine abgewogene Menge des zu untersuchenden Metalls in das Wasser. Stellt mithilfe des Energieerhaltungssatzes die Energiebilanz auf:

$$W_\text{elektr} = W_\text{Wasser} + W_\text{Metall}$$

$$P \cdot t = c_\text{Wasser} \cdot m_\text{Wasser} \cdot \Delta\vartheta + c_\text{Metall} \cdot m_\text{Metall} \cdot \Delta\vartheta.$$

Alle Größen außer c_Metall sind bekannt oder werden gemessen. So könnt ihr c-Werte für verschiedene Stoffe (Eisen, Aluminium, Glas, ...) ermitteln.

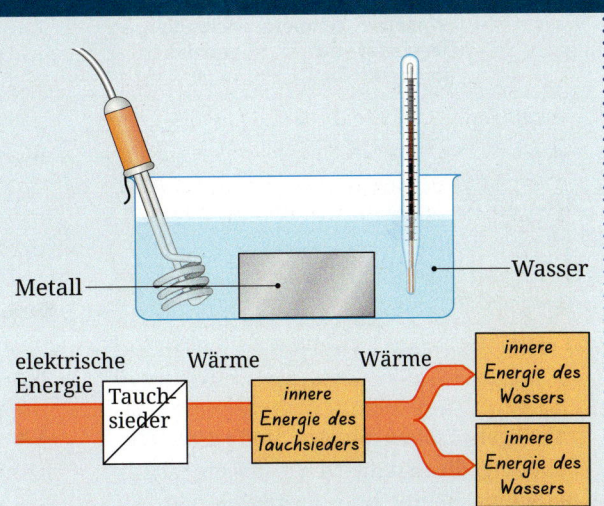

Metall

Wasser

elektrische Energie — Tauchsieder — Wärme — innere Energie des Tauchsieders — Wärme — innere Energie des Wassers — innere Energie des Wassers

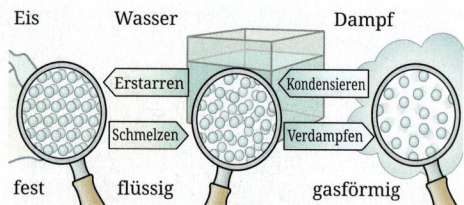

Eis   Wasser   Dampf

Erstarren   Kondensieren

Schmelzen   Verdampfen

fest   flüssig   gasförmig

B1 Fest, flüssig und gasförmig im Teilchenmodell. Der Zusammenhalt der Teilchen untereinander ändert sich mit dem Aggregatzustand. Die Abbildung zeigt auch die Fachbegriffe für die Phasenübergänge.

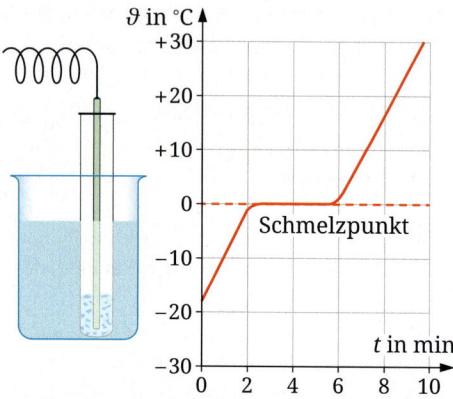

ϑ in °C

Schmelzpunkt

t in min

V1 Eine kleine Portion Wasser wurde in einem Reagenzglas in das Gefrierfach gestellt – mit dem Fühler eines Digitalthermometers, das jetzt die Temperatur im Inneren des Eises anzeigt.
Das Reagenzglas wird in einem Gefäß mit heißem Wasser geschwenkt, die Temperatur fortlaufend abgelesen.

Stoff	spez. Wärmekapazität in J/g · °C	Schmelztemperatur in °C	spezifische Schmelzwärme in J/g
Aluminium	0,9	660	397
Blei	0,13	327	24,8
Eis (bei 0 °C)	2,1	0	335
Eisen	0,5	1540	275
Glas	0,86	–	–
Kupfer	0,39	1083	205
Wolfram	0,13	3410	129,6

T1 Eigenschaften einiger Stoffe. Die Tabelle zeigt die spezifische Wärmekapazität, die Schmelztemperatur und die spezifische Schmelzwärme.

1. Energie und Temperatur beim Schmelzen

Wasser kommt als festes Eis, als flüssiges Wasser und als gasförmiger Wasserdampf vor. In der Fachsprache nennen wir diese drei Zustände **Aggregatzustände**. → **B1** zeigt die verschiedenen Aggregatzustände im Teilchenmodell. Der Übergang von einem Aggregatzustand in einen anderen wird als **Phasenübergang** bezeichnet.

Um Eis zu schmelzen, muss Energie zugeführt werden. Das zeigt → **V1**: Die zu Anfang gefrorene Wasserprobe befindet sich in einem warmen Wasserbad. Ihr wird also ständig Energie zugeführt. Wie erwartet steigt die Temperatur des Eises im Reagenzglas gleichmäßig von –20 °C auf 0 °C an. Dann aber geschieht etwas Überraschendes: Obwohl dem Eis weiter Energie zugeführt wird, bleibt seine Temperatur konstant. Erst wenn das Eis im Reagenzglas restlos geschmolzen ist, steigt die Temperatur an.

Beim Schmelzen ändert die zugeführte Wärme die Anordnung der Teilchen → **B1** . Im festen Zustand sind sie an Plätze gebunden, im flüssigen Zustand können sie sich verschieben. Die Temperatur bleibt bei diesem Phasenübergang konstant. Das gilt für Eis und für andere Stoffe.

Merksatz
Beim Schmelzen bleibt die Temperatur eines Körpers solange unverändert, bis er vollständig geschmolzen ist.

2. Wie viel Energie braucht Eis zum Schmelzen?

Wie viel Energie man braucht, um einen Eisblock von 0 °C zu schmelzen, hängt von seiner Masse ab. Um einen Vergleich mit anderen Stoffen zu ermöglichen, rechnet man deshalb die benötigte Energieportion W auf Körper gleicher Masse um. Dazu teilt man W durch die Masse m des geschmolzenen Stoffes. Der Quotient heißt **spezifische Schmelzwärme** $s = W/m$. Diese ist eine Materialkonstante und hat die Einheit 1 J/g.

In einem Experiment → **S. 18** kann man die spezifische Schmelzwärme s von Eis bestimmen, das Ergebnis ist $s = 335$ J/g. Dieser Wert ist im Vergleich zur spezifischen Schmelzwärme anderer Stoffe → **T1** recht groß. Deshalb kann man Getränke mit hineingegebenen Eisstücken gut kühlen.

Merksatz
Die spezifische Schmelzwärme von Eis ist $s = 335$ J/g. Zum Schmelzen von 1 Gramm Eis sind also 335 J nötig.

→ **T1** zeigt die **Schmelztemperatur** und die spezifische Schmelzwärme weiterer Stoffe. Beim Schmelzen wird die Schmelzwärme aufgenommen, beim Erstarren abgegeben.

3. Verdampfen und Verdunsten

Jede Umwandlung flüssigen Wassers in gasförmiges nennen wir **Verdampfen**. Bei tieferen Temperaturen erfolgt das Verdampfen langsam. Dabei fliegen die schnellsten Wassermoleküle durch die Wasseroberfläche in den Raum darüber. Wir sagen: Das Wasser **verdunstet**. Bei 100 °C verdampfen die Teilchen sogar *innerhalb* der Flüssigkeit in neu entstehende Hohlräume hinein und bilden so Blasen. Wir sagen: Das Wasser **siedet** → B 2 . Bei größerem äußeren Druck bilden sich die Blasen erst bei höherer Temperatur; dann liegt die Siedetemperatur über 100 °C.

Auch andere Flüssigkeiten haben eine feste Siedetemperatur. → T 2 gibt einen Überblick.

4. Energie und Temperatur beim Sieden

Führt man Wasser der Temperatur 100 °C Energie zu, so steigt die Temperatur nicht. Bei der Siedetemperatur gibt es einen Phasenübergang von flüssigem Wasser in gasförmigen Wasserdampf. Die Wasserteilchen lösen sich aus ihrem Verband und können sich frei bewegen. Die zugeführte Energie bewirkt hier keine Temperaturerhöhung, sondern den Übergang der Wasserteilchen in die Umgebungsluft.

Welche Energie muss zugeführt werden, um Wasser bei der Siedetemperatur (100 °C) zu verdampfen? Sorgfältige Messungen zeigen: Um 1 g Wasser zu verdampfen benötigt man 2260 J → **Seite 18**. Diesen Wert nennt man **spezifische Verdampfungswärme** von Wasser. Beim Kondensieren wird die spezifische Verdampfungswärme wieder an die Umgebung abgegeben.

Die spezifische Verdampfungswärme von Wasser ist $r = 2260\ \text{J/g}$. Zum Verdampfen von 1 Gramm Wasser der Temperatur 100 °C sind also 2260 J nötig.

5. Das Energie-Temperatur-Diagramm

In einem Gedankenexperiment führen wir einem sehr kalten Eiswürfel (–20 °C) gleichmäßig Energie zu und messen gleichzeitig seine Temperatur. Zunächst steigt die Temperatur gleichmäßig an. Bei 0 °C bleibt sie dann konstant – obwohl weiterhin Energie zugeführt wird. Wir wissen warum: Bei einem Phasenübergang ändert sich der Zusammenhalt der kleinsten Teilchen – dafür ist Energie nötig. Erst wenn der Eiswürfel vollständig geschmolzen ist, kann die Temperatur weiter ansteigen. Bei der Siedetemperatur wiederholt sich dieses Spiel.

Im Energie-Temperatur-Diagramm → B 3 wird dieser Zusammenhang anschaulich dargestellt.

B 2 Wasser siedet bei 100 °C. In der gesamten Flüssigkeit bilden sich Blasen aus Wasserdampf.

Stoff	Siede-tempe-ratur	Stoff	Siede-tempe-ratur
Propan	–42 °C	Glykol	197 °C
Ammoniak	–33 °C	Quecksilber	357 °C
Äther	35 °C	Schwefel	444 °C
Alkohol	78 °C	Eisen	2880 °C
Wasser	100 °C	Wolfram	5660 °C

T 2 Siedetemperatur einiger Stoffe beim Normdruck von 1013 hPa.

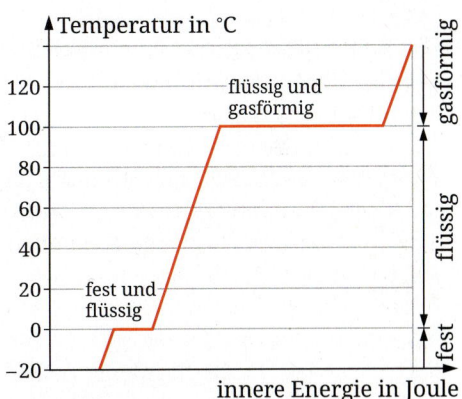

B 3 Das Diagramm zeigt, wie sich die Temperatur eines Eiswürfels mit der zugeführten Energie ändert. Die horizontalen Abschnitte kennzeichnen Phasenübergänge. Während des Übergangs sind zwei Phasen vorhanden (fest und flüssig bzw. flüssig und gasförmig). Erst wenn der Eiswürfel vollständig zu Wasser geschmolzen ist bzw. das Wasser vollständig verdampft ist, steigt die Temperatur weiter an.

Vertiefung

A. Mischungsversuch

Untersuche die Mischungstemperatur zweier Wassermengen und vergleiche den Messwert mit dem berechneten Wert. Gieße dazu z. B. 400 g Wasser der Temperatur $\vartheta = 20\,°C$ in einen Becher mit 200 g Wasser der Temperatur $\vartheta = 60\,°C$. Rühre die Mischung um und messe die Temperatur. Das Thermometer zeigt eine Mischungstemperatur von z. B. $\vartheta_{\text{Misch}} = 31\,°C$.

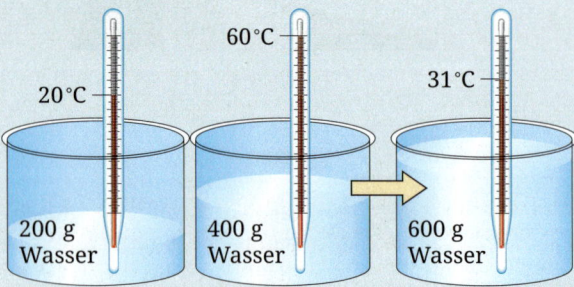

Für die Berechnung der Mischungstemperatur gehen wir davon aus, dass das heiße Wasser Energie abgibt und das kalte Wasser diese Energie aufnimmt. Die abgegebene Energiemenge ist so groß wie aufgenommene: $W_{\text{ab}} = W_{\text{auf}}$. Mit Formel (1) von → **S. 14**:

$$4,2\,\frac{J}{(g \cdot °C)} \cdot 400\,g \cdot (60\,°C - \vartheta_{\text{Misch}}) = 4,2\,\frac{J}{(g \cdot °C)} \cdot 200\,g \cdot (\vartheta_{\text{Misch}} - 20\,°C)$$

Daraus erhält man durch Umformungen:

$$\vartheta_{\text{Misch}} = \frac{200\,g \cdot 60\,°C + 400\,g \cdot 20\,°C}{200\,g + 400\,g} = 33,3\,°C$$

Weil die Rechnung Energieverluste an die Umgebung nicht berücksichtig, ist die berechnete Temperatur etwas größer als die gemessene.

B. Spezifische Schmelzwärme von Eis

Um die spezifische Schmelzwärme s von Eis zu bestimmen, nehmt z. B. 200 g Eis aus dem Gefrierschrank. Die Eiswürfel haben eine Temperatur unter 0 °C. Erhitzt sie auf 0 °C, indem ihr sie einige Zeit bei Zimmertemperatur auf ein Papierhandtuch legt. Gebt sie danach in ein isoliertes Gefäß. Um die spätere Rechnung zu erleichtern, wiegt die gleiche Menge heißes Wasser (z. B. 90 °C) ab und gießt dieses über die Eiswürfel. Wartet ab, bis alles Eis geschmolzen ist. Dann messt die Mischungstemperatur, z. B. $\vartheta_{\text{m}} = 5\,°C$.

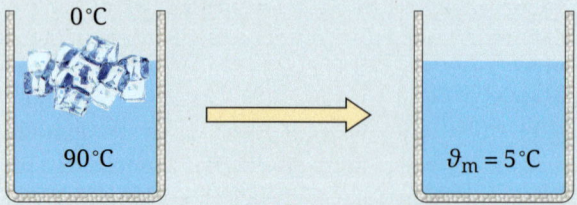

Musterauswertung: Das heiße Wasser hat sich abgekühlt und je Gramm die Energie

$$4,2\,J/(g \cdot °C) \cdot 1\,g \cdot (90 - 5)\,K = 4,2 \cdot 85\,J = 357\,J$$

abgegeben. Zur Temperaturerhöhung des Schmelzwassers wurden je Gramm

$$4,2\,J/(g \cdot °C) \cdot 1\,g \cdot 5\,K = 21\,J$$

benötigt. Die Differenz von 336 J diente also dazu, ein Gramm Eis zu schmelzen, das heißt, aus Eis von 0 °C Wasser von 0 °C zu machen. Die spezifische Schmelzwärme s für Eis ist also:

$$s = 336\,J/g.$$

C. Spezifische Verdampfungswärme von Wasser

Zur Messung nutzt ihr den Energieerhaltungssatz aus: Die zum Verdampfen nötige Energieportion wird beim Kondensieren wieder abgegeben. Dabei kann man sie leichter messen als die zum Verdampfen direkt benötigte Energie.

Die Kondensationsenergie wird so bestimmt: Ihr erzeugt einen kräftigen Dampfstrahl (Vorsicht!) und leitet ihn mittels einer Glasspitze in kaltes Wasser (Masse des Wassers z. B. $m_{\text{W}} = 610\,g$). Der in das Wasser eingeblasene Dampf kondensiert, wobei die Blasen beim Zusammenfallen ein lautes Geräusch erzeugen. Die Wassertemperatur im Thermosgefäß steigt schnell an. Die dazu erforderliche Energie liefert der kondensierende Wasserdampf (zusätzliche Masse des Dampfes m_{D}).

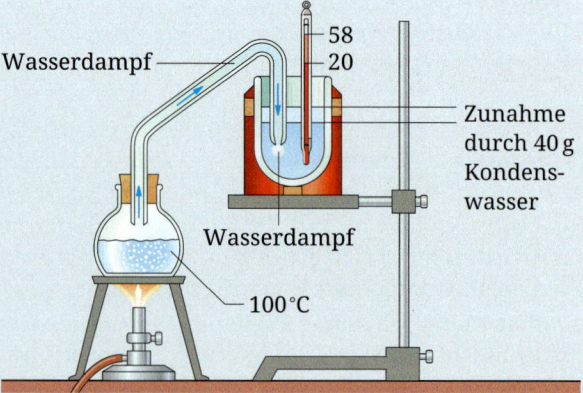

Musterauswertung: Die Energiebilanz lautet:
Aufgenommen: $m_{\text{W}} \cdot c_{\text{W}} \cdot (\vartheta_{\text{m}} - 20\,°C)$.
Abgegeben: $m_{\text{D}} \cdot r + m_{\text{D}} \cdot c_{\text{W}} \cdot (100\,°C - \vartheta_{\text{m}})$.
Es ergibt sich so: $r = 2250\,J/g$.

Interessantes

A. Auch zum Auflösen braucht man Energie

Wenn man Zucker oder Salz in Wasser auflöst, müssen Teilchen aus ihrem Kristallverband gerissen werden. Hierzu ist Energie nötig – wie beim Schmelzen. Beim Lösen von Kochsalz in Wasser benötigt das Salz mehr Energie zum „Zerbrechen", als die Salzteilchen beim Anlagern an die Wassermoleküle bekommen. Die fehlende Energie nehmen sie aus der inneren Energie des Wassers. Also sinkt die Temperatur der Lösung, und zwar umso stärker, je mehr Salz gelöst wird.

Bringt man Salz mit Eis oder Schnee zusammen, so tritt zweierlei ein: Beide Mischungspartner werden (breiartig) flüssig. Zum Auflösen der Bindungen zwischen den Teilchen brauchen sowohl Salz als auch Eis viel Energie. Die Temperatur der Salz-Wasser-Lösung nimmt deshalb ab. Trotzdem bleibt die Salz-Wasser-Mischung flüssig. Bei einem Gewichtsverhältnis Eis: Salz = 3 : 1 sinkt die Temperatur auf etwa −18 °C. Man nennt deshalb eine Mischung aus zerkleinertem Eis und Salz auch *Kältemischung*.

B. Natriumacetat-Wärmekissen

In einer luftdichten Kunststofffolie befindet sich ein bestimmtes Salz. Man legt das Kissen eine Zeit lang in heißes Wasser, bis das Salz geschmolzen ist. Bei vorsichtiger Behandlung bleibt dieser Zustand auch nach dem Abkühlen erhalten. Erst ein heftiges Anstoßen (durch einen kleinen Metallklicker im Kissen) führt schlagartig zum Auskristallisieren des Salzes. Jetzt wird die vorher hineingegebene Schmelzenergie wieder abgegeben, das Kissen wird heiß.

C. Die Espressomaschine

Zum Verdampfen muss dem Wasser viel Energie zugeführt werden, für jedes Gramm 2256 J. Beim *Kondensieren* geht diese Energie wieder in die Umgebung. Dies nutzt man bei der *Espressomaschine* aus. In ihr wird Wasserdampf erzeugt und bereitgehalten. Möchte jemand einen heißen Kaffee trinken, wird in der Maschine heißer Dampf durch die benötigte Menge Wasser geleitet. Dabei kondensiert der Dampf und gibt viel Energie an das Wasser ab. Um 200 g Wasser von 15 °C auf 80 °C zu erhitzen, braucht man 54 600 J. Diese bekommt man bei der Kondensation von nur 24 g Wasserdampf.

D. Obstbaum

Auch *Obstblüten* profitieren von physikalischen Gesetzen. Nicht selten drohen zur Blütezeit Nachtfröste. Obstbauern besprengen dann ihre Bäume mit Wasser. Nach kurzer Zeit sinkt dessen Temperatur auf 0 °C und das Wasser beginnt zu *gefrieren*. Dabei gibt es viel Energie an die umgebende Luft und an noch nicht gefrorenes Wasser ab. Der Abkühlungsvorgang an den Blüten wird genügend verlangsamt, sodass die Blüten heil die eiskalte Nacht überstehen.

Mach's selbst

A1 Erläutere, warum man die Glühdrähte für Glühlampen aus Wolfram herstellt? (→ **Schmelztemperatur**)

A2 Berechne die zum Schmelzen von 5 kg Eis ($\vartheta = 0$ °C) benötigte Energie.

A3 Ein Glas Cola (0,3 ℓ) wird durch 10 g Eis ($\vartheta_E = 0$ °C) auf eine Temperatur von 10° C abgekühlt. Begründe durch Probieren oder Rechnen, wie viel Gramm Wasser ($\vartheta_W = 0$ °C) man statt der Eiswürfel nehmen müsste, um die gleiche Wirkung zu erreichen?

(→ **spezifische Schmelzwärme** von Eis).

A4 Manchmal „schwitzen" Fensterscheiben? Erkläre, wie es dazu kommt.

A5 Begründe, warum man einen Raum gut lüften sollte, wenn man Wäsche darin trocknet.

A6 Erkläre, wieso man manchmal seinen „eigenen Atem" sehen? Deute die Entstehung von Tau und Reif.

A7 a) Beschreibe und erkläre, was geschieht, wenn man ein Stück Fleisch in siedendes Fett

($\vartheta > 200$ °C) legt.

b) Erhitzt man in einem Topf Fett (oder Öl) weit über 100 °C, so kann es in Brand geraten. Versucht man, dieses Feuer mit Wasser zu löschen, so spritzt das brennende Fett aus dem Topf und verschlimmert dabei den Brand. Erkläre das Phänomen. Wie kann man erfolgreich löschen?

A8 a) Erläutere die Bedeutung des Schwitzens.

b) Beschreibe und bewerte den Einfluss von Wind oder Zugluft.

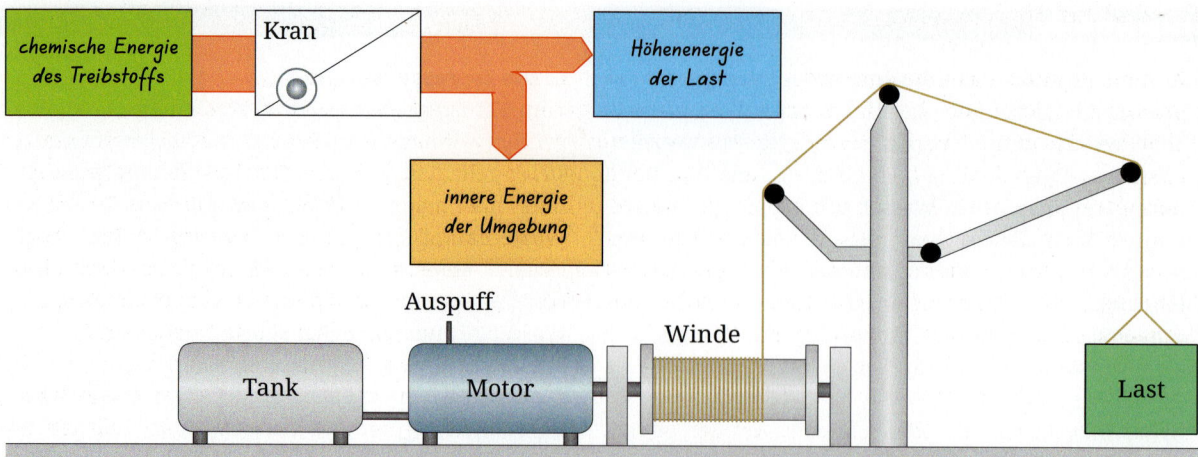

B1 Der Kran mit Dieselmotor und Winde kann schwere Lasten heben. Chemische Energie des Dieselöls im Tank wird als Höhenenergie auf die Last übertragen. Ein Teil der Energie erhöht ungewollt und unvermeidbar die innere Energie der Umgebung. Ein durch Motoreigenschaften bestimmter fester Anteil der Energie wird auf die Last übertragen.

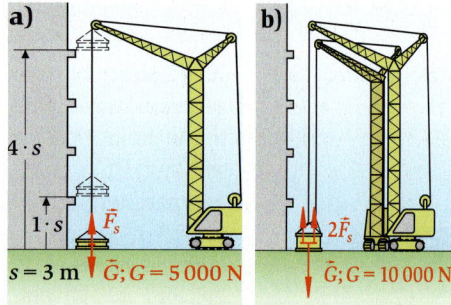

B2 a) Ein Kran hebt eine Last in einer Sekunde 3 m hoch. Der Motor verbrennt eine bestimmte Menge Dieselöl und überträgt einen bestimmten Anteil der enthaltenen chemischen Energie auf die Last.
Wird die gleiche Last 12 m hoch gezogen, so dauert dies viermal so lange. In der vierfachen Zeit verbrennt der Dieselmotor die vierfache Menge Dieselöl. Wir können also auch sagen: Die Höhenenergie der Last wächst bei vierfachem Hub auf das Vierfache.
Ähnlich könnten wir die Energieübertragung für zweifachen oder dreifachen Höhengewinn angeben.
b) Jetzt heben zwei Kräne die doppelte Last 3 m hoch. Zwei Motoren verbrennen eine Sekunde lang Dieselöl. Der doppelten Last wird also die doppelte Energiemenge zugeführt.
So können wir die Zunahme der Höhenenergie für dreifache, vierfache Last berechnen.

Der Kran in → **B1** hat die Last um einige Meter angehoben. An deren Höhengewinn erkennen wir die Zunahme ihrer Höhenenergie. Die Frage „Wo kommt die Energie her?" können wir sofort beantworten: „Chemische Energie des Treibstoffs im Tank wird auf die Last übertragen." Im → **B1** sehen wir auch die Energie-Übertragungskette.

1. Wovon hängt die Änderung der Höhenenergie ab?

Ein Kran kann verschieden schwere Lasten verschieden hoch heben und dabei mal mehr, mal weniger Energie auf die Last übertragen. Wovon hängt die übertragene Energie ab?

Wir stellen mithilfe von → **B2** folgende Überlegungen an:
- Der Kran in → **B2a** liefert eine bestimmte Energiemenge, wenn er die Last mit $G = 5000$ N um $h = 3$ m hebt.
- Er liefert die vierfache Energiemenge, wenn der Motor der Last vierfachen Höhengewinn ($h = 12$ m) verschafft.
- In → **B2b** soll die doppelte Last mit $G = 10\,000$ N in die erste Etage ($h = 3$ m) gehoben werden. Dazu werden zwei Kräne gemeinsam eingesetzt. Zusammen führen sie der doppelten Last die doppelte Menge Energie zu.
- Bei vierfachem Weg und doppelter Last würde die achtfache Energie vom Dieselöl auf die Last übertragen und ihre Höhenenergie vergrößern.

Wir bezeichnen die Änderung der Höhenenergie mit W und fassen unsere Überlegungen in der Sprache der Mathematik zusammen:
- Die Zunahme der Höhenenergie ist **proportional** zum Höhengewinn: $W \sim h$.
- Die Zunahme der Höhenenergie ist proportional zum Betrag der Gewichtskraft des gehobenen Körpers: $W \sim G$.
- Werden sowohl h als auch G vervielfacht, so gilt: $W \sim G \cdot h$.

2. Ein Maß für die Änderung der Höhenenergie

Mit dem Produkt aus Gewichtskraft und Höhengewinn können wir die Zunahme der Höhenenergie in verschiedenen Fällen vergleichen. In der Praxis möchte man aber nicht nur Energien vergleichen, sondern einen genauen Wert für die Energiezunahme eines bestimmen Vorgangs berechnen. Das ist nur möglich, wenn man den fehlenden Proportionalitätsfaktor kennt. Im Prinzip könnte man diesen Proportionalitätsfaktor beliebig festlegen. Tatsächlich hat man ihm den Wert 1 gegeben, so dass der Zusammenhang gilt: $W = G \cdot h$.

Wenn der Kran in → B1 eine Last mit der Masse $m = 4\,t = 4000\,kg$, also der Gewichtskraft $G \approx 10\,N/kg \cdot 4000\,kg = 40\,000\,N = 40\,kN$ um $h = 5\,m$ anhebt, nimmt deren Höhenenergie um $W = 40\,kN \cdot 5\,m = 200\,kJ$ zu.

Mit $W = G \cdot h$ berechnet man auch die Änderung der Höhenenergie beim Absenken eines Körpers, h ist dann der Höhenverlust. Die Höhenenergie nimmt dann um $W = G \cdot h$ ab.

Aus dieser Berechnungsvorschrift ergibt sich eine Maßeinheit für die Höhenenergie. Sie ist das Produkt aus der in Newton (N) gemessenen Gewichtskraft und dem in Meter (m) gemessenen Höhengewinn. Die Einheit der Höhenenergie ist also: $1\,N \cdot 1\,m = 1\,Nm$. Für diese zusammengesetzte Einheit ist das Joule (J) ein anderer Name: $1\,J = 1\,Nm$

Merksatz

Auf einen Körper der Masse m wirkt die Gewichtskraft $G = m \cdot g$. Der Ortsfaktor g und hat einen Wert von $g \approx 10\,N/kg$. Hebt oder senkt man den Körper um die Höhe h, so ändert sich seine Höhenenergie um $W_H = G \cdot h = m \cdot g \cdot h$.
Die Einheit der so gemessenen Energie ist $1\,Nm = 1\,J$.

3. Kraft mal Weg als Maß für die übertragene Energie

Mit dem Seil übt der Kran in → B2a die Kraft $\vec{F}_s$ aus. Sie ist der Gewichtskraft $\vec{G}$ der Last entgegengerichtet, hat aber den gleichen Betrag. Die Kraft $\vec{F}_s$ wirkt längs des Weges s, den die Last zurücklegt (betrachte den Weg des Hakens, an dem die Last hängt). Die Produkte $F_s \cdot s$ und $G \cdot h$ haben also immer den gleichen Betrag und die gleiche Einheit. Mit dem Produkt $F_s \cdot s$ kann man also ebenfalls die übertragene Energie berechnen. Diese mittels Kraft längs eines Weges übertragene Energie nennt man in der Physik **Arbeit**.

Merksatz

Für die mithilfe einer Kraft mit dem Betrag F_s längs des Weges s als Arbeit übertragene Energie gilt:
$$W = F_s \cdot s.$$

Dabei ist mit F_s die in Wegrichtung wirkende Kraft gemeint. Nur diese Kraftkomponente trägt zur Arbeit bei.

Kompetenz – Proportionalität

„Je größer der Höhengewinn eines Körpers, *desto* größer die Zunahme seiner Höhenenergie."* Das wussten wir. Jetzt wissen wir mehr: „Die Zunahme der Höhenenergie ist dem Höhengewinn *proportional*." Proportional ist eine strengere Beziehung zwischen zwei Größen als je–desto. Bei proportional hilft es, an „doppelt–doppelt, dreifach–dreifach usw." zu denken.

Wir haben für die Zunahme der Höhenenergie eine zweite Proportionalität gefunden. Sie ist der Gewichtskraft des gehobenen Körpers proportional. Bei jeder Aussage über Proportionalität ist mitzudenken: „ …, wenn alle anderen Größen konstant sind":

- $W \sim h$, wenn G konstant ist,
- $W \sim G$, wenn h konstant ist.

Und wenn h und G sich gleichzeitig ändern? Dann benutzen wir die Regel zum Zusammensetzen von Proportionalitäten: Wenn $a \sim b$ und $a \sim c$, dann $a \sim b \cdot c$.

Mach's selbst

A1 Ein Kran hat „3 200 Tonnes Lift Capacity". Berechne die Energie, die der Motor umwandelt, wenn eine maximale Last um 10 m gehoben wird. Wie viel Liter Diesel werden dafür theoretisch benötigt (1 Liter enthält ca. 35 000 kJ)? Warum ist die tatsächlich benötigte Menge so viel größer?

A2 Dein Herz pumpt jede Minute etwa 5 *l* Blut ($m \approx 5\,kg$) durch deinen Körper. Es muss dabei so viel Energie liefern, als ob es das Blut 1 m hoch heben würde. Berechne die in einem Tag gelieferte Energie.

A3 Lars behauptet, man könne beim Anheben „Energie sparen", wenn man eine schiefe Ebene (Rampe) benutzt. Kathrin widerspricht. Diskutiert und versucht eine Lösung zu finden.

Interessantes – Geschwindigkeit und Bewegungsenergie

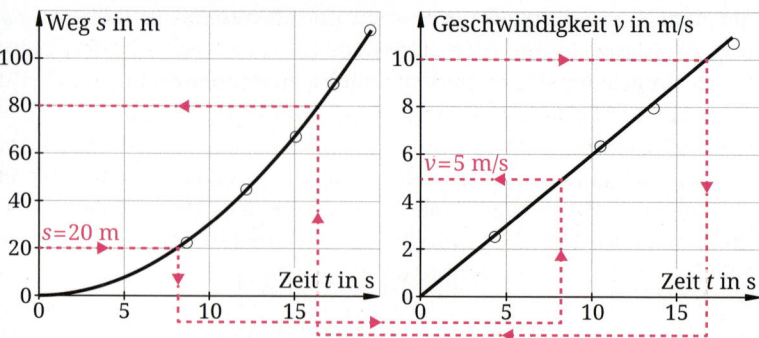

A. „Kraft mal Weg" bei Beschleunigung, ...

Erst lernt man es vor dem ersten Schultag, später in der Fahrschule: Schnelle Autos sind besonders gefährlich! Die Gefahr geht von ihrer Bewegungsenergie aus. Je größer die Geschwindigkeit, desto größer die Bewegungsenergie.

Eine Formel für die Bewegungsenergie können wir mit unseren Kenntnissen nicht mathematisch begründen, aber mehr als „je-desto" geht schon:

Wir benutzen die experimentell ermittelten Messwerte und Diagramme → **Bilder, oben** für das Anfahren einer S-Bahn. Nehmen wir an, ein S-Bahn-Wagen wird während unserer Messungen mit einer konstanten Kraft vom Betrag $F_s = 18$ kN angetrieben. Nach $s = 20$ m ist ihm die Energie $W = F_s \cdot s = 18$ kN $\cdot 20$ m $= 360$ kJ als Arbeit zugeführt worden. Der S-Bahn-Wagen hat 360 kJ Bewegungsenergie. Nach 40 m sind es 720 kJ, nach 60 m 1 080 kJ usw.

Wie schnell ist der S-Bahn-Wagen mit der jeweiligen Bewegungsenergie? Die Antwort finden wir mithilfe der Diagramme: Für 20 m lesen wir im t-s-Diagramm etwa 8 s, im t-v-Diagramm finden wir den zu $t = 8$ s gehörenden Wert $v \approx 5$ m/s.

Nun beginnen wir mit der doppelten Geschwindigkeit $v = 10$ m/s und gehen in umgekehrter Richtung durch die Diagramme: Zu $v = 10$ m/s gehört $s = 80$ m.

Für die doppelte Geschwindigkeit ist der Weg also viermal so groß, bei konstanter Kraft wird also vierfache Energie übertragen. Bei dreifacher Geschwindigkeit hat die S-Bahn dann schon neunfache Bewegungsenergie. Diese ist zu dem Quadrat ihrer Geschwindigkeit proportional!

Für die Bewegungsenergie gilt:

$$W_{Bew} \sim v^2.$$

Den Einfluss der Masse eines Körpers auf seine Bewegungsenergie liefert uns ein Gedankenversuch: Eine S-Bahn mit mehr als einem Wagen wird auf gleicher Anfahrstrecke genau so schnell wie ein einzelner S-Bahnwagen. Jeder S-Bahnwagen hat ja seinen eigenen Antrieb.

Die zweifache, dreifache, vierfache, ... Masse wird von zweimal, dreimal, viermal, ... so vielen Motoren mit zweifacher, dreifacher, vierfacher, ... Kraft angetrieben, bekommt zweimal, dreimal, viermal, ... soviel Bewegungsenergie.

Kurz: Für die Bewegungsenergie gilt auch:

$$W_{Bew} \sim m.$$

B. ... also auch beim Bremsen

Wenn ein Fahrzeug anhalten soll, muss gebremst werden. Die Bremsbacken üben eine Kraft längs eines Weges ge-

gen die Bewegungsrichtung der Bremsscheiben aus. Dabei wird die innere Energie der Bremsen und der Umgebung erhöht. Die umgewandelte Energie wird dem Konto für Bewegungsenergie entnommen, das Fahrzeug wird langsamer – bis es steht. Jetzt ist das Konto der Bewegungsenergie leer.

Im Notfall bremst man als Fahrer mit maximal möglicher Bremskraft. Die hängt von den Straßenbedingungen ab.

Bei maximaler – also konstanter – Bremskraft vom Betrag F_s müssen in der Proportionalität $F_s \cdot s \sim v^2$ der Geschwindigkeitsbetrag v und der verfügbare Bremsweg s zueinander passen. Doppelte Geschwindigkeit erfordert vierfachen Bremsweg.

In der Fahrschule lernt man:
- In der Reaktionszeit fährt das Auto „eine Schrecksekunde lang" ungebremst weiter. Man kann den in einer Sekunde bei konstanter Geschwindigkeit zurückgelegten Reaktionsweg berechnen.
- Über den Bremsweg lernt man, wie man ihn aus dem Quadrat der am Tacho abgelesenen Geschwindigkeit berechnen soll. Unsere Überlegungsn haben uns gezeigt, warum dabei der Betrag der Geschwindigkeit quadriert werden muss.

C. Nach der Fahrt: Wo ist die Energie geblieben?

Wir betrachten drei Phasen einer normalen Autofahrt: den Start, die gleichförmige Fahrt und das Anhalten.
- Beim Schnellerwerden wird dem Fahrzeug Energie zugeführt. Doppelte Geschwindigkeit erfordert vierfache Energie.
- Nach erreichter Reisegeschwindigkeit ändert sich die Bewegungsenergie nicht mehr, aber ständig fließt wegen der Reibung Energie in die Umgebung.

Sie muss vom Motor nachgeliefert werden, wenn die Geschwindigkeit nicht sinken soll. Je höher die Geschwindigkeit, desto mehr Energie fließt in die Umgebung.
- Wird das Fahrzeug abgebremst, so gibt es seine Bewegungsenergie ab – zugunsten der inneren Energie der Umgebung.

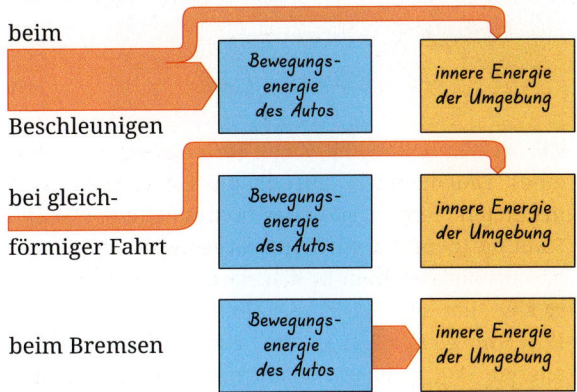

Egal, ob man auf leerer Autobahn viele Kilometer weit fährt oder im Stadtverkehr von Ampelstopp zu Ampelstopp:

Alle Energie, die dem Tank entnommen wird, finden wir zum Schluss auf dem Konto für innere Energie der Umgebung. Sie ist vorhanden, aber niemand kann sie mehr nutzen. Man sagt: Sie ist entwertet.

Wie viel Energie bei einer Fahrt zwischen Start und Stopp an die Umgebung abgegeben wird, hängt von der Fahrstrecke ab, aber auch von der Geschwindigkeit, auf die das Fahrzeug zwischen zwei Stopps beschleunigt wird. Im Stau, bei „Stop and Go", muss immer wieder, bei grüner Welle seltener, beschleunigt werden.

Kompetenz – Die Formel für die Bewegungsenergie anwenden

Die **Bewegungsenergie** eines Körpers mit der Masse m und der Geschwindigkeit v kann man mit der folgenden Formel berechnen:

$$W_{\text{Bew}} = \frac{1}{2}\, m \cdot v^2.$$

Wende diese Formel bei dem folgenden Versuch an. Ein Modellauto rollt eine schiefe Ebene hinunter. Dabei wird die Höhenenergie $W_H = m \cdot g \cdot h$ in Bewegungsenergie umgewandelt. Unten angekommen kann man auf der horizontalen Strecke die konstante Endgeschwindigkeit bestimmen, indem man für eine festgelegte Strecke die benötigte Zeit misst.

Baue den Versuch auf und bestimme die Endgeschwindigkeit und die Masse des Modellautos. Berechne aus diesen Werten die Bewegungsenergie W_{Bew}.
Bestimme auch die Starthöhe des Modellautos und berechne daraus die Höhenenergie W_H des Modellautos. Vergleiche beide Energiewerte. Begründe, warum sie sich unterscheiden.

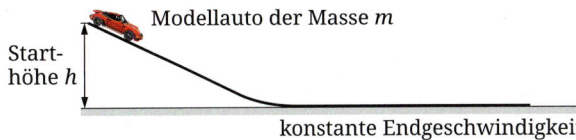

Modellauto der Masse m
Starthöhe h
konstante Endgeschwindigkeit

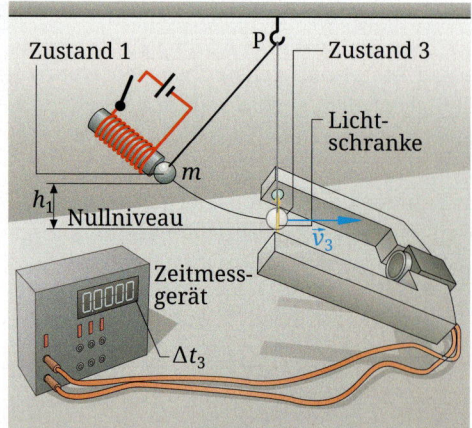

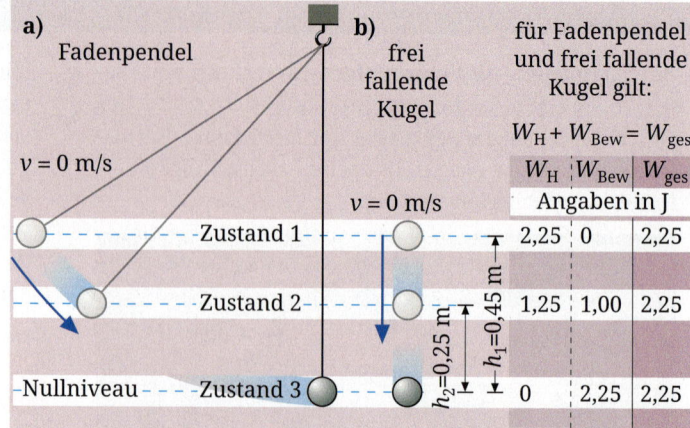

B1 **a)** Fadenpendel und **b)** frei fallende Kugel ($m = 0,5$ kg) im Vergleich: Beide fallen aus der Höhe $h_1 = 0,45$ m und haben in derselben Höhe dieselbe Höhen-, Bewegungs- und Gesamtenergie.

V1 **a)** Wir halten die Kugel ($m = 0,50$ kg) eines Fadenpendels mit einem Elektromagneten fest. Gegenüber der tiefsten Stellung (dem Nullniveau) wurde sie um $h_1 = 0,45$ m gehoben. In diesem *Zustand 1* **→ B1a** hat die Kugel die Höhenenergie $W_{H1} = m \cdot g \cdot h_1 = 2,25$ J, die Bewegungsenergie $W_{Bew1} = 0$ und somit die Gesamtenergie

$$W_1 = W_{H1} + W_{Bew1} = 2,25 \text{ J}.$$

b) Nachdem die Kugel (Durchmesser $\Delta s = 5,0$ cm) losgelassen worden ist, durchläuft sie in der Höhe $h_2 = 0,25$ m, dem *Zustand 2*, eine Lichtschranke **→ B1a**. Wir messen eine Dunkelzeit von $\Delta t_2 = 0,026$ s und damit die Geschwindigkeit
$$v_2 = \Delta s / \Delta t_2 = 1,92 \text{ m/s}.$$

Die Bewegungsenergie ist somit
$$W_{Bew2} = 1/2 \cdot m \cdot v_2^2 = 0,92 \text{ J}.$$

Da die Höhenenergie im Zustand 2 $W_{H2} = m \cdot g \cdot h_2 = 1,25$ J ist, beträgt die Gesamtenergie

$$W_2 = W_{H2} + W_{Bew2} = 1,25 \text{ J} + 0,92 \text{ J} = 2,17 \text{ J}.$$

c) Wir lassen die Kugel wieder im Zustand 1 los, bringen die Lichtschranke aber im tiefsten Punkt ($W_{H3} = 0$), dem *Zustand 3*, an **→ B1a**. Diese misst dort die Dunkelzeit $\Delta t_3 = 0,017$ s und damit die Geschwindigkeit $v_3 = \Delta s / \Delta t_3 = 2,94$ m/s.

Die Bewegungsenergie ist somit
$$W_{Bew3} = 1/2 \cdot m \cdot v_3^2 = 2,16 \text{ J}$$
und die Gesamtenergie
$$W_3 = W_{H3} + W_{Bew3} = 2,16 \text{ J}.$$

Im Rahmen der Messfehler ist also
$$W_1 = W_2 = W_3.$$

1. Rechnen mit Höhen- und Bewegungsenergie

Bei einem schwingenden Fadenpendel **→ B1a** oder einer frei fallenden Kugel **→ B1b** treten die mechanischen Energieformen Höhenenergie W_H und Bewegungsenergie W_{Bew} auf (die Energieverluste durch Reibung sind so klein, dass wir sie vernachlässigen). Vergleicht man zwei beliebige Zustände 1 und 2 **→ B1**, so weiß man aufgrund der Energieerhaltung, dass die Energiesummen gleich sind:

$$W_{H1} + W_{Bew1} = W_{H2} + W_{Bew2}.$$

Mit den Formeln für Höhen- und Bewegungsenergie ergibt sich daraus:

$$m \cdot g \cdot h_1 + \frac{1}{2} m \cdot v_1^2 = m \cdot g \cdot h_2 + \frac{1}{2} m \cdot v_2^2.$$

Diese Gleichung gilt sowohl für die gekrümmte Bahn des Fadenpendels **→ B1a** als auch für die geradlinige Bahn der fallenden Kugel **→ B1b**. Der Bahnverlauf zwischen Zustand 1 und Zustand 2 spielt keine Rolle.

2. Energieerhaltung im abgeschlossenen System

In **→ V1** wird die Energieerhaltung für das Fadenpendel experimentell bestätigt. Die Messwerte zeigen, dass die Summe der Energien zu drei verschiedenen Zeitpunkten jeweils gleich ist. Dabei fassen wir das Fadenpendel als ein energetisch **abgeschlossenes System** auf, d.h. es wird weder Energie zugeführt noch entzogen (z.B. durch Reibung).

Merksatz

In einem energetisch abgeschlossenen System ist die Summe aus Höhenenergie und Bewegungsenergie zu jedem Zeitpunkt gleich: $W_{H1} + W_{Bew1} = W_{H2} + W_{Bew2} = W_{Ges}$ (Gesamtenergie).

Beispiel

Am Beispiel einer Achterbahn wird gezeigt, wie man das Prinzip der Energieerhaltung anwenden kann. → **B1** zeigt einen Ausschnitt der untersuchten Achterbahn.

a) Berechne Höhen-, Bewegungs- und Gesamtenergie des Wagens an der Stelle A. Interpretiere das Ergebnis.
b) Berechne die Geschwindigkeit an der Stelle B.
c) Leite eine Formel her, mit der man die Geschwindigkeit für jede beliebige Stelle der Achterbahn berechnen kann.

Lösung
a) An der Stelle A besitzt der Wagen Höhenenergie W_H und Bewegungsenergie W_{Bew}. Aus → **B1** kann man entnehmen: $h_A = 6$ m, $v_A = 10$ m/s. Die Masse ist $m = 1000$ kg. Damit ist:
$W_{HA} = m \cdot g \cdot h_A = 1000 \text{ kg} \cdot 10 \text{ N/kg} \cdot 6 \text{ m} = 60000$ J und
$W_{BewA} = 1/2\, m \cdot v_A{}^2 = 1/2 \cdot 1000 \text{ kg} \cdot 10 \text{ (m/s)}^2 =$
$50000 \text{ kg (m/s)}^2 = 50000$ J.

$W_{Ges} = W_{HA} + W_{BewA} = 60000 \text{ J} + 50000 \text{ J} = 110000$ J.

Interpretation: Wenn man das System als energetisch abgeschlossen betrachtet, dann ist die Gesamtenergie W_{Ges} zu jedem Zeitpunkt 110000 J. Die Teilenergien W_H und W_{Bew} ändern sich ständig, die Gesamtenergie bleibt aber konstant → **T1** .

b) Die Höhenenergie an der Stelle B kann man berechnen mit:
$W_{HB} = m \cdot g \cdot h_B = 1000 \text{ kg} \cdot 10 \text{ m/s}^2 \cdot 3 \text{ m} = 30000$ J. (Das ist genau die Hälfte der Höhenenergie an der Stelle A).
Für die Bewegungsenergie bleibt dann noch:
$W_{BewB} = W_{Ges} - W_{HB} = 110\,000 \text{ J} - 30\,000 \text{ J} = 80\,000$ J. Aus der Bewegungsenergie kann man die Geschwindigkeit berechnen, denn es gilt: $W_{BewB} = 1/2\, m \cdot v_B{}^2$. Durch Umformungen erhält man daraus:

$$v_B = \sqrt{\frac{2 \cdot W_{BewB}}{m}} = \sqrt{\frac{2 \cdot 80000 \text{ J}}{1000 \text{ kg}}} = 12{,}6 \frac{\text{m}}{\text{s}}$$

In → **B2** wird begründet, wie sich die Einheit m/s ergibt.

c) Aufgrund der Energieerhaltung gilt für jeden Bahnpunkt:

$$W_{Ges} = \frac{1}{2}\, m \cdot v^2 + m \cdot g \cdot h$$

Durch Auflösen dieser Gleichung nach v erhält man:

$$v = \sqrt{\frac{2\,(W_{Ges} - m \cdot g \cdot h)}{m}}$$

Setzt man in diese Formel die Werte an der Stelle B ein, so erhält man das schon bekannte Ergebnis:

$$v = \sqrt{\frac{2\,(110000 \text{ J} - 1000 \text{ kg} \cdot 10 \frac{\text{N}}{\text{kg}} \cdot 3 \text{ m})}{1000 \text{ kg}}} = 12{,}6 \frac{\text{m}}{\text{s}}$$

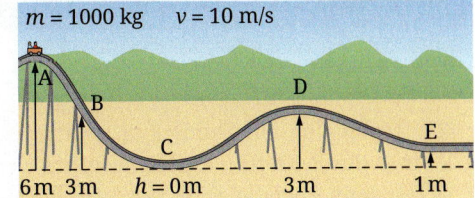

$m = 1000$ kg $v = 10$ m/s

6 m   3 m $h = 0$ m   3 m   1 m

B1 Teilabschnitt einer Achterbahn. Die vollbesetzten Wagen haben eine Masse von 1000 kg. Im höchsten Punkt A ist die Geschwindigkeit 10 m/s. Für ausgewählte Bahnpunkte (A bis E) ist die jeweilige Höhe eingetragen.

Position	Höhe in m	Geschwindig-keit in m/s	Bewegungs-energie W_{Bew} in kJ	Höhenenergie W_H in kJ	Gesamtener-gie $W_{Bew} + W_H$ in kJ
A	6	10	50	60	110
B	3	12,6	80	30	110
C	0	14,8	110	0	110
D	3	–	–	–	110
E	1	–	–	–	110

T1 Mit dem Prinzip der Energieerhaltung kann man für jeden Punkt der Bahn die Energieverteilung und die Geschwindigkeit berechnen. Die Tabelle fasst die Ergebnisse übersichtlich zusammen.

$$[v_B] = \sqrt{\frac{\text{J}}{\text{kg}}} = \sqrt{\frac{\text{N} \cdot \text{m}}{\text{kg}}} = \sqrt{\frac{\text{kg} \cdot \frac{\text{m}}{\text{s}^2} \cdot \text{m}}{\text{kg}}} = \sqrt{\frac{\text{m}^2}{\text{s}^2}} = \frac{\text{m}}{\text{s}}$$

B2 Nachweis der Einheit von v_B: Setzt man in die Formel für v_B (Teilaufgabe b) für jede Größe die Einheit ein, so erhält man als Ergebnis die Einheit der Geschwindigkeit.

Mach's selbst

A1 Bestätige durch Rechnung die Werte für die Stelle C in → **T1** .

A2 Berechne die Werte für die Stellen D und E in → **T1** .

A3 In Teilaufgabe c) ist die allgemeine Formel für die Geschwindigkeit v angegeben. Begründe: An der Stelle C vereinfacht sich die Formel zu

$$v = \sqrt{\frac{2 \cdot W_{Ges}}{m}}.$$

A4 Eine Kugel der Masse 0,2 kg fällt aus 9 m Höhe zu Boden. Berechne die Aufprallgeschwindigkeit.

Eine Formel für die Spannenergie

Ein Trampolin, ein Gummiball oder eine Stahlfeder können durch Kräfte elastisch verformt werden. Sie besitzen dann Spannenergie W_{Sp}. Um die Spannenergie zu ändern, muss eine Kraft wirken.

Für eine elastische Stahlfeder kann man die Spannenergie berechnen. Die Formel dafür wird im Folgenden begründet.

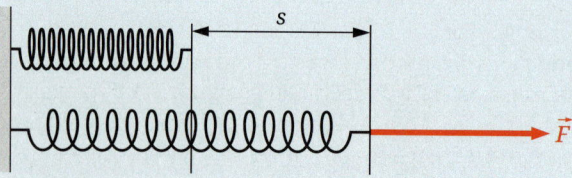

Die Abbildung zeigt, wie eine entspannte (ungedehnte) Stahlfeder durch eine Kraft F um die Strecke s gedehnt wird. Welcher Zusammenhang besteht zwischen der Kraft F und der Dehnung s? Wenn man die Feder nicht überdehnt, dann gilt: Die doppelte Kraft bewirkt die doppelte Dehnung. Die Dehnung ist also proportional zur Kraft: $F \sim s$. Mit dem Proportionalitätsfaktor D gilt: $F = D \cdot s$. Man nennt D die **Federkonstante**.

Ein Beispiel verdeutlicht den Zusammenhang: Dehnt man z.B. mit der Kraft $F = 2\,N$ eine Feder um die Strecke $s = 0,1\,m$, so ist die Federkonstante: $D = F/s = 2\,N/(0,1\,m) = 20\,N/m$. Anschaulich bedeutet dies, dass man eine Kraft von 20 N benötigt, um diese Feder um 1 m zu dehnen. Für eine geringere Dehnung ist die Kraft entsprechend kleiner. Die Federkonstante hängt natürlich vom Material und der Herstellungsweise der Feder ab und muss für jede Feder neu bestimmt werden. Eine „weiche" Feder hat eine kleine Federkonstante.

Welche Energie besitzt die Feder, wenn sie um die Strecke s_1 gedehnt wird? Um diese Frage zu beantworten, erinnern wir uns, dass die übertragene Energie als Produkt aus Kraft und Weg berechnet werden kann: $W = F \cdot s$ → **Seite 21**. Allerdings darf man diese Formel nur anwenden, wenn die Kraft während der gesamten Dehnung konstant bleibt. Bei der Dehnung der Feder ist das nicht der Fall. Der Betrag der benötigten Kraft steigt ja gleichmäßig von null (bei entspannter Feder) auf F_1 an (bei Dehnung um s_1) und nimmt alle Zwischenwerte an. Wie kann man für eine sich ändernde Kraft die Energie berechnen?

Die Abbildung zeigt eine Lösung des Problems:

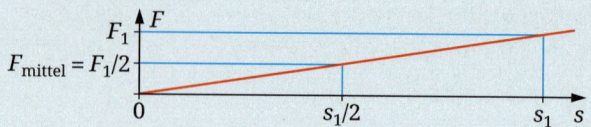

Statt der gleichmäßig ansteigenden Kraft verwenden wir als „Ersatzkraft" die mittlere Kraft. Die zum Spannen der Feder benötigte Energie ist nämlich genauso groß, wie wenn man die gesamte Strecke s_1 mit der konstanten mittleren Kraft $F_{mittel} = F_1/2 = D \cdot s_1/2$ ziehen würde. Man steckt also in die Feder die Energie $W_{Sp} = F_{mittel} \cdot s_1 = (1/2 \cdot D \cdot s_1) \cdot s_1 = 1/2 \cdot D \cdot s_1^2$. Dieser Zusammenhang gilt nicht nur für die Dehnung s_1, sondern für jede beliebige Dehnung s.

Als Ergebnis können wir also festhalten: Die Spannenergie einer um die Strecke s gedehnten Feder mit der Federkonstante D ist $W_{Sp} = 1/2 \cdot D \cdot s^2$.

Beispielaufgabe:
Die Abbildung zeigt eine Schraubenfeder, die durch eine angehängte Masse gedehnt wird.
a) Welche Spannenergie steckt in der gedehnten Feder?
b) Wie stark muss man die Feder dehnen, damit sie eine Spannenergie von 1 J besitzt?

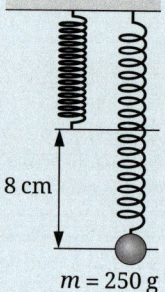

8 cm

$m = 250\,g$

Lösung:
a) Zunächst bestimmen wir die Federkonstante. Aus der Abbildung kann man entnehmen, dass eine Masse von 0,25 kg die Feder um 8 cm dehnt.
Die Gewichtskraft $F = 0,25\,kg \cdot 10\,N/kg = 2,50\,N$ dehnt also die Feder um $s = 0,08\,m$. Damit erhält man: $D = F/s = 2,5\,N/0,08\,m = 31,25\,N/m$.
Die Spannenergie der 8 cm gedehnten Feder ist:
$W_{Sp} = 1/2 \cdot D \cdot s^2 = 1/2 \cdot 31,25\,N/m \cdot 0,08\,m^2 = 0,1\,J$.

b) Wir lösen die Gleichung für die Spannenergie nach s auf und setzen die bekannten Werte ein.

$$W_{Sp} = 1/2 \cdot D \cdot s^2 \leftrightarrow s = \sqrt{\frac{2 \cdot W_{Sp}}{D}} = \sqrt{\frac{2 \cdot 1\,J}{31,25\,N/m}} \approx 0,25\,m$$

Die um 25 cm gedehnt Feder enthält also die Spannenergie von 1 J. Voraussetzung ist natürlich, dass die Feder dann noch nicht überdehnt ist.

Projekt – Anfangsgeschwindigkeit eines Pfeils bestimmen

Geschwindigkeit eines Pfeils bestimmen

Wie schnell wird ein Pfeil von einer Spielzeugpistole abgeschossen? Mit dem Prinzip der Energieerhaltung kann man diese Frage beantworten.

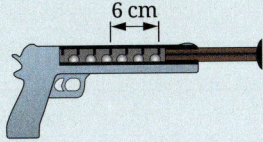

6 cm

Zunächst bestimmen wir die Federkonstante. Wir messen: Eine Kraft von 6 N drückt die Feder um 6 cm zusammen. Es ist also: $D = 6$ N$/0{,}06$ m $= 100$ N/m.

Vor dem Abschuss steckt die gesamte Energie in der Spannenergie W_{Sp} der Feder. Wenn die Feder sich entspannt, gibt sie ihre Energie an den Pfeil ab. Vereinfacht nehmen wir an, dass der Pfeil seine maximale Geschwindigkeit besitzt, wenn er sich von der Feder löst. Die Spannenergie der Feder ist dann (fast) vollständig in Bewegungsenergie des Pfeils umgewandelt.

Es gilt also: $W_{Sp} = W_H \rightarrow \frac{1}{2} \cdot D \cdot s^2 = \frac{1}{2} m \cdot v^2$.

Mit den Werten: $D = 100$ N/m, $s = 0{,}06$ m und der Masse des Pfeils $m = 0{,}02$ kg erhält man daraus: $v = 4{,}24$ m/s.

Mit dem Prinzip der Energieerhaltung können wir auch berechnen, welche maximale Höhe der Pfeil bei einem senkrechten Schuss nach oben erreichen kann.

Wenn man den Pfeil senkrecht nach oben schießt, wird die Spannenergie der Feder erst in Bewegungsenergie und dann in Höhenenergie umgewandelt. Im höchsten Punkt der Flugbahn hat der Pfeil für einen Moment die Geschwindigkeit 0 m/s. In diesem Moment ist die anfängliche Spannenergie vollständig in Höhenenergie umgewandelt. Es gilt dann:

$$W_{Sp} = W_H \rightarrow \frac{1}{2} \cdot D \cdot s^2 = m \cdot g \cdot h \rightarrow h = \frac{1}{2} \cdot \frac{D \cdot s^2}{m \cdot g}$$

Mit den Werten für m und v erhält man: $h = 0{,}92$ m.

Mach's selbst

A1 Notiere die Formeln für die Höhenenergie, die Bewegungsenergie und die Spannenergie. Gib die Namen aller physikalischen Größen an, die in den Formeln vorkommen.

A2 Welche der folgenden Gegenstände speichern Spannenergie? Mausefalle, Tennisschuh, Haarclip, Knetgummi, Gitarrensaite, PET-Flasche, Plastiklineal. Begründe deine Auswahl.

A3 Zwei Federn mit gleicher Federkonstante werden gespannt. Feder 1 wird doppelt so weit gedehnt wie Feder 2. Vergleiche die Spannenergien der Federn.

A4 Eine Schraubenfeder hat die Federkonstante $D = 30$ N/m.
a) Die Feder wird um 5 cm gedehnt. Berechne die Spannenergie, die in der Feder steckt.
b) In der Feder steckt eine Spannenergie von 0,075 J. Berechne die zugehörige Dehnung.

A5 Ein Fußball hat eine Masse von ca. 440 g und eine Durchmesser von ca. 22 cm.
a) Welche Bewegungsenergie hat der Ball bei einer Geschwindigkeit von 33,3 m/s? (Durchschnittliche Geschwindigkeit beim Elfmeterschuss).
b) Welche Höhenenergie hat der Ball bei einer Flanke in 15 m Höhe?

A6 Die Abbildung zeigt drei verschiedene Federn, die mit der angegebenen Kraft um die eingezeichnete Länge gedehnt werden. Ordne die Federn nach der Menge der gespeicherten Energie (kleinster Wert zuerst):

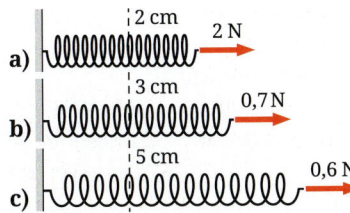

A7 Die Tabelle zeigt die Kraft, die man für die Dehnung einer Feder benötigt.

Kraft F in N	Dehnung s in m
1,3	0,04
2,5	0,08
3,5	0,12
6,0	0,20
7,2	0,24

a) Stelle die in der Tabelle gezeigten Messwerte in einem s-F-Diagramm dar und bestimme die Federkonstante D.
b) Berechne für jede Dehnung s die zugehörige Spannenergie der Feder. Zeichne die Energiewerte in ein s-W_{Sp}-Diagramm (x-Achse: Dehnung s, y-Achse: Energie W_{Sp}).
Beschreibe den Graphen.

Experimente auswerten – dein GTR hilft dabei!

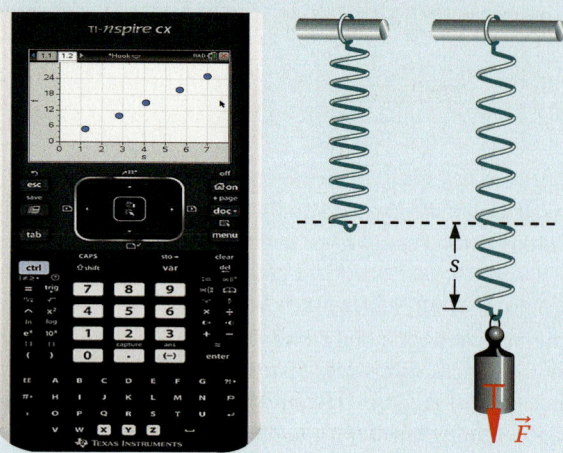

In der Mathematik magst du auf deinem Taschenrechner nicht verzichten. Aber weißt du auch, dass dir der grafische Taschenrechner (GTR) in der Physik beim Auswerten von Messwerten hilft? Dazu hat er spezielle Funktionen, mit denen du auf einfachem Weg eine mathematische Zuordnung für deine Messwerte findest. Im Folgenden wird an einem Beispiel die Auswertung einer Messung gezeigt, bei der ein proportionaler Zusammenhang der Messgrößen vermutet wird.

Das hookesche Gesetz – ein Beispiel für eine proportionale Zuordnung – kennst du aus dem früheren Physikunterricht. An eine Schraubenfeder werden unterschiedlich schwere Massestücke gehängt und es wird die Verlängerung der Feder gemessen. Auf diese Weise untersucht man die Abhängigkeit der Verlängerung s einer Feder von dem Betrag F der Kraft, mit der an ihr gezogen wird. Nehmen wir an, der Versuch wurde gerade durchgeführt und 5 Messwertpaare für s und F stehen in deinem Heft. Deine Aufgabe ist es nun, für die Abhängigkeit der Verlängerung von der Kraft eine mathematische Zuordnung zu finden.

Schritt 1
Als erstes schreibst du die Messwerte in eine Tabelle des GTR. Wähle dazu Befehl **4: Lists&Spreadsheet hinzufügen**. Trage die Werte für die Auslenkung s in cm in die Spalte A und für den Betrag F der Gewichtskraft der zughörigen Massen in N in die Spalte B ein. Das Messwertpaar $s = 0$ cm, $F = 0$ N lassen wir zunächst weg, weil sonst in Schritt 5 durch Null geteilt würde. Ergänze in der obersten Zeile die Bezeichnungen s und f für die Spalten.

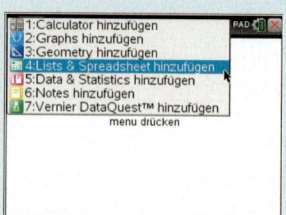

Schritt 2
Für die grafische Darstellung fügst du mit **doc: 4: Einfügen – Data & Statistics** ein Fenster zur Darstellung ein.

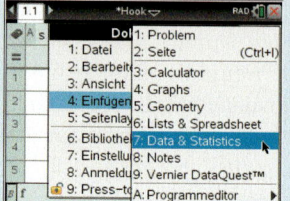 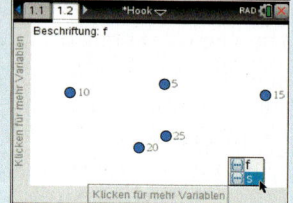

An den Achsen trägst du durch Auswahl in den Feldern **Klicken für mehr Variablen** die beiden Größen s auf der 1. Achse und f auf der 2. Achse ein.

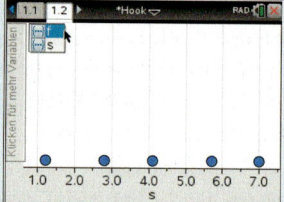 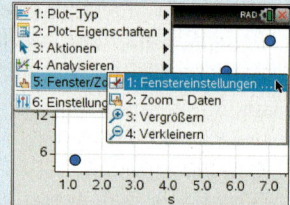

Oft ist der Koordinatenursprung nicht im dargestellten Bereich oder die Skalierung der Achsen ist unpassend. Über **menu: 5: Fenster / Zoom – 1: Fenstereinstellungen** kannst Du die Einstellungen ändern.

 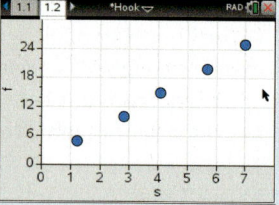

Schritt 3
Die grafische Darstellung soll dir helfen, eine Hypothese (Vermutung) über die Art der Zuordnung der auf-

getragenen Größen aufzustellen. In unserem Beispiel hat man den Eindruck, dass die Messpunkte auf einer Geraden liegen, das bedeutet, dass die Zuordnung also linear ist.

Zur Überprüfung kannst du den GTR eine Ausgleichsgerade zeichnen lassen. Das Verfahren heißt lineare Regression. Wähle dazu die Befehle **menu: 4: Analysieren – 6: Regression – 1: Lineare Regression (mx+b) anzeigen**.

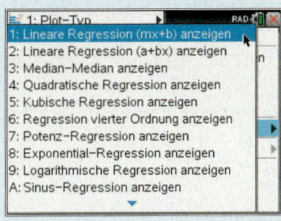
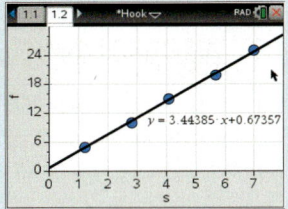

Schritt 4

Anhand des Diagramms siehst du, dass sich die Hypothese bestätigt, die Messpunkte liegen zufriedenstellend auf einer Geraden. Der GTR gibt als Gleichung für die Gerade y = 3,4 · x + 0,7 an. Bedenkt man, dass eine Messung keine mathematisch genauen Werte liefert, stellt sich die Frage, ob hier eventuell sogar eine Proportionalität vorliegt, obwohl die berechnete Gerade die y-Achse nicht exakt im Ursprung schneidet. Für diese Annahme spricht, dass bei einer Kraft F = 0 N die Auslenkung s = 0 cm beträgt. Kann man also unter Berücksichtigung eines nicht zu großen Messfehlers eine Proportionalität erkennen? Diese Frage lässt sich mithilfe einer besonderen Eigenschaft proportionaler Zuordnungen beantworten: Für alle Wertepaare (x; y) proportionaler Zuordnungen besitzt der Quotient y/x denselben Wert.

Schritt 5

Betrachte zur Überprüfung die Quotienten F/s für alle Messwertpaare. Sind ihre Werte annähernd konstant, so schließen wir auf $F \sim s$. Mit der Tabellenkalkulation ist die Quotientengleichheit schnell untersucht.

Wechsle mit **doc: 3: Ansicht – 1: zurück** wieder in die Tabellenkakulation und gib in der Spalte C in der ersten Zeile den Namen q und in der zweiten Zeile die Rechnung f/s ein, wähle bei der Nachfrage **Variablenverweis** aus.

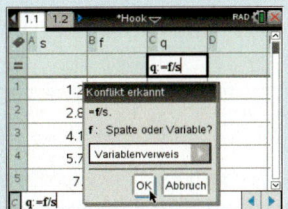

Die Quotienten in den einzelnen Zeilen stimmen nicht genau überein. Besonders der erste Quotient weicht auffällig ab. Darf man trotzdem davon ausgehen, dass $F \sim s$ gilt? Dies kannst du beantworten, indem du den Mittelwert für die Quotienten und den prozentualen Fehler berechnest. Aktiviere dazu Feld D1 und lass dir über **menu: 3: Daten – 6: Listen Mathematik – 3: Mittelwert** den Befehl zum Errechnen des Mittelwerts eintragen, in die Klammer gibst du den Variablennamen q ein.

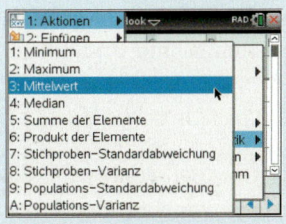

Ein Maß für die Abweichung der einzelnen Quotienten vom Mittelwert liefert die Standardabweichung, diese lässt du mit **menu: 3: Daten – 6: Listen Mathematik – 7: Stichproben-Standardabweichung** von q in der Zelle D2 errechnen. Der Quotient aus Standardabweichung und Mittelwert multipliziert mit 100 ergibt den Fehler in Prozent, dazu gibst du in Zelle D3 die Rechnung **=D2/D1*100** ein.

Im Beispiel beträgt der Fehler etwa 7,3 %. Mit dieser Genauigkeit wurde in der Messung der Quotient F/s – das ist die Federhärte D – bestimmt. Unter den Messbedingungen ist das ein akzeptables Ergebnis. Wir schließen daraus, dass die Kraft proportional zur Auslenkung ist: $F \sim s$.

Das ist wichtig

1. Energieübertragung

Energie kann übertragen werden. Energieübertragungsketten veranschaulichen den Weg der Energie durch die verschiedenen Energiekonten.

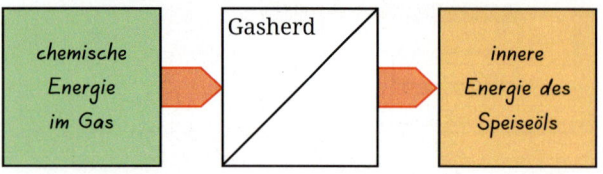

2. Energieformen

Mechanische Energieformen sind Höhenenergie W_H, Bewegungsenergie W_Bew und Spannenergie W_Sp.

Die Änderung der inneren Energie W_In ist häufig mit einer Temperaturänderung verbunden.

3. Die Einheit der Energie

Energie kann man messen. Die Einheit der Energie ist 1 Joule (J). Manchmal verwendet man auch die zusammengesetzte Einheit 1 Newtonmeter (N · m).

Es gilt: $1\,\mathrm{J} = 1\,\mathrm{N} \cdot \mathrm{m}$.

4. Energieerhaltung

Die Gesamtenergie eines Körpers kann auf mehrere Energieformen verteilt sein. Ohne Reibung und ohne Energieübertragung von oder zu einem anderen Körper bleibt die Summe der Energien des Körpers konstant.

Sind bei der Energieübertragung oder der Energieumwandlung mehrere Körper beteiligt, so bleibt auch dann die Energiesumme konstant.

5. Mechanische Energie berechnen

a) Berechnung der Höhenenergie W_H

Ändert sich die Höhe eines Körpers um h, so ändert sich seine Höhenenergie um

$$W_\mathrm{H} = G \cdot h = m \cdot g \cdot h.$$

Dabei ist $G = m \cdot g$ die Gewichtskraft. m ist die Masse des Körpers in kg und g der Orstfaktor ($g \approx 10\,\mathrm{N/kg}$).

b) Berechnung der Bewegungsenergie W_Bew

Ein Körper mit der Geschwindigkeit v hat die Bewegungsenergie

$$W_\mathrm{Bew} = \frac{1}{2} \cdot m \cdot v^2.$$

Dabei ist m die Masse des Körpers in kg.

c) Energie und Arbeit

Eine mithilfe einer Kraft übertragene Energie wird auch als Arbeit bezeichnet. Wenn ein Körper mit einer konstanten Kraft F längs des Weges s verschoben wird, dann ist die übertragene Energiemenge:

$$W = F \cdot s.$$

Dabei ist s der Weg, um den der Körper verschoben wird.

6. Energie und Temperaturänderung

Die durch einen Temperaturunterschied übertragene Energie nennt man Wärme.
Ändert sich die Temperatur einer Wassermenge um $\Delta\vartheta$, so ändert sich die innere Energie um

$$W_\mathrm{In} = m \cdot c \cdot \Delta\vartheta.$$

Dabei ist m die Masse des Wassers in Kilogramm und c die spezifische Wärmekapazität.
Für Wasser ist $c = 4{,}2\,\mathrm{kJ/(kg \cdot {}^\circ C)}$.

7. Energie und Zustandsänderungen

Um Eis mit einer Temperatur von $0\,^\circ\mathrm{C}$ zu schmelzen oder Wasser mit einer Temperatur von ca. $100\,^\circ\mathrm{C}$ zu verdampfen, muss man Energie zuführen. Während des Schmelz- bzw. Siedevorgangs ändert sich die Temperatur aber nicht.

Mit dem Teilchenmodell kann man erklären, warum die Temperatur bei einem Phasenübergang gleich bleibt: Die zugeführte Energie wird verwendet, um den Zusammenhalt der Teilchen zu ändern. Beim Kondensieren bzw. beim Erstarren wird die zugeführte Energie wieder abgegeben.

Ein Phasendiagramm veranschaulicht den Zusammenhang von Energie und Temperatur. Der Anstieg des Graphen zeigt den Anstieg der Temperatur. Bei einem Phasenübergang (Schmelzen bzw. Erstarren bzw. Verdampfen oder Kondensieren) hat der Graph horizontale Abschnitte – sie zeigen, dass die Temperatur konstant bleibt.

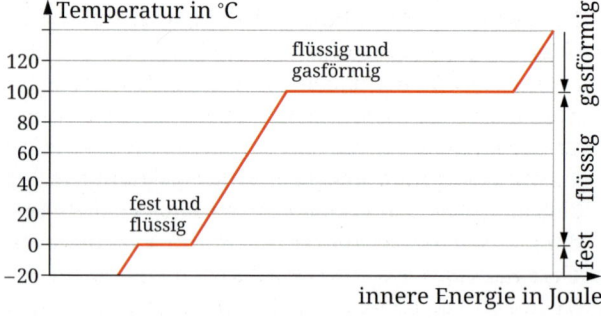

Das hilft bei der Verständigung

Erkenntnisgewinnung

- Du kannst einen Vorgang mit einer Energieübertragungskette beschreiben und Energieänderungen als Änderungen der Kontostände deuten.
- Du kannst bei einem Vorgang die Zunahme der inneren Energie, der Höhenenergie und der Bewegungsenergie berechnen.
- Dabei benutzt du die Einheiten Joule oder Newtonmeter und beachtest: 1 J = 1 Nm.
- Du kannst das Prinzip der Energieerhaltung anwenden um damit Geschwindigkeiten, Höhen- oder Temperaturänderungen zu bestimmen.
- Du kannst einfache Experimente zur Energieänderung und Energieerhaltung planen, durchführen und dokumentieren.
- Du kannst ein Energie-Temperatur-Diagramm deuten und mit dem Teilchenmodell erklären, warum sich die Temperatur bei einem Phasenübergang nicht ändert.

Kommunikation

- Du kannst mit Hilfe einer Energieübertragungskette die energetischen Aspekte eines Alltagsvorgangs veranschaulichen.
- Du kannst verschiedene Energieformen identifizieren und einem Mitschüler erklären, welchen Einfluss die Höhe, die Geschwindigkeit und die Temperatur auf die Energieänderung haben.
- An Beispielen kannst du den Unterschied zwischen Temperatur und innerer Energie erläutern.
- Du bist in der Lage, einem Text die Bedeutung einer physikalischen Formel zu entnehmen, so dass du diese auf ein konkretes Beispiel anwenden kannst.

Bewertung

- Du kannst die Bedeutung der Energieerhaltung für einen Vorgang beurteilen. Du weißt, dass z.B. die Energie eines hüpfenden Flummis nicht verloren geht, aber ein Teil der Energie an die Umgebung abgegeben wird.
- Du kannst den Satz von der Energieerhaltung anwenden, um damit Energieänderungen zu berechnen. Die Ergebnisse kannst du bewerten, denn du weißt, dass diese Berechnungen meist idealisiert sind, weil sie z.B. die Energieabgabe an die Umgebung vernachlässigen.

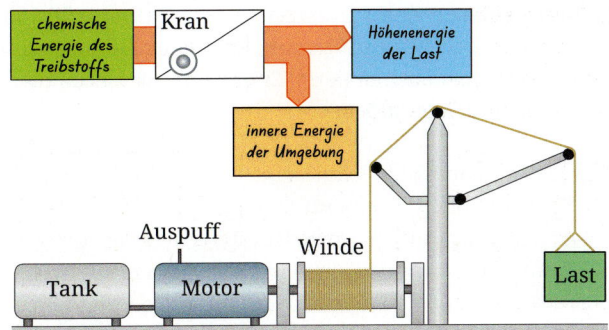

B1 Der Kran wandelt einen bestimmten Teil der zugeführten Energie in Höhenenergie der Last.

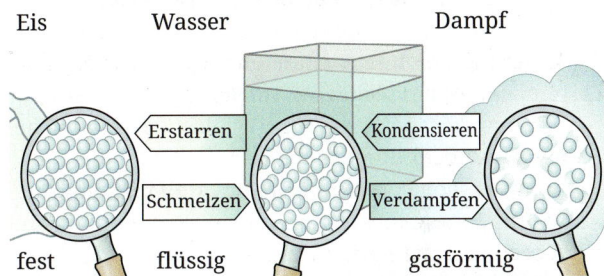

B2 Mit dem Teilchenmodell kann man die Wirkung der Energie bei Phasenübergängen verständlich machen.

Energiekonto	Formelzeichen	Formel	Energieerhaltung
Innere Energie	W_{In}	$W_{In} = c \cdot m \cdot \Delta\vartheta$	
Höhenenergie	W_H	$W_H = g \cdot h = m \cdot g \cdot h$	
Bewegungsenergie	W_{Bew}	$W_{Bew} = \frac{1}{2} m \cdot v^2$	$W_{Bew} + W_H +$ $W_{Sp} + W_{In} + ...$ $= konstant$
Spannenergie	W_{Sp}	$W_{Sp} = \frac{1}{2} \cdot D \cdot s^2$	
Chemische Energie	W_{Ch}		

T1 Energien kann man berechnen. Das hilft beim Vergleichen und Bewerten.

B3 Energie wird „umgewandelt", „bleibt erhalten" und geht an die Umgebung „verloren". Wenn man den Energiebegriff richtig anwendet, kann man komplizierte Vorgänge verstehen.

Kennst du dich aus?

A1 Erkläre den Unterschied zwischen Bewegungsenergie, Temperatur und innerer Energie im Teilchenmodell.

A2 Wärme wird von einem Körper hoher Temperatur auf einen Körper mit niedrigerer Temperatur übertragen. Ist die Änderung der Temperatur bei beiden Körpern gleich? Begründe!

A3 Das Bild zeigt Metallblöcke, die sich berühren. Ein rötlicher Farbton kennzeichnet eine hohe Temperatur, ein bläulicher Farbton kennzeichnet eine niedrige Temperatur. Je dunkler die Farbe, desto höher bzw. niedriger die Temperatur.

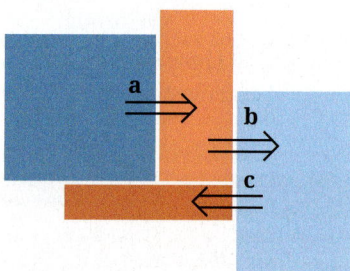

Die Pfeile sollen die Richtung des Wärmeflusses markieren. Begründe, welche Pfeile richtig eingezeichnet sind. Ergänze weitere Pfeile.

A4 Ein mit Wasser gefüllter Kochtopf wird auf einer Herdplatte zum Sieden gebracht. Im Topf befindet sich eine Kartoffel. Skizziere in einem Zeit-Temperatur-Diagramm, wie sich die Temperatur im Innern der Kartoffel (qualitativ) ändert. Was geschieht, wenn das Wasser im Topf vollständig verdampft ist?

A5 500 g Wasser von 16 °C werden mit 400 g Wasser von 60 °C gemischt. Berechne die Mischungstemperatur.

Überprüfe das Ergebnis mit einem Experiment. Erkläre mögliche Unterschiede.

A6 Ein 2 kg schwerer Stein fällt von einer 25 m hohen Klippe senkrecht nach unten.
a) Bestimme die Bewegungsenergie und die Höhenenergie des Steins vor dem Fall.
b) Berechne die Bewegungsenergie, die der Stein nach der halben Fallstrecke besitzt. Berechne damit seine Geschwindigkeit.
c) Berechne die Geschwindigkeit, mit der der Stein auf dem Erdboden aufschlägt.

A7 Ein Auto ($m = 1000$ kg) wird erst von null auf 36 km/h und dann von 36 km/h auf 72 km/h beschleunigt. Prüfe, ob jeweils die gleiche Menge an Energie benötigt wird.

A8 Unter einem 30 cm langen Lineal liegt quer ein dicker Stift, sodass 10 cm auf der einen Seite überstehen. Auf der anderen Seite liegt im Abstand von 10 cm und 20 cm jeweils eine 1 Cent-Münze. Schlägt man kräftig mit der Hand auf das kurze Ende des Lineals, wird eine Münze vierfach so hoch geschleudert wie die andere. Führe den Versuch durch und erkläre ihn.

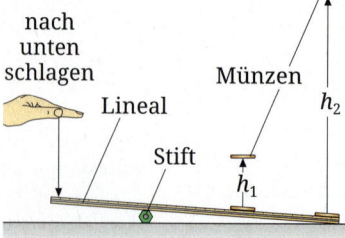

A9 Martin springt vom 10 m-Turm im Schwimmbad. Berechne die Geschwindigkeit, mit der er auf dem Wasser auftrifft.

A10 a) Benenne, welche Energieumwandlungen beim Stabhochsprung stattfinden.
b) Der Weltrekord im Stabhochsprung liegt über 6 m. Diskutiere, ob diese Höhe deutlich verbessert werden kann.
Hinweis: Der Weltrekord eines Sprinters über 100 m liegt knapp unter 10 s.

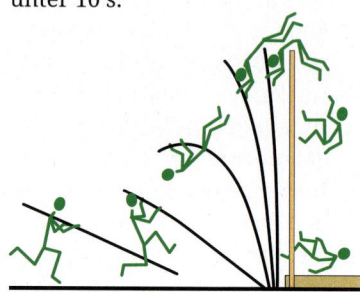

A11 Die Kugel eines Fadenpendels ist in A um 20 cm gegenüber der Stellung B angehoben und wird dort aus der Ruhe losgelassen.
a) Bestimme die Geschwindigkeit der Kugel in B.
b) An der Stelle C (8 cm höher als B) durchläuft die Kugel (Durchmesser 4 cm) eine Lichtschranke. Diese misst die Dunkelzeit $\Delta t = 0{,}0240$ s. Begründe, ob richtig gemessen wurde.

A12 Eine Kiste wird mit einer Kraft von 220 N eine Strecke von 5 m verschoben.

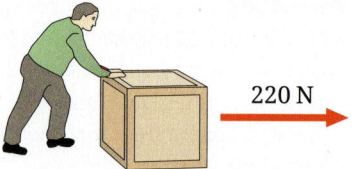

a) Berechne die Energie, die dabei umgewandelt wird.
b) Erkläre, auf welchem Energiekonto die Energie am Ende zu finden ist.

A13 Im zur Bauzeit weltgrößten Schiffshebewerk in Scharnebeck werden Binnenschiffe in einem riesigen Wassertank (Gesamtgewicht 5800 t) in 10 Minuten um 38 m gehoben.

a) Berechne die Energie, die dafür aufgebracht werden muss.
b) Für den Antrieb werden vier Elektromotoren eingesetzt, die pro Sekunde 160 kJ Energie liefern. Wie lange würde es dauern, um den Wassertank damit anzuheben.

c) Erkläre mit Hilfe einer Skizze, wie Betonscheiben, die als Gegengewicht eingesetzt werden, zusätzliche Energie liefern.

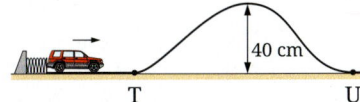

A14 Ein Spielzeugauto ($m = 60$ g) wird durch eine gespannte Feder horizontal „abgeschossen".
a) Die Feder ist um 2,8 cm zusammengedrückt und besitzt die Federkonstante $D = 750$ N/m. Berechne die Spannenergie der Feder.
b) Die Feder überträgt ihre Energie vollständig auf das Auto. Berechne die Geschwindigkeit im Punkt T.

c) Begründe, warum das Auto den „Berg" überwinden kann.
d) Bestimme die Geschwindigkeit im Punkt U sowie im höchsten Punkt der Bahn.

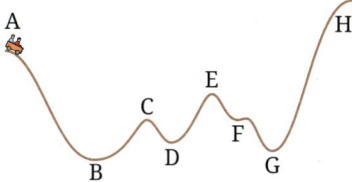

A15 Ein Achterbahnwagen startet aus der Ruhe in Punkt A.
a) Begründe, an welchem Punkt der Wagen am schnellsten ist.
b) An welchen beiden Punkten hat der Wagen die gleiche Geschwindigkeit? Begründe.
c) Vergleiche die Geschwindigkeit in E und D.

Praktikum

Vom Handwärmer zur Büroklimatisierung

In einer beliebten Fernsehshow wurden die Kandidaten mit folgender Frage konfrontiert: Mit einer neuartigen Methode kann man Häuser heizen, indem man ...
- Wasser gefrieren lässt,
- Alkohol zum Verdampfen bringt,
- Metalle verrosten lässt.

Zur Überraschung vieler Zuschauer ist die erste Antwort richtig. Das dahintersteckende Prinzip habt ihr schon kennengelernt: Wenn Eis von 0 °C geschmolzen werden soll, muss man viel Energie zuführen (etwa 335 J/g). Erst wenn alles Eis geschmolzen ist, steigt bei weiterer Energiezufuhr die Temperatur (mit 4,2 J/g · K). Die Energieaufnahme erfolgt während der Sommerzeit. Die Energie stammt dabei von Sonnenkollektoren oder aus der zu warmen Luft der Räume.

Im Winter wird die Energie dem Wasser mit einer Wärmepumpe wieder entzogen, bis 0 °C erreicht sind. Bei weiterem Energieentzug erstarrt das Wasser zu Eis. Mit jedem Gramm Eis, das entsteht, werden 335 J zurückgewonnen. Diese große Energiemenge war im Wasser von 0 °C verborgen (latent) gespeichert und kann nun für z. B. die Gebäudeheizung genutzt werden.

Arbeitsaufträge:

1 Erkundigt euch nach der Heiz- und Kühltechnik des Stuttgarter Stadtarchivs in Bad Canstatt (s. Bild). Erklärt, woher im Winter die Energie zum Heizen des Archivs genommen wird. Erklärt auch, wie man im Sommer die Energie gewinnt und wie sie gespeichert wird (Internetstichwort „Solareis Suttgart".

2 Gebt etwas Fixiersalz in ein Reagenzglas und erhitzt es in fast siedendem Wasser, bis alles geschmolzen ist. Lasst das Reagenzglas dann an der Luft abkühlen und messt ständig die Temperatur. Sie wird zunächst bis deutlich unter 48 °C fallen. Nach einigen Minuten (evtl. Schütteln) kristallisiert das Fixiersalz aus. Deutet die anschließende Beobachtung.

Das kannst du in diesem Kapitel erreichen:

- ■ Du kennst die physikalische Bedeutung des Begriffs Energiestromstärke/Leistung.

- ■ Du kannst die Energiestromstärke/Leistung in einfachen Schaltungen berechnen.

- ■ Du lernst mit Halbleitern neue Bauelemente der Elektrik kennen und nennst Anwendungsbeispiele.

- ■ Du benutzt Modellvorstellungen zur Erklärung der elektrischen Leitfähigkeit von Metallen und Halbleitern.

- ■ Du beschreibst den Aufbau der Halbleiterelemente LED und Solarzelle und erläuterst die Vorgänge in diesen Elementen.

- ■ Du kennst die Kennlinie einer LED und weißt wie man sie experimentell bestimmt.

- ■ Du kennst den prinzipiellen Aufbau von Elektromotor, Generator und Transformator.

- ■ Du kannst erklären, warum für die Energieübertragung Hochspannung verwendet wird.

Elektrische Energie im Alltag

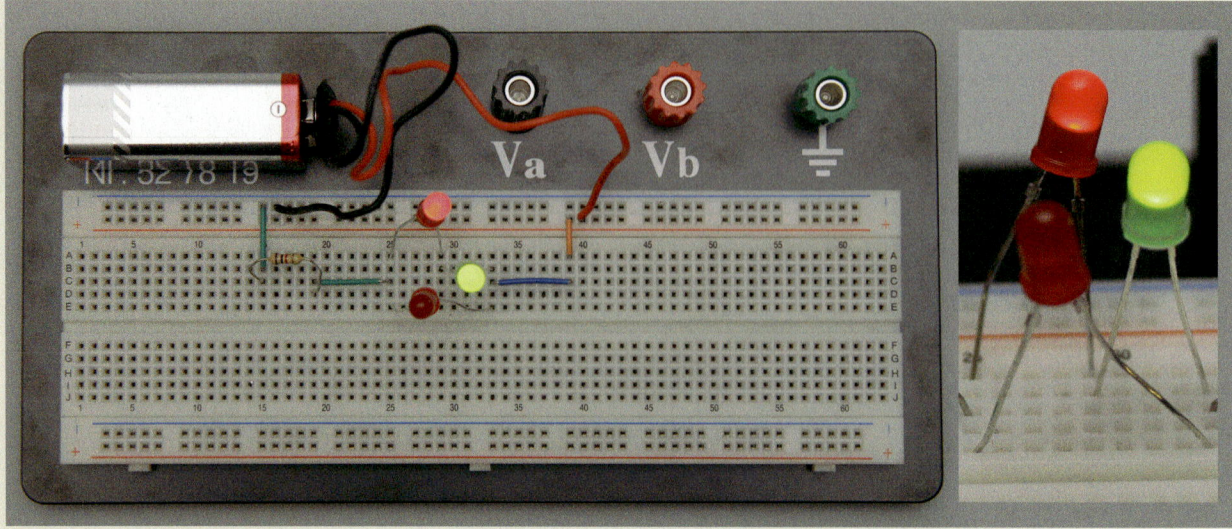

B1 „Fliegende" Schaltung auf einem Steckbrett

A1 In → **B1** sind verschiedene Leuchtdioden (LEDs), eine Batterie, ein Widerstand und ein Teil eines Steckbretts zu sehen. Mit einem Steckbrett kann man schnell und ohne zu löten Schaltungen aufbauen. Dazu werden die Anschlüsse der Bauelemente einfach in die Löcher gesteckt; unter den Löchern des Steckbretts sind elektrische Kontakte verborgen. Einige der LEDs in obiger Schaltung leuchten; eine LED leuchtet nicht.
a) Finde heraus, wie ein Steckbrett aufgebaut ist und
b) zeichne eine Schaltung, die → **B1** erklären könnte. Das Schaltsymbol für eine LED ist:

A2 Eine Leuchtdiode (LED) ist eine sehr genügsame Lichtquelle.

die Kupfermünze an den kurzen Draht der LED anschließen — LED

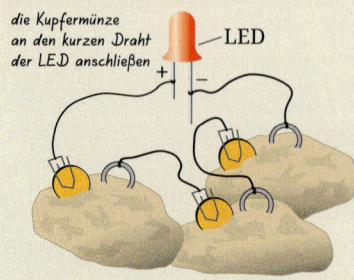

Du kannst sie schon mit ein paar Kartoffeln oder Zitronen zum Leuchten bringen.
Frage Deine Lehrkraft nach einer Leuchtdiode und besorge Dir mehrere frische Kartoffeln, etwas isolierten Draht zum Verdrahten, 2-Cent-Stücke, verzinkte Unterlegscheiben aus dem Baumarkt und metallische Büroklammern. Baue die Schaltung nach; eventuell brauchst Du mehr als drei Kartoffeln.
Was ändert sich, wenn die Anschlüsse an der Leuchtdiode vertauscht werden?

A3 Überlege Dir eine gute Erklärung, wie der dargestellte Energiebedarf im Winter an verschiedenen Wochentagen erklärt werden kann.

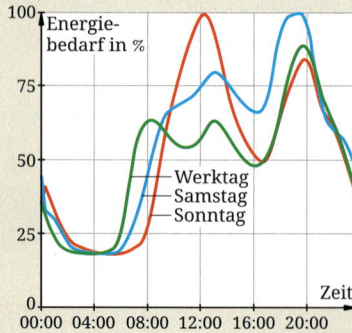

A4 Die Graphik zeigt Dir die prozentualen Anteile bei der elektrischen Energieversorgung in Deutschland 2014.

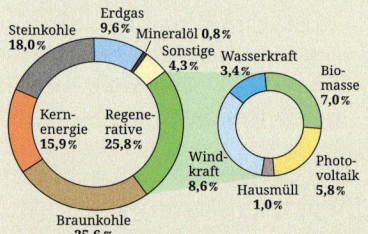

Steinkohle 18,0 %
Erdgas 9,6 %
Mineralöl 0,8 %
Sonstige 4,3 %
Wasserkraft 3,4 %
Biomasse 7,0 %
Kernenergie 15,9 %
Regenerative 25,8 %
Windkraft 8,6 %
Photovoltaik 5,8 %
Hausmüll 1,0 %
Braunkohle 25,6 %

Finde heraus, wie sich dieser „Energiemix" vor einige Jahren/Jahrzehnten zusammensetzte.

A5 Das Pumpspeicherkraftwerk Waldeck I ist ein guter Energiespeicher.

Nimm an, dass das Volumen im Oberbecken $V = 736\,000$ m^3 und der Höhenunterschied zum Unterbecken $h = 280$ m beträgt.
Berechne die Höhenenergie, die in einem vollen Oberbecken gespeichert werden kann.

1. Elektrischer Energiestrom

Zwischen den Buchsen einer Steckdose im Haushalt besteht eine Spannung von 230 Volt. Es handelt sich hier um **Wechselspannung** (Kennzeichen „~" oder „AC": alternating current), → **Seite 61**. Geräte, die du an eine Steckdose anschließen kannst, müssen also für 230-V-Wechselspannung geeignet sein. Das ist auf dem Typenschild entsprechend gekennzeichnet durch die Aufschrift „230 V~" bzw. „230 V AC". Daneben findest du häufig eine weitere Zahlenangabe, hinter der der Buchstabe „W" steht **→ B1** . Dieser Wert gibt die **Leistung P** an.

B1 Haushaltsmixer und Typenschild. Neben der Betriebsspannung ist häufig auch die Nennleistung angegeben.

Die Leistung wird auf dem Typenschild notiert, weil die Geräte an der Steckdose alle mit der gleichen Spannung betrieben werden, sie sich aber darin unterscheiden, wie schnell das jeweilige Gerät elektrische Energie in andere Energieformen umwandelt. So stellst du z. B. fest, dass bei dem Haartrockner mit dem größeren Leistungswert deine Haare schneller trocknen **→ B2** . Die Energiemenge ΔW, die du zum Haaretrocknen benötigst, wird also von diesem Haartrockner während einer kürzeren Zeitspanne Δt umgewandelt. Man findet: Die Leistung P und die Zeitspanne Δt, während der die Energiemenge ΔW umgewandelt wird, sind antiproportional. Damit ist das Produkt $P \cdot \Delta t$ immer gleich – es ergibt die umgewandelte Energie ΔW. Man definiert daher die Leistung als Quotient aus umgewandelter Energie und benötigter Zeitspanne: $P = \Delta W / \Delta t$. Damit auch die Einheiten zueinander passen, hat man festgelegt: 1 W = 1 J/s.

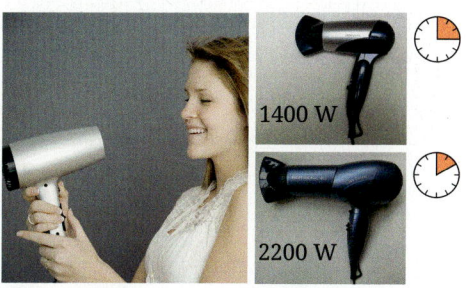

B2 Je größer die Leistungsangabe auf dem Haartrockner ist, umso schneller werden die Haare trocken.

Merksatz

Die Leistung P gibt an, wie schnell ein Gerät Energie umwandeln kann. Sie ist definiert als der Quotient aus der umgewandelten Energie ΔW und der dafür benötigten Zeit Δt:

$$P = \frac{\Delta W}{\Delta t}.$$

Die Einheit der Leistung ist 1 Watt (1 W); es gilt: 1 W = 1 J/s.
Die Energiemenge ΔW, die in einem Gerät mit der Leistung P während der Zeitspanne Δt umgewandelt wird, berechnet sich zu:

$$\Delta W = P \cdot \Delta t.$$

Bei einem Fluss gibt man die Wasserstromstärke in Kubikmetern pro Sekunde (m³/s) an; sie beschreibt, welche Wassermenge in einer Sekunde an der Messstelle vorbeiströmt. Ähnlich kannst du die Leistung als **Energiestromstärke** sehen. Sie beschreibt, welche Energiemenge in einer Sekunde dem entsprechenden Gerät zufließt und in ihm umgewandelt wird. Bei elektrischen Geräten reicht die Spanne der Leistungen von weniger als 1 Milliwatt (Laserpointer) bis zu mehreren hundert Kilowatt (z. B. Elektromotoren im ICE). Zum Vergleich: Die mittlere Leistung, die der Mensch bei dauerhafter sportlicher Belastung erbringen kann liegt bei etwa 100 W, Spitzenleistungen liegen bei ca. 2 Kilowatt **→ B3** .

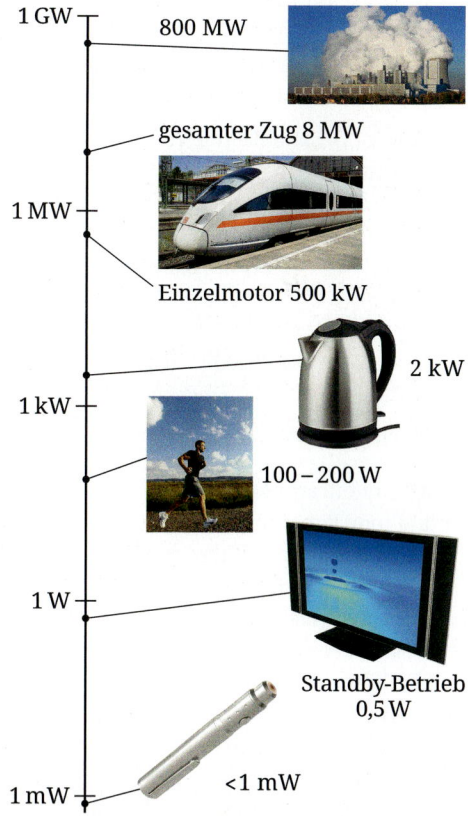

1 GW
800 MW

gesamter Zug 8 MW

1 MW

Einzelmotor 500 kW

2 kW

1 kW

100 – 200 W

1 W

Standby-Betrieb 0,5 W

1 mW
<1 mW

B3 Elektrische Geräte überdecken eine weite Leistungsspanne.

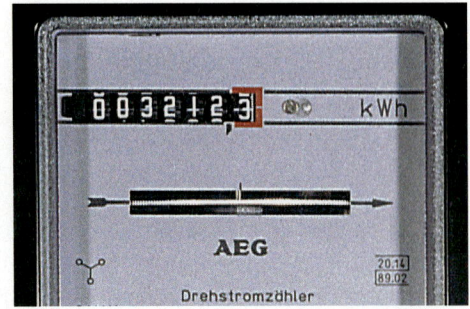

Der „Drehstromzähler" ist eigentlich ein Energiemessgerät. Die gelieferte Energie wird von ihm in der Einheit Kilowattstunde (kWh) gemessen.

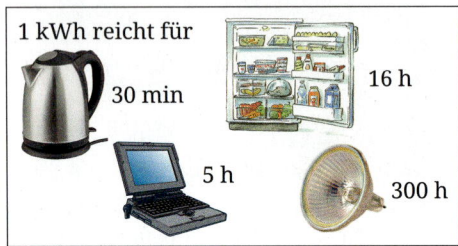

1 kWh reicht für

30 min

16 h

5 h

300 h

B2 Mit einer Kilowattstunde können Geräte mit unterschiedlicher Leistung verschieden lang betrieben werden.

Beispiel

Eine LED-Leuchte mit 15 W Leistung war 2,0 Stunden in Betrieb. Dabei wurde an elektrischer Energie umgewandelt:

$$\Delta W = P \cdot \Delta t = 15\ \text{W} \cdot 2\ \text{h}$$
$$= 30\ \text{Wh} = 0,030\ \text{kWh}$$

bzw.

$$\Delta W = 15\ \text{W} \cdot 2\ \text{h} = 15\ \text{J/s} \cdot 7200\ \text{s}$$
$$= 108\,000\ \text{J} \approx 0,11\ \text{MJ}$$

2. Die Einheit „Kilowattstunde"

Elektrische Energie erhältst du nicht umsonst. Deine Eltern erhalten monatlich oder jährlich die „Stromrechnung", die eigentlich eine Energierechnung ist. Denn damit wird die elektrische Energiemenge bezahlt, die in den Geräten im Haushalt umgewandelt wurde. Daher werden die Unternehmen, die uns diese Energie liefern, als Energieversorgungsunternehmen (EVU) bezeichnet. Die Unternehmen messen die gelieferte Energie aber nicht mit der Einheit Joule, sondern mit der Einheit „Kilowattstunde" – abgekürzt kWh → B1 .

Dies hängt damit zusammen, dass bei einem Elektrogerät mit der Leistung P während der Zeit Δt die Energie $\Delta W = P \cdot \Delta t$ umgesetzt wird. Es müssen also auf der rechten Seite dieser Gleichung die entsprechenden Einheiten miteinander multipliziert werden. Hier verwendet man aus praktischen Gründen als Einheit für die Leistung 1 Kilowatt = 1 kW = 1000 Watt und für die Zeit 1 Stunde = 1 h. Damit ergibt sich als Einheit für die Energiemenge 1 kW · 1 h = 1 kWh.

Die Kilowattstunde kann man in Joule umrechnen: 1 kWh = 1 000 W · 3600 s = 3 600 000 J = 3,6 MJ. Das ist eine recht große Energiemenge. Ein Mensch benötigt am Tag drei bis vier Kilowattstunden Energie in Form von Nahrungsmitteln.

Merksatz

Die Einheit 1 Kilowattstunde = 1 kWh bezeichnet eine Energiemenge. Es gilt: 1 kWh = 3,6 MJ bzw. 1 MJ ≈ 0,28 kWh.

Die Einheiten kW und kWh werden oft verwechselt. Man muss sorgfältig unterscheiden:
1 Kilowatt = 1 kW gibt an, wie viel Energie *in jeder Sekunde* umgewandelt wird: 1 kW ist die Abkürzung für 1 kJ/s.
1 Kilowattstunde = 1 kWh gibt dagegen eine Energiemenge an. Bei dieser Angabe spielt es keine Rolle, wie lange es gedauert hat, bis diese Energiemenge umgewandelt wurde.

Mach's selbst

A1 In eurem Haushalt:
a) Finde von mindestens fünf Geräten die Leistung heraus.
b) Ordne die Geräte nach ihrer Leistung. Welche Geräte haben besonders hohe Leistungen, welche besonders geringe?
c) Kannst du aus der Leistung erschließen, welches Gerät am meisten Energie wandelt?
d) Lies am „Stromzähler" ab, welche Energiemenge ihr an einem Tag benötigt. Ermittle die Kosten.

A2 Ein Wasserkocher ist täglich 30 Minuten in Betrieb; seine Leistung beträgt 2000 W.
a) Berechne die elektrische Energie, die täglich in ihm umgewandelt wird (in kWh und in J).
b) Wie lange braucht ein Kocher mit 1400 W Leistung dazu?
c) Berechne die monatlichen Kosten, wenn für eine Kilowattstunde 25 ct verlangt werden.

A3 Häufig werden Geräte im „Standby-Betrieb" gehalten. Dabei wird ständig elektrische in innere Energie umgewandelt.
a) Ermittle in eurem Haushalt die Anzahl der Geräte im Standby-Betrieb. Wie viele davon lassen sich ganz ausschalten?
b) Die Leistung im Standby-Betrieb liegt meist bei 0,2 bis 2 W. Schätze damit ab, wie viel Energie in eurem Haushalt während eines Tages, Monats bzw. Jahres dafür benötigt wird. Rechne hoch auf Deutschland.

1. Der Kurbelgenerator

Beim Fahrrad wird die elektrische Energie für die Lampen vom Dynamo bereitgestellt. Der Nabendynamo → **B3** wandelt die Bewegungsenergie des Vorderrads in elektrische Energie um. Im Gehäuse des Scheinwerfers moderner Lampen ist ein Energiespeicher eingebaut, damit die Lampen auch bei Stillstand weiter leuchten, zum Beispiel an einer Ampel. Wenn der Speicher entladen ist und du langsam anfährst, leuchtet die Lampe anfangs nur schwach und erreicht ihre volle Helligkeit erst, wenn du schnell genug fährst.

Statt eines Fahrraddynamos verwendet man zur genaueren Untersuchung einen Kurbelgenerator → **B4** , in dem wie beim Dynamo ein Generator eingebaut ist. Zwischen Kurbel und Generator ist ein Getriebe, das die relativ langsame Bewegung der Handkurbel in eine schnelle Drehung am Generator umwandelt. Mit der in den Armmuskeln gespeicherten chemischen Energie werden Kurbel und Getriebe in Bewegung versetzt. Der Generator wandelt die zugeführte Energie dann in elektrische Energie um, mit der die Glühlampe zum Leuchten gebracht wird.

In → **V1** schließt man verschiedene Glühlampen an den Kurbelgenerator an und bringt sie zum Leuchten. Auf den Lampen sind Anschlusswerte angegeben, zum Beispiel 2,2 V, 0,2 A (Lampe 1) oder 30 W, 6 V (Lampe 6). In → **T1** sind verschiedene Lampen, der Eindruck der Helligkeit und unser Empfinden beim Drehen zusammengestellt. Lampe 1 bringen wir mit niedriger Drehgeschwindigkeit und kleiner Kraft zum Leuchten, sie leuchtet aber auch nicht sehr hell. Bei Lampe 6 schafft man es nicht, schnell und kräftig genug zu drehen, um die Lampe zum hellen Leuchten zu bringen, daher sind die Angaben in Klammern gesetzt. Man muss zwei Kurbelgeneratoren (→ **Aufgabe 1**) oder ein Netzgerät verwenden, um diese Lampe hell zum Leuchten zu bringen.

B3 Nabendynamo und Scheinwerfer

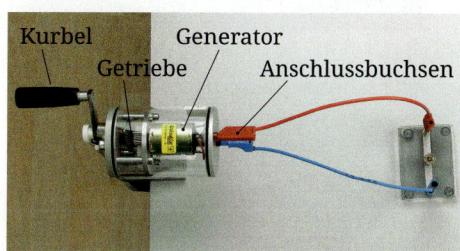

Kurbel — Generator — Getriebe — Anschlussbuchsen

B4 Der Kurbelgenerator

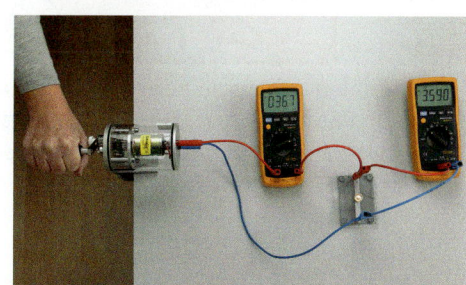

V1 Verschiedene Glühlampen werden am Kurbelgenerator verglichen.

Lampe	Leistung	Spannung	Stromstärke	Helligkeit	Dreh-geschwindigkeit	Kraft
1	–	2,2 V	0,2 A	sehr gering	niedrig	klein
2	–	3,5 V	0,2 A	gering	mittel	klein
3	0,6 W	6 V	≈ 0,1 A	gering	schnell	sehr klein
4	4 W	4 V	≈ 1 A	mittel	mittel	groß
5	4 W	6 V	≈ 0,7 A	hell	schnell	groß
6	30 W	6 V	(≈ 5 A)	(sehr hell)	(schnell)	(sehr groß)

T1 Angaben auf den Lampen sind fett gedruckt, die normal gedruckten Werte der Stromstärke wurden gemessen.

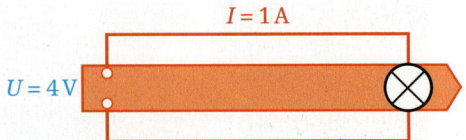

$I = 1\,\text{A}$

$U = 4\,\text{V}$

B1 Für den Betrieb einer Lampe benötigt man 4 V Spannung und 1 A Strom.

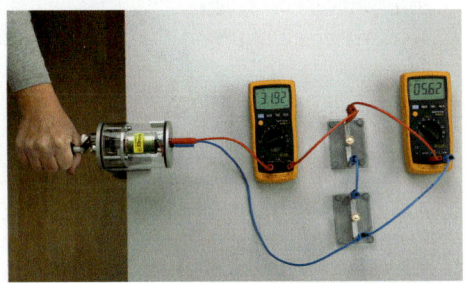

V 2a In der Reihenschaltung muss man sehr schnell mit mittlerer Kraft drehen.

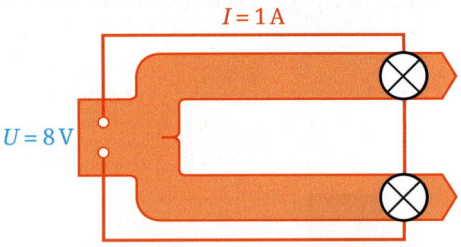

$I = 1\,\text{A}$

$U = 8\,\text{V}$

B2 In der Reihenschaltung benötigt man 8 V Spannung und 1 A Strom. Die Energiestromstärke zu den Lampen ist jetzt doppelt so groß wie bei nur einer Lampe → B1.

Beispiel

Stromstärken der Fahrradbeleuchtung:

Der Dynamo liefert bis zu 6 W Leistung, das Frontlicht benötigt 3 W, das Rücklicht 1,5 W. Berechne die Stromstärken.
Beide Lampen werden mit der Spannung 6 V betrieben. Für die Lampe vorne gilt:

$P = U \cdot I$ wird umgeformt zu

$$I = \frac{P}{U} = \frac{3\,\text{W}}{6\,\text{V}} = 0,5\,\text{A}.$$

Genauso berechnet man für die Lampe im Rücklicht $I = 0,25\,\text{A}$.
Der Dynamo kann bis zu 6 W Energiestrom liefern, bei 6 V ergibt sich der Strom 1 A.
Also kann der Energiespeicher mit einem Strom von bis zu 0,25 A geladen werden, das ergibt die Energiestromstärke 1,5 W.

2. Energiestrom, Stromstärke und Spannung

Lampe 2 und Lampe 3 aus → **T1** von → **S. 39** leuchten etwa gleich hell. Bei Lampe 3 muss man schneller als bei Lampe 2 drehen, dabei benötigt man aber eine kleinere Kraft. Mit einer kleineren Kraft kann man also die gleiche Energiestromstärke erzeugen, man muss nur schneller drehen. Dies ist ähnlich wie bei einer Fahrradfahrt: In einem kleinen Gang mit wenig Kraft, aber großer Drehgeschwindigkeit, kann man genauso schnell den Berg hochfahren wie in einem mittleren Gang mit großer Kraft, aber kleiner Drehgeschwindigkeit.

Zur genaueren Untersuchung messen wir im Versuch auch die Stromstärke und die Spannung und vergleichen die Werte mit den anderen Angaben in der Tabelle. Eine höhere Spannung kann man beim Kurbelgenerator offenbar dadurch erzeugen, dass man schneller dreht. Für eine große Stromstärke muss man mit großer Kraft drehen. Die Lampen 2 und 3 leuchten etwa gleich hell, sie haben aber verschiedene Anschlusswerte: Bei Lampe 2 muss man nicht so schnell, aber kräftig drehen, um eine Spannung von 3,5 V und einen Strom von 0,2 A zu erzeugen. Bei Lampe 3 dagegen dreht man schnell, aber mit geringerer Kraft und erzeugt damit 6 V und 0,1 A. Dies legt nahe, dass die Leistung das Produkt aus Spannung und Stromstärke ist.

3. Energiestrom bei der Reihen- und Parallelschaltung

Um diese Hypothese genauer zu klären verwenden wir zwei Lampen des gleichen Typs mit den Anschlusswerten 4 W und 4 V. Wenn wir sie einmal parallel → **V 2b** und einmal in Reihe → **V 2a** schalten, können wir den Einfluss von Strom und Spannung genau untersuchen.

In → **V1** auf → **S. 39** benötigten wir für nur eine Lampe eine mittlere Drehgeschwindigkeit und eine große Kraft.

In → **V 2a** werden zwei Lampen in Reihe (hintereinander) geschaltet, die Drehgeschwindigkeit muss zum Betrieb sehr hoch sein, die Kraft ist so groß wie bei einer einzelnen Lampe. Durch beide Lampen fließt derselbe Strom von 1 A. Da die Lampen aber in Reihe geschaltet sind, muss der Kurbelgenerator die doppelte Spannung 8 V erzeugen, an jeder Lampe ist eine Spannung von 4 V → **B2** auf → **S. 39**. Die beiden Lampen leuchten zusammen doppelt so hell wie die einzelne Lampe in → **V1**, wir erzeugen dazu einen doppelt so großen Energiestrom. Praktisch können wir diesen Versuch mit noch mehr in Reihe geschalteten Lampen mit dem Kurbelgenerator nicht durchführen, weil wir nicht schnell genug drehen können.

Stellt man sich aber eine Reihenschaltung aus n Lampen vor, so ist klar, dass dabei sowohl die Leistung P als auch die Spannung U n-mal so groß wird. Wir schließen daraus:

Bei konstanter Stromstärke I ist die Energiestromstärke P proportional zur Spannung U:

$$P \sim U.$$

In → **V 2b** werden die beiden Lampen parallel (nebeneinander) geschaltet, jetzt ist die Drehgeschwindigkeit im mittleren Bereich, die Kraft aber sehr groß. Durch jede Lampe fließt 1 A, der Kurbelgenerator muss jetzt 2 A bereitstellen, die im unverzweigten Teil des Stromkreises fließen. An beiden Lampen liegt die Spannung 4 V an → **B 3** .

Offenbar wird bei den beiden Versuchen 2a und 2b die gleiche Energiestromstärke umgewandelt, denn die beiden Lampen zusammen erzeugen jeweils dieselbe Helligkeit → **B 4** . Diese ist doppelt so groß wie die der einzelnen Lampe in Versuch 1 auf → **S. 39**. Auch hier kann man sich wieder vorstellen, n Lampen parallel zu schalten. Dann werden sowohl die Leistung als auch die Stromstärke n-mal so groß:

Bei konstanter Spannung U ist die Energiestromstärke P proportional zum Strom I:

$$P \sim I.$$

Die beiden Proportionalitäten $P \sim U$ und $P \sim I$ kann man zusammenfassen zu:

$$P \sim U \cdot I.$$

Die Einheit der Spannung wurde von einem internationalen Gremium so festgelegt, dass der Proportionalitätsfaktor zwischen P und $U \cdot I$ gerade eins ist, das vereinfacht die Gleichung:

Merksatz

Die Energiestromstärke P ist das Produkt aus Spannung U und Stromstärke I:

$$P = U \cdot I$$

Die Einheit der Energiestromstärke P ist
$1\,V \cdot 1\,A = 1\,VA$ (Voltampere) $= 1\,W$ (Watt) $= 1\,J/s.$

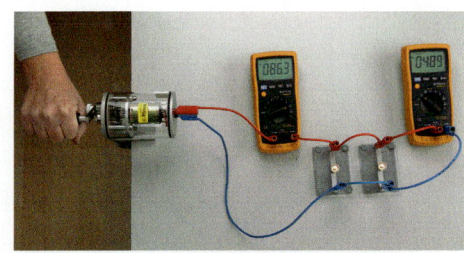

V 2b In der Parallelschaltung muss man mit mittlerer Drehgeschwindigkeit, aber großer Kraft drehen.

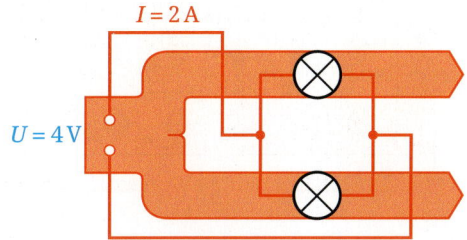

$I = 2\,A$

$U = 4\,V$

B 3 In der Parallelschaltung benötigt man nur 4 V Spannung, aber 2 A Strom. Die Energiestromstärke vom Generator zu den Lampen ist wieder doppelt so groß wie bei nur einer Lampe → **B 1** , aber genauso groß wie bei der Parallelschaltung in → **B 2** .

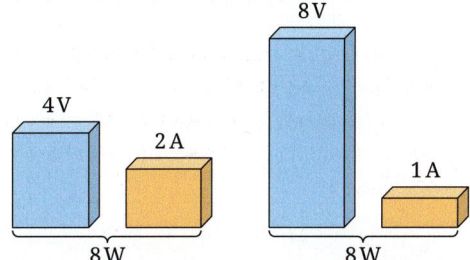

8 V

4 V

2 A

1 A

8 W   8 W

B 4 Zwei Möglichkeiten, eine Energiestromstärke von 8 W zu erzeugen.

Mach's selbst

A 1 Erläutere zwei verschiedene Arten, die Lampe 6 mit zwei Kurbelgeneratoren mit voller Leistung leuchten zu lassen. Gib an, wie Du jeweils an den beiden Kurbeln drehen musst und welche Stromstärken und Spannungen die Generatoren erzeugen.

A 2 Ergänze die fehlenden Werte in → **T 1** → **S. 39** und rechne nach, ob die gemessenen Werte zu den Angaben auf den Lampen passen.

A 3 Der Kurbelgenerator erzeugt die Leistung $P = 24\,W$. Gib drei verschiedene Paare von Spannung und Stromstärke an, die dazu passen und beschreibe, wie man jeweils an der Kurbel dreht.

A 4 Jule überlegt, ob man mit einem Kurbelgenerator und einem kleinen Tauchsieder eine Tasse Tee aufbrühen kann. Schätze ab, ob dies möglich ist.

A 5 Zeige, dass durch eine Deckenlampe mit vier Energiesparlampen mit je 15 W etwa dieselbe Strom fließt wie durch das Rücklicht des Fahrrads im Beispiel. Begründe, warum die Deckenlampe trotzdem so viel heller leuchtet.

A 6 Ein Klassenraum ist mit 16 A abgesichert. Berechne und recherchiere, wie viele Waffeleisen betrieben werden können.

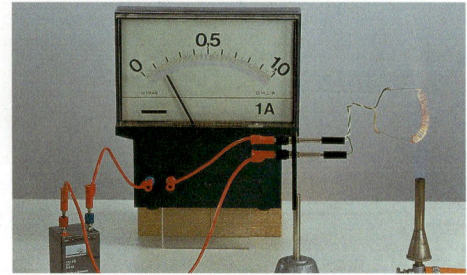

V1 Erhöht man die Temperatur des Metalldrahtes, so sinkt die Stromstärke, sein Widerstand steigt also.

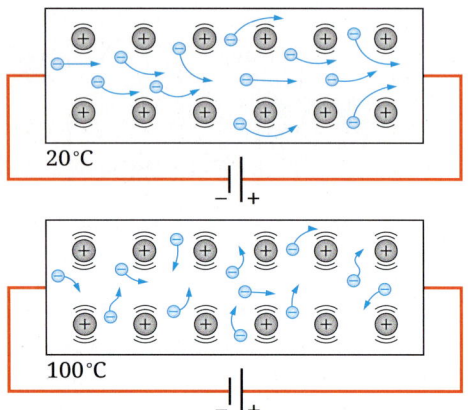

B1 Modellvorstellung: Die Bewegung der Leitungselektronen wird auf ihrem Weg durch Metall von schwingenden Atomrümpfen gestört. Erhöht man die Temperatur, schwingen die Atomrümpfe heftiger und behindern die Bewegung der Elektronen stärker.

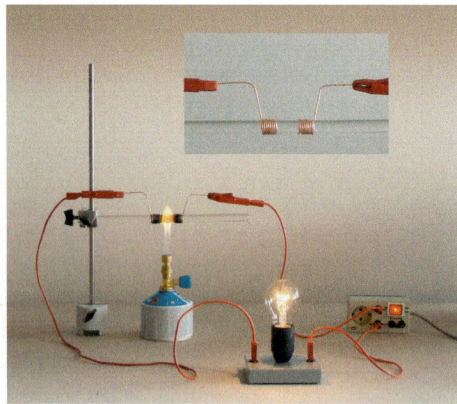

V2 (Lehrerversuch) Bei Raumtemperatur ist der Stromkreis durch den Glasstab unterbrochen. Erhitzt man den Glasstab, so beginnt die Lampe bei einer bestimmten Temperatur zu leuchten. Der heiße Glasstab leitet.

1. Elektronen in Metallen

Schon bei der Untersuchung der Gesetze im Stromkreis haben wir festgestellt, dass der Widerstand eines Metalldrahtes bei Temperaturerhöhung steigt. Dies bestätigen wir noch einmal in **→ V1**. Diese Gesetzmäßigkeit lässt sich mit unserer Vorstellung in einem einfachen Modell der Leitung des elektrischen Stromes in Metallen erklären: Jedes Metallatom hat eines oder mehrere seiner Elektronen an die Umgebung im Metall abgegeben. Der Atomkern und die restlichen gebundenen Elektronen bleiben als positiv geladener Atomrumpf zurück. Die Atomrümpfe sind ortsfest. Sie schwingen lediglich um ihre Ruhelage. Die abgegebenen Elektronen dagegen bewegen sich regellos zwischen den Atomrümpfen. Legt man eine Spannung an die Enden eines Metalldrahtes, so wandern die Elektronen vom negativen Pol der Spannungsquelle durch den Draht zum positiven Pol. Die Stärke dieses Stromes kann man messen. Die beweglichen Elektronen bezeichnet man als **Leitungselektronen**.

Der Elektronenstrom erfährt im Metalldraht einen Widerstand. Grund dafür sind die Schwingungen der Atomrümpfe. Erhöht man die Temperatur, so schwingen die Atomrümpfe heftiger **→ B1**. Dadurch wird der Elektronenstrom auf seinem Weg durch den Draht stärker behindert. Trotz unveränderter Spannung sinkt die Stromstärke. Der elektrische Widerstand des Metalldrahtes steigt also mit wachsender Temperatur.

2. Glas wird zum Leiter

Glas ist dir als Nichtleiter bekannt: Ein Glasstab besitzt bei Raumtemperatur einen sehr hohen Widerstand. Erhitzt man einen Glasstab, so sollte sein Widerstand nach unserer Erfahrung mit Metallen noch wachsen. Überraschenderweise beginnt die Lampe in **→ V2** aber zu leuchten, wenn der Glasstab eine bestimmte Temperatur erreicht. Der Glasstab, eben noch ein Nichtleiter, wird durch Erhitzen zu einem Leiter.

Sowohl beim Glasstab als auch beim Metalldraht wird die Schwingung der Atomrümpfe mit steigender Temperatur heftiger. Selbst ein bisher winziger Elektronenstrom bei Glas müsste demnach mit steigender Temperatur noch stärker behindert werden. Wir brauchen also ein anderes Modell für das Versuchsergebnis:
Glas enthält bei Zimmertemperatur keine Leitungselektronen und ist deshalb ein Nichtleiter. Durch die Erhöhung der Temperatur werden immer mehr gebundene Elektronen zu beweglichen Leitungselektronen. Legt man nun eine Spannung zwischen zwei Stellen des Stabes, so führt die wachsende Zahl der Leitungselektronen zu einer wachsenden Stromstärke.

Bei Metallen dagegen ist die Anzahl der Leitungselektronen weitgehend unabhängig von der Temperatur.

Während Glas erst ab sehr hohen Temperaturen leitfähig wird, leitet Silizium (Si) schon bei Zimmertemperatur. Der Widerstand verändert sich schon bei kleinen Temperaturänderungen deutlich → **V3**.

Dieser Effekt lässt sich zur Temperaturmessung → **Praktikum** nutzen. Die Bauteile, die dabei zum Einsatz kommen, nennt man **Heißleiter** bzw. **NTC-Widerstände** (NTC: **n**egative **t**emperature **c**oefficient), weil ihr Widerstand mit steigender Temperatur abnimmt.

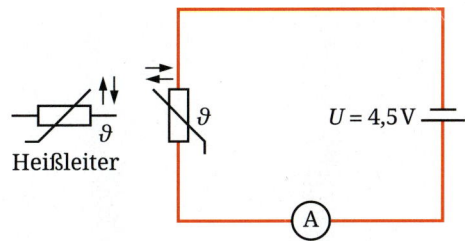

V3 Sobald wir den Heißleiter anfassen, beginnt die Stromstärke zu wachsen.

3. Zwischen Leiter und Nichtleiter: Halbleiter

Wir sehen in → **B2**, dass der Widerstand von Silizium bei Raumtemperatur fast eine Million mal größer ist als der eines vergleichbaren Stückes Kupfer, aber etwa um den Faktor 10^{16} kleiner als der des Nichtleiters Porzellan. Man bezeichnet Silizium deshalb als **Halbleiter**.
Andere Halbleiter sind Germanium (Ge) oder auch chemische Verbindungen wie Galliumarsenid (GaAs) oder Cadmiumsulfid (CdS).

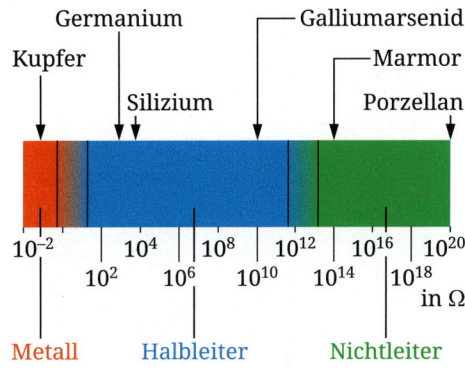

B2 Leiter-Halbleiter-Nichtleiter: Widerstände bei 1 m Länge, 1 mm² Querschnitt und 20 °C.

Merksatz

Bei Raumtemperatur liegt der Widerstand von reinen Halbleitern zwischen dem von Leitern und Nichtleitern. Der Widerstand von Halbleitern sinkt mit steigender Temperatur.

Praktikum

Elektronisches Thermometer

Du benötigst:
- 1 NTC-Widerstand
- 1 Batterie (4,5 V)
- 1 Amperemeter
- 1 Flüssigkeitsthermometer
- 2 Bechergläser
- 1 Überlaufgefäß
- Leitungen

In der Spitze eines elektronischen Fieberthermometers sitzt ein Heißleiter, dessen Widerstand durch eine Schaltung bestimmt und in eine entsprechende Temperaturangabe umgesetzt wird.

Damit wir mit einem NTC-Widerstand die Temperatur bestimmen können, benötigen wir eine Zuordnung zwischen Widerstand R und Temperatur ϑ. Wir müssen den Temperaturmesser **kalibrieren**. Den Widerstand bestimmen wir, indem wir die Stromstärke I messen und die Batteriespannung U durch die gemessene Stromstärke I teilen.

Arbeitsaufträge:

1 Baue den abgebildeten Versuch auf. Lass dir von deinem Lehrer etwa 65 °C heißes Wasser in das Becherglas füllen. Vorsicht! Verbrühungsgefahr! Notiere die Temperatur und die Stromstärke in einer Tabelle. Kühle den NTC-Widerstand durch Zugabe von kaltem Wasser in Schritten von etwa 10 °C ab und nimm weitere Messwerte auf.

2 Berechne die zu den Temperaturen gehörigen Widerstände und stelle die Zuordnung grafisch dar. Dazu kannst du den GTR einsetzen.

3 Schätze mithilfe des Graphen den Widerstand des Heißleiters bei 80 °C und 0 °C ab.

V1 Wir beleuchten einen LDR. Mit zunehmender Helligkeit wächst die Stromstärke, der Widerstand nimmt ab.

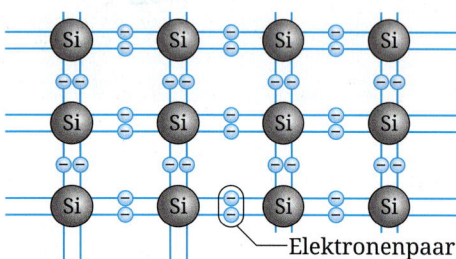

Elektronenpaar

B1 Modell eines Si-Kristalls (Schnitt) bei sehr tiefer Temperatur. Es gibt fast keine freien Elektronen.

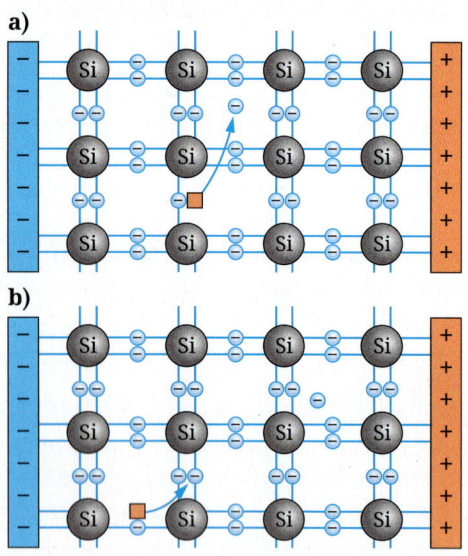

a)

b)

B2 a) Aufgrund von Energiezufuhr hat sich ein Elektron aus der Bindung gelöst.
b) Bei angelegter Spannung bewegt sich das Leitungselektron durch den Kristall zum Pluspol. Das Loch wurde durch ein anderes Bindungselektron neu besetzt. Dadurch ist das Loch in Richtung Minuspol gewandert.

4. Energie macht Elektronen beweglich

In den vorangehenden Versuchen hast du erfahren, dass der Widerstand eines Halbleiters sinkt, wenn wir ihm durch Erhitzen Energie zuführen. Ändert sich der Widerstand auch, wenn wir die Energie in anderer Form zuführen? In → V1 wählen wir Licht als Energieform. Es zeigt sich: Je stärker wir den Halbleiterbaustein beleuchten, desto geringer ist sein Widerstand. Den verwendeten Baustein bezeichnet man als Fotowiderstand oder **LDR** (**l**ight-**d**ependent **r**esistor).

Um das Verhalten von Fotowiderständen zu erklären, stellen wir uns den Aufbau eines Silizium-Kristalls vor. Zwischen den Siliziumatomen befinden sich Elektronenpaare → B1. Man bezeichnet sie als **Bindungselektronen**, denn sie halten den Halbleiterkristall zusammen. Bei tiefen Temperaturen sind fast alle Elektronen gebunden; es gibt keine, die einen Beitrag zum elektrischen Strom leisten könnten. Der Kristall ist bei tiefen Temperaturen ein Nichtleiter.

Merksatz
Halbleiter leiten bei tiefen Temperaturen schlecht, weil fast alle Elektronen gebunden sind.

5. Strom durch Löcherwanderung

Durch Energiezufuhr lösen sich einige Bindungselektronen aus ihren Bindungen an zwei Nachbaratomen und werden zu frei beweglichen **Leitungselektronen**. Dadurch wird der Kristall leitend. In → B2a wurde ein Elektron durch Energiezufuhr freigesetzt. Da eine Spannung am Kristall anliegt, wandert das jetzt freie Elektron Richtung Pluspol → B2b.
Dort, wo das Elektron die Bindung verlassen hat, bleibt eine Fehlstelle zurück. Man bezeichnet sie als **Loch**. Da an dieser Stelle negative Ladung fehlt, d.h. die positive Ladung der benachbarten Atomrümpfe überwiegt, verhält sich das Loch selbst wie eine positive Ladung. Das Loch kann von einem benachbarten Bindungselektron von links besetzt werden – ja sogar ohne Energiezufuhr, denn das neue Bindungselektron war auch vorher ein Bindungselektron. Das neue Loch, das dabei entsteht, liegt näher zum Minuspol → B2b. Man kann auch sagen: Das Loch ist in Richtung Minuspol gewandert. Wie Leitungselektronen sind auch Löcher frei beweglich.

Wenn wir im Folgenden die Bewegung von Löchern betrachten, wollen wir vereinfachend von den zahlreichen Bindungselektronen absehen und nur die Löcher im Blick haben.

Merksatz
Durch Energiezufuhr werden Bindungselektronen zu frei beweglichen Leitungselektronen. Dabei entstehen auch frei bewegliche positive Löcher. Leitungselektronen und Löcher tragen zum elektrischen Strom bei.

6. Mehr Leitungselektronen durch ein wenig Arsen

Es ist überraschend, aber Halbleiter werden erst durch gezielte Verunreinigung vielseitig verwendbar. Man verunreinigt Silizium z. B. mit einer geringen Menge Arsen. Dazu wird etwa eines von einer Million Siliziumatomen durch ein Arsenatom ersetzt. Man sagt dazu: Silizium wird mit Arsen **dotiert**. Da Arsen in die fünfte Gruppe des Periodensystems gehört, hat es fünf äußere Elektronen, also eines mehr als Silizium. Zur Bindung an die vier Nachbaratome im Kristall werden jedoch nur vier Elektronen gebraucht. Ein (negatives) Elektron ist übrig. Es gesellt sich ohne Energiezufuhr zu den Leitungselektronen. So lässt sich die Zahl der Leitungselektronen vergrößern und damit der Widerstand verringern. Man bezeichnet den so entstandenen Halbleiterkristall als **n-dotiert**.

Im n-dotierten Halbleiter sind fast alle Löcher von Elektronen „zugeschüttet", sodass praktisch nur Leitungselektronen den Stromfluss bewirken → **B 3a** .

7. Mehr Löcher durch ein wenig Aluminium

Dotieren mit Arsen liefert Leitungselektronen. Durch Dotieren eines Siliziumkristalls mit anderen Atomen lassen sich auch zusätzliche Löcher gewinnen. Man wählt ein Element der dritten Gruppe im Periodensystem, z. B. Aluminium. Ein Aluminiumatom hat nur drei Außenelektronen. Zum perfekten Einbau in den Kristall fehlt also ein Elektron: Es entsteht ein Loch.

Mit den so gewonnen zusätzlichen (positiven) Löchern wird der Widerstand des Halbleiters ebenfalls verringert. Man nennt mit Aluminium dotiertes Silizium deshalb auch einen **p-dotierten** Halbleiter. Im p-dotierten Halbleiter sind die wenigen Leitungselektronen in Löcher gefallen, also unwirksam. Man sagt, Elektronen und Löcher haben **rekombiniert**. Nur die restlichen Löcher tragen zum Strom bei → **B 3b** .

Merksatz
In n-dotierten Halbleitern findet Elektronenleitung statt, in p-dotierten dagegen Löcherleitung.

a)

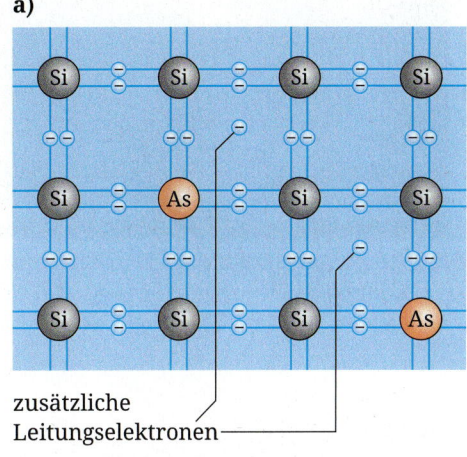

zusätzliche
Leitungselektronen

b)

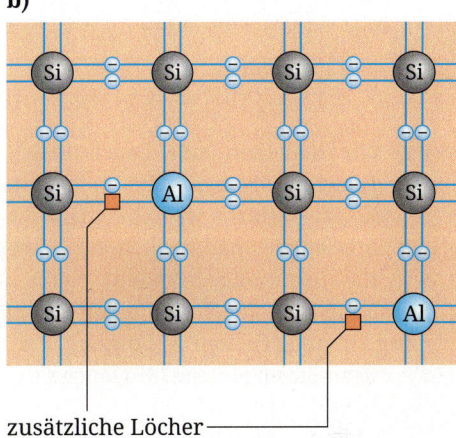

zusätzliche Löcher

B 3 Modell des Kristallgitters von Silizium (Schnitt) **a)** n-dotiert: zusätzliche Leitungselektronen verringern den Widerstand stark, **b)** p-dotiert: geringerer Widerstand durch Löcherleitung

Mach's selbst

A1 In → **B 2** bewegen sich Elektronen zum Pluspol der Spannungsquelle. Dadurch entstehen Löcher an dem mit dem Pluspol verbundenen Ende des Kristalls. Skizziere in einer Bildfolge den Weg eines solchen Loches bis zur gegenüberliegenden Seite, wo Löcher mit Elektronen aus dem Minuspol wieder aufgefüllt werden.

A2 Überlege dir, für welche Anwendungen
a) ein Heißleiter (NTC-Widerstand) und
b) ein Fotowiderstand (LDR) sinnvoll genutzt werden können.

A3 Recherchiere und beschreibe, wie Halbleiter (z. B. Silizium) in der Industrie hergestellt und dotiert werden.

A4 a) Finde mithilfe des Periodensystems Elemente, mit denen Silizium p- bzw. n-dotiert werden kann.
b) Erläutere, mit welchen Elementen Germanium p- bzw. n-dotiert werden kann.
c) Recherchiere, welche Stoffe sich neben Silizium und Germanium noch als Material eignen.

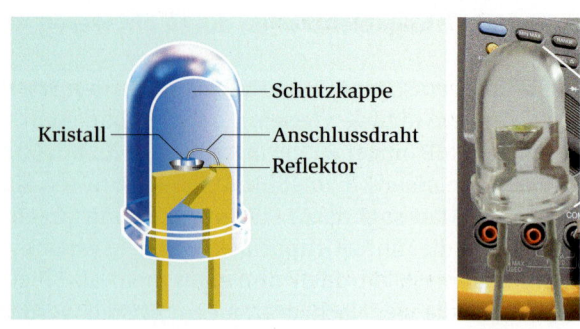

V1 Eine Leuchtdiode (LED) wird an eine Wechsel-spannungsquelle angeschlossen und im Kreis ge-schleudert. Die LED blinkt.

B1 Der wichtigste Teil einer LED ist der Halbleiter-Kristall. Er sendet das Licht aus. Der dünne Anschluss-draht dient der Stromversorgung.

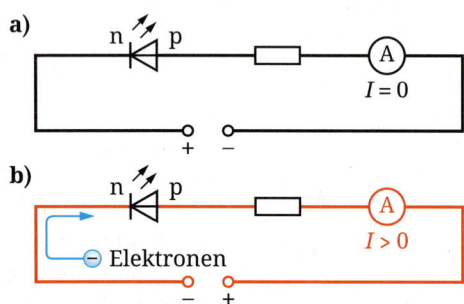

V2 Wir schließen eine Leuchtdiode an eine Gleichspannungsquelle an und mes-sen die Stromstärke in Abhängigkeit von der angelegten Spannung. **a)** Auch wenn wir die Spannung erhöhen, bleibt die Leuchtdiode dunkel. **b)** Wir polen die Span-nung um und erhöhen sie langsam. Erst ab 1,9 V setzt Strom ein, die LED leuchtet.

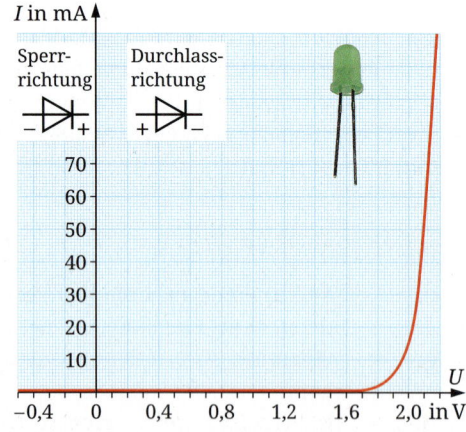

B2 Kennlinie einer grünen LED. Die Span-nung U wird direkt zwischen den Anschlüs-sen der LED gemessen. In Durchlassrich-tung wird das kürzere Beinchen der LED an den Minus-Pol angeschlossen.

1. Leuchtdioden – auf die Polung kommt es an

Leuchtdioden (LED, **l**ight-**e**mitting **d**iode) kennst du als Funk-tionsanzeige bei Fernsehgeräten, Ladegeräten und Compu-tern. Auch viele Raumbeleuchtungen, Taschenlampen und Fahrradlichter funktionieren mit Leuchtdioden. Wenn man den Kopf schnell bewegt, lässt sich häufig erkennen, dass die kleinen Leuchten nicht ununterbrochen strahlen. **→ V1** zeigt das deutlicher. Eine grüne Leuchtdiode wird über einen Widerstand an eine Wechselspannungsquelle angeschlossen und anschließend im Kreis geschleudert. Du kannst erkennen, dass die Leuchtdiode in sehr kurzen, regelmäßigen Abständen leuchtet und wieder erlischt.

Die Vermutung liegt nahe, dass dieses Verhalten etwas mit der wechselnden Polung der Spannung zu tun hat. Wir überprü-fen das in **→ V2** . Zeigt der Pfeil im Schaltsymbol der LED zum Pluspol, so bleibt sie dunkel. Man sagt, die Diode ist in **Sperr-richtung** gepolt.

Zu einem nennenswerten Strom kann es nur kommen, wenn der Pfeil zum Minuspol der Spannungsquelle zeigt. Die Diode ist dann in **Durchlassrichtung** gepolt. Allerdings ist bei der verwendeten grünen LED eine Spannung von mindestens 1,9 V nötig, um sie zum Leuchten zu bringen. Dieser Wert wird als **Schwellenspannung** bezeichnet.

Erhöht man die Spannung nach Erreichen der Schwellenspan-nung vorsichtig weiter, so steigt die Stromstärke rasch an **→ B2** . Die LED wird sehr hell. Um zu verhindern, dass sie zer-stört wird, muss zur Begrenzung der Stromstärke ein Wider-stand zusammen mit der LED in Reihe geschaltet werden.

Merksatz

Eine Diode lässt Strom nur in einer Richtung zu. Nach Errei-chen der Schwellenspannung sind hohe Stromstärken mög-lich, ohne dass sich die Spannung an der Diode wesentlich erhöht.

2. Vom Kristall zur Diode

Leuchtdioden bestehen aus einem Halbleiterkristall, der zum Teil p- und zum Teil n-dotiert ist. Zwischen den beiden Teilen entsteht ein sogenannter **pn-Übergang** (→ B 3 ; alle Si-Atomrümpfe und alle Bindungselektronen sind zur Vereinfachung in der Zeichnung weggelassen worden).

Beim p-dotierten Halbleiter sind annähernd alle beweglichen Elektronen an Fremdatome, z. B. Aluminium, gebunden, wodurch diese negativ geladen werden → B 3a . Die gebundenen Elektronen hinterlassen bewegliche, positive Löcher. In n-Halbleitern geben die Fremdatome, z. B. Arsen, Elektronen ab und werden zu positiv geladenen Atomrümpfen.

Stelle dir vor, du fügst einen p-dotierten und einen n-dotierten Halbleiter-Kristall zusammen. Beide Stücke sind für sich betrachtet elektrisch neutral, d. h. sie enthalten jeweils gleich viele negative und positive Ladungen. Berühren sich beide Kristalle, bewegen sich Elektronen und Löcher aufgrund ihrer unterschiedlichen Ladung aufeinander zu → B 3b . In der Nähe der Grenzfläche rekombinieren einige Löcher aus dem p-Teil mit Elektronen aus dem n-Teil. Dadurch überwiegt im p-Teil die negative Ladung der Fremdatome, im n-Teil positive Ladung. In der Nähe der Grenzfläche haben sich zwei **Ladungszonen** gebildet: Eine Zone negativ geladener Fremdatome im p-Teil und eine Zone positiv geladener Fremdatome im n-Teil → B 3c . Je mehr Elektronen und Löcher rekombinieren, desto breiter werden die Zonen und desto stärker werden nachfolgende Ladungen von der jeweils gleich geladenen Zone abgestoßen und von der entgegengesetzt geladenen Zone zurückgezogen. Der Strom kommt zum Erliegen.

Verbindet man den p-Teil einer Diode mit dem Minuspol, den n-Teil mit dem Pluspol einer Spannungsquelle → B 4a , so werden noch im p-Teil befindliche Löcher und einige Leitungselektronen des n-Teils in Richtung der Pole gezogen. Die Ladungszonen verbreitern sich und die Diode sperrt, weil sich in ihr kaum noch bewegliche Löcher bzw. Elektronen befinden.

Polt man die Spannung um, so entstehen im p-Teil durch Abfluss von Elektronen zusätzliche Löcher → B 4b . In den n-Teil strömen vom Minuspol her zusätzliche Elektronen. Durch Erhöhen der Spannung können Elektronen und Löcher in die Ladungszonen eindringen. Wird die Schwellenspannung erreicht, können Löcher aus dem p-Teil und Elektronen aus dem n-Teil in der Grenzfläche rekombinieren und werden an den Anschlüssen von der Spannungsquelle ersetzt. Die Diode leitet.

Merksatz

Verbindet man den Minuspol der Spannungsquelle mit dem n-dotierten Teil der Diode und den Pluspol mit dem p-dotierten, so ist die Diode in Durchlassrichtung gepolt.

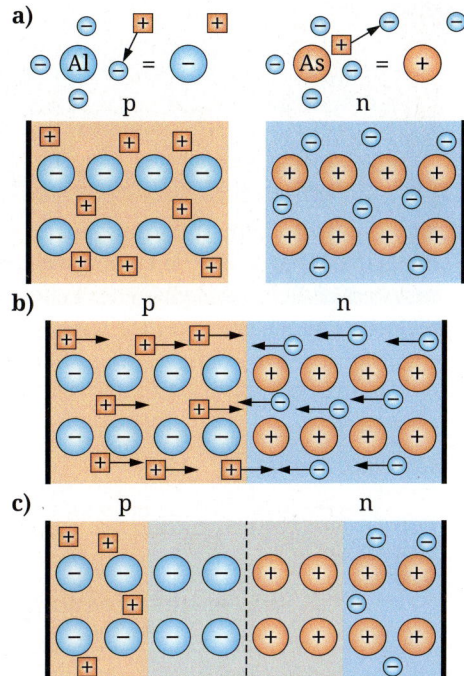

B 3 **a)** Im p-dotierten Teil bindet fast jedes Fremdatom ein Elektron. Die entstehenden Löcher entsprechen einer beweglichen positiven Ladung. Im n-Teil gibt fast jedes Fremdatom ein Elektron ab, wodurch seine positive Ladung überwiegt. **b)** Löcher und Elektronen bewegen sich in Richtung der Grenzschicht und rekombinieren dort, bis **c)** die negativ und positiv geladenen Atomrümpfe in den Ladungszonen (grau) weiteren Ladungsstrom verhindern.

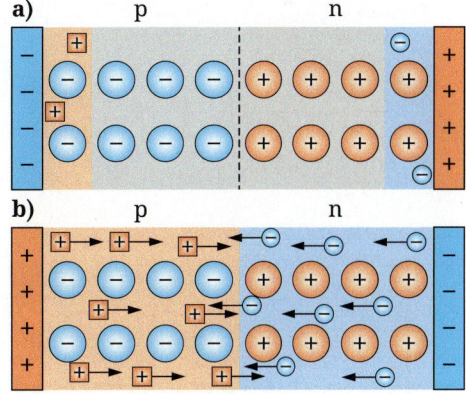

B 4 **a)** Sperrrichtung: Löcher und Elektronen bewegen sich zum positiven Pol.
b) Durchlassrichtung: Löcher und Elektronen rekombinieren und neue Löcher und Elektronen werden von der Spannungsquelle nachgeliefert.

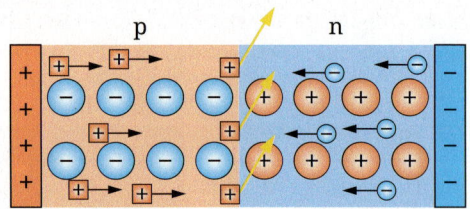

B1 Leitet die LED, so rekombinieren in der Nähe der Grenzfläche Leitungselektronen und Löcher. Dabei gibt jedes Leitungselektron Energie ab.

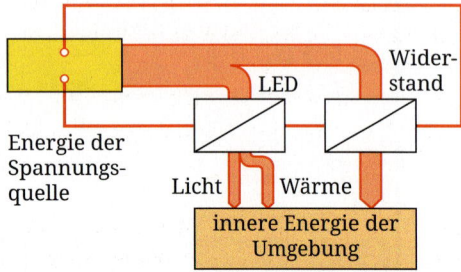

B2 Die Energie wird von der Spannungsquelle geliefert und von der LED zum Teil in Licht gewandelt.

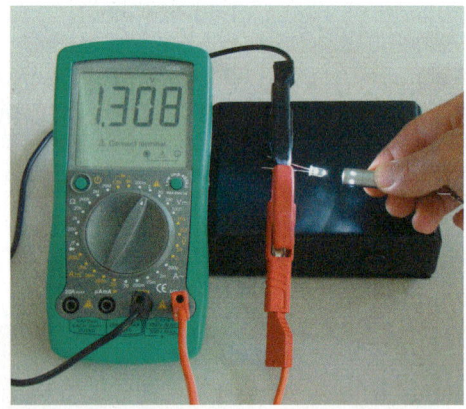

V1 Eine weiße LED erzeugt beim Beleuchten eine Spannung.

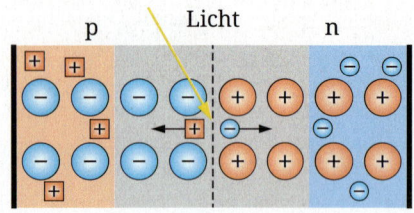

B3 Erzeugt Licht in der Nähe der Grenzfläche eines pn-Übergangs Elektron-Loch-Paare, so können die Ladungen unter dem Einfluss der geladenen Fremdatome getrennt werden.

1. Elektrische Energie wird in Licht umgewandelt

Bisher haben wir lediglich die Ventilwirkung von Leuchtdioden begründet. Doch wie lässt sich erklären, dass diese Bauteile leuchten? Auch dafür sind die Vorgänge am pn-Übergang verantwortlich: Nachdem Leitungselektronen die Grenze zum p-dotierten Kristall überschritten haben, fallen sie in die dort zahlreich vorhandenen Löcher und werden zu Bindungselektronen → **B1** . Dabei geben sie Energie ab. Häufig wird dabei nur die Temperatur des Kristalls erhöht. Manchmal aber verlässt diese Energie den Kristall als Licht. Die Diode leuchtet. Man sieht es durch die lichtdurchlässige Schutzkappe.

Merksatz

Leuchtdioden wandeln einen Teil der zugeführten elektrischen Energie in Licht. Der Rest führt zur Temperaturerhöhung.

Die umgewandelte Energie wird von der Spannungsquelle geliefert. Beträgt die Schwellenspannung der verwendeten Diode $U_S = 1{,}9$ V und die maximale Stromstärke $I = 20$ mA, so hat der Energiestrom von der Spannungsquelle zur Diode die Stärke

$$P_D = U_S \cdot I = 1{,}9 \text{ V} \cdot 0{,}02 \text{ A} = 0{,}038 \text{ W} = 0{,}038 \text{ J/s}.$$

Bei Verwendung einer 4,5-V-Batterie beträgt die gesamte Energiestromstärke allerdings $P_{ges} = 4{,}5$ V $\cdot 0{,}02$A $= 0{,}09$ W. Die Differenz $P_{ges} - P_D$ wird im Vorwiderstand in innere Energie gewandelt → **B2** :

$$P_R = P_{ges} - P_D = 0{,}09 \text{ W} - 0{,}038 \text{ W} = 0{,}052 \text{ W}.$$

Der erforderliche Vorwiderstand beträgt:

$$R = \frac{U}{I} = \frac{4{,}5 \text{ V} - 1{,}9 \text{ V}}{0{,}02 \text{ A}} = \frac{2{,}6 \text{ V}}{0{,}02 \text{ A}} = 130 \text{ }\Omega.$$

2. Licht wird in elektrische Energie umgewandelt

Die Energieumwandlung in der Leuchtdiode funktioniert auch umgekehrt: In → **V1** erzeugt die Leuchtdiode bei Lichteinfall eine Spannung.

Fällt Licht wie in → **B3** in den Bereich der Grenzfläche, so können Bindungselektronen durch Energiezufuhr zu Leitungselektronen werden. Diese bewegen sich in Richtung der positiv geladenen Fremdatome in den n-Teil der Diode. Dort entsteht ein Elektronenüberschuss. Die hinterlassenen Löcher wandern entsprechend in den p-Teil. Durch diese Ladungstrennung entsteht eine Spannung zwischen den Anschlüssen der Diode.

Verbindet man die Anschlüsse über einen Widerstand, so fließen Elektronen durch den Stromkreis vom n-Teil zum p-Teil. Die Energie des Lichtes wird in elektrische Energie gewandelt.

Interessantes

LED – ein besonderes Leuchtmittel

Das „Glühlampenverbot" schränkt seit 2009 schrittweise den Verkauf traditioneller Glühlampen ein. Ziel ist es, dieses Leuchtmittel durch effizientere Leuchtmittel zu ersetzen. Glühlampen sind ineffizient, da sie nur 4–5 % der zugeführten Energie als Licht und den Rest als Wärme abgeben. LEDs gehören zu den Energiesparlampen **→ B4**. Ihr Lichtanteil liegt bei ca. 33 %, an einer weiteren Erhöhung wird ebenso geforscht wie an einer Optimierung von Form und Farbe der LEDs.

B4 Energiesparlampen mit LED-Technik können Glühlampen in Zukunft ersetzen.

Die Erfindung der blauen LED um 1990 war für die Nutzung als Beleuchtungsmittel ein Durchbruch, da nun weißes Licht erzeugt werden konnte. Für diesen Erfolg wurden drei japanische Forscher 2014 mit dem Physik-Nobelpreis ausgezeichnet. In einer Weißlicht-LED wird ein Teil des blauen Lichts in einer inneren Schicht aus anorganischen Phosphorverbindungen in gelbes Licht umgewandelt **→ B5**. Die additive Mischung mit dem nicht umgewandelten blauen Licht wird vom Menschen als weißes Licht wahrgenommen.

Kühlkörper
Leuchtstoff
LED-Chip
Stromzufuhr

Blaues Licht
Wellenlänge
450 nm

Gelbes Licht
Wellenlänge
560 nm

Weißes Licht

B5 Aufbau einer LED, die weißes Licht aussendet

Eine andere Möglichkeit, mit LEDs weißes Licht zu erzeugen, besteht darin, in sogenannten organischen LEDs (OLEDs) rotes, blaues und grünes Licht zu mischen. Material und Bauform der OLEDs ermöglichen biegsame Leuchtmittel, die sich zudem als Flächenstrahler eignen. Die Lichtausbeute und Lebensdauer ist momentan noch geringer als bei den LEDs. In der Zukunft wird die Massenproduktion von flexiblen Folien aus OLEDs erwartet, die als Monitore oder effiziente, flächige Leuchtmittel wie Tapeten eingesetzt werden können.

Leuchtdioden zeichnen sich im Vergleich zu Glühlampen nicht nur durch eine bessere Lichtausbeute aus. Je nach Herstellung strahlen LEDs Licht verschiedener Farben, infrarotes oder ultraviolettes Licht aus. Ultraviolette LEDs werden beispielsweise zur Desinfektion **→ B6a** oder zur Aushärtung von Klebstoffen genutzt.

LEDs sind schnell und außerordentlich stabil:
Sie lassen sich blitzschnell ein- und ausschalten. Während bei Glühlampen die Wendel eine bestimmte Temperatur erreichen muss, damit die Lampe leuchtet, setzt die Lichtaussendung bei Leuchtdioden sofort mit dem Strom und den ersten Rekombinationen von Elektronen und Löchern ein.

Deshalb lassen sich Leuchtdioden ideal bei der Datenübertragung verwenden, z.B. bei Fernbedienungen, im CD- und DVD-Spieler oder bei der Datenübertragung mittels Lichtleiter (Glasfaserkabel). Mit Lebensdauern von bis zu 50000 h schlagen die Leuchtdioden zudem alle anderen Leuchtmittel. Außerdem können sie aufgrund ihrer Bauweise mechanischen Beanspruchungen besser widerstehen. Sie eignen sich daher für Anwendungen, in denen die Leuchtmittel schwer zugänglich, umständlich auszutauschen oder starken Erschütterungen ausgesetzt sind **→ B6b und c**.

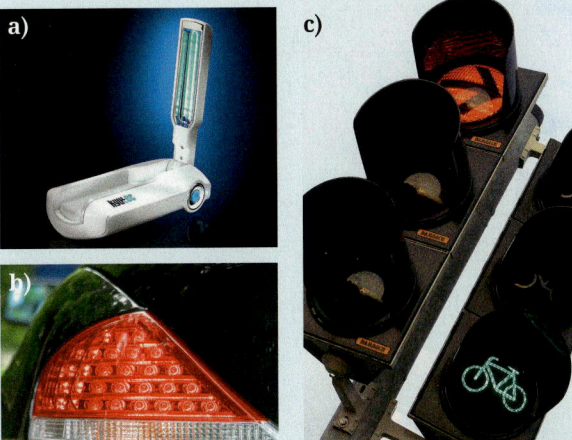

B6 **a)** Der UV-LED-Stab wird zur Desinfektion von Oberflächen genutzt.
b) Beim Einsatz in Kraftfahrzeugen überzeugen LEDs durch hohe Lebensdauer trotz Erschütterung.
c) Ampeln sollten möglichst selten ausfallen und wenig Energie benötigen.

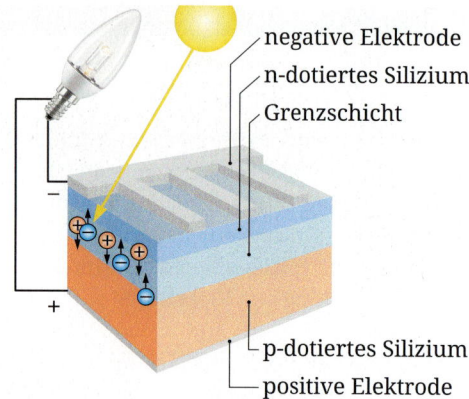

negative Elektrode
n-dotiertes Silizium
Grenzschicht

p-dotiertes Silizium
positive Elektrode

B1 Bei einer Solarzelle fällt Licht in den Bereich der Ladungszone und erzeugt Elektron-Loch-Paare. Diese werden getrennt und sammeln sich an den Anschlüssen.

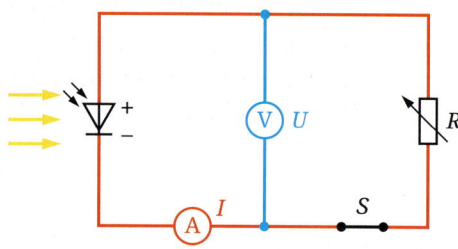

V1 Wir messen Spannung U und Stromstärke I bei verschiedenen Widerständen R.

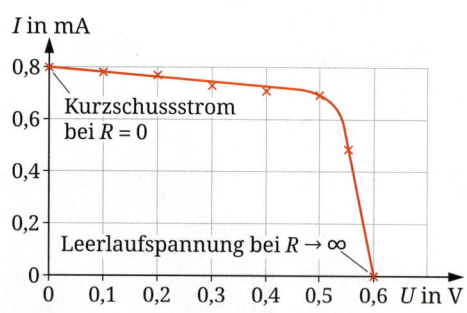

B2 Kennlinie einer Si-Solarzelle.

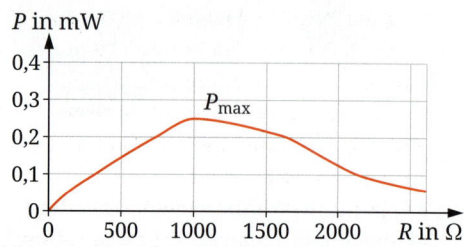

B3 Die Energiestromstärke $P = U \cdot I$ nimmt beim Widerstand $R = 1000\,\Omega$ einen Maximalwert an.

1. Die Solarzelle, ein kleines Kraftwerk

Auf die winzige Oberfläche der Leuchtdiode trifft beim Beleuchten nur wenig Licht. Entsprechend gering ist der Energiestrom, den die Leuchtdiode liefern kann. Um eine leistungsfähigere Spannungsquelle zu erhalten, muss die Grenzfläche der Diode vergrößert werden. → **B1** zeigt eine solche Diode. Man bezeichnet sie als **Solarzelle**. Bei ihr ist der n-Halbleiter besonders dünn, damit wenig Licht absorbiert wird, bevor es in der Grenzschicht für das Entstehen von Elektron-Loch-Paaren sorgt. Die frei gesetzten Leitungselektronen sammeln sich in den Kontaktbahnen auf der Oberfläche der Solarzelle. Die entstandenen Löcher wandern zur Trägerplatte an der Unterseite. Zwischen den Kontaktbahnen und der Trägerplatte entsteht eine Spannung.

Merksatz

In einer Solarzelle wird Lichtenergie unmittelbar in elektrische Energie umgewandelt.

2. Passen Lieferant und Abnehmer?

Entscheidend für die Nutzung einer Solarzelle ist die Stärke des von ihr gelieferten Energiestromes $P = U \cdot I$. Wir bestimmen sie in → **V1** für verschiedene Werte des angeschlossenen Widerstandes R durch Messung von Spannung U und Stromstärke I. Bei geöffnetem Schalter messen wir zwischen den Anschlüssen der Solarzelle eine **Leerlaufspannung** von 0,6 V. Jetzt schließen wir den Schalter und verringern den Widerstand R bis auf 0 Ω. Die Anzeige des Amperemeters nimmt zu, bis es eine **Kurzschlussstromstärke** von 0,8 mA zeigt. Dabei geht die Spannung fast bis auf 0 V zurück → **B2**.

Sowohl im Leerlauf als auch bei Kurzschluss liefert die Solarzelle keinen Energiestrom:

$$P_{\text{Leer}} = U \cdot I = 0,6\,\text{V} \cdot 0\,\text{A} = 0\,\text{W}$$

$$P_{\text{Kurz}} = 0\,\text{V} \cdot 0,8\,\text{mA} = 0\,\text{W}$$

Trägt man die Energiestromstärke $P = U \cdot I$ in Abhängigkeit vom angeschlossenen Widerstand auf, so zeigt die Kurve ein Maximum bei $R = 1000\,\Omega$ → **B3**.

Merksatz

Damit eine Solarzelle den maximalen Energiestrom liefert, muss der Widerstand des angeschlossenen elektrischen Gerätes einen bestimmten Wert haben.

Ändert sich die Beleuchtung, so ändern sich auch Leerlaufspannung, Kurzschlussstromstärke und optimaler Widerstand. In technischen Anwendungen wird der Widerstand elektronisch optimiert.

3. Solarzellen in technischen Anwendungen

Der Satellit Vanguard I → **B 4a** (Start 1958) war der erste Satellit, der mit Solarzellen betrieben wurde. Seitdem sind Solarzellen aus der Raumfahrt nicht mehr wegzudenken. Ebenfalls und unübersehbar sind Solarzellen auf der Erde in unserem Alltag heute weit verbreitet. Parkscheinautomaten und Taschenrechner → **B 4b und c** sind nur zwei dieser technischen Anwendungen.

Besonders auffällig sind Solarzellenanlagen auf Hausdächern, öffentlichen Gebäuden und in sogenannten Solarparks. In jeder dieser Anwendung wandeln Solarzellen die Sonnenstrahlung in elektrische Energie um. Diese Nutzung der Sonnenenergie nennt man **Fotovoltaik**. In Deutschland wurden 2015 bereits 5,9 % der elektrischen Energieversorgung durch Fotovoltaik-Anlagen bereitgestellt.

In einer heutzutage üblichen Fotovoltaik-Anlage auf einem Hausdach → **B 5** werden mehrere Solarzellen in Reihe geschaltet und zu Modulen zusammengefasst. Ein Modul erzeugt eine Gleichspannung von 24 V. Ein Wechselrichter wandelt sie in eine Wechselspannung von 230 V um. Die elektrische Energie kann nun direkt vor Ort genutzt oder in einer Batterie zwischengespeichert werden. Die Energie kann auch in das öffentliche Stromnetz eingespeist werden. Dafür erhält der Hausbesitzer pro Kilowattstunde Geld, die sogenannte Einspeisevergütung. Ebenso bezieht der Hausbesitzer Energie aus dem Stromnetz, wenn der Bedarf an elektrischer Energie nicht durch seine Fotovoltaik-Anlage gedeckt werden kann.

Ob sich der Bau einer Fotovoltaik-Anlage finanziell lohnt, hängt neben dem Kaufpreis, der Einspeisevergütung und dem Preis für elektrische Energie aus dem Stromnetz auch von Standortfaktoren (Neigung und Ausrichtung des Daches, mittlere Sonneneinstrahlung, Anzahl Sonnenstunden pro Jahr) ab.

4. Solarzellen und Umweltschutz

Bei der Gewinnung elektrischer Energie durch die Verbrennung der fossilen Energieträger Kohle, Öl und Gas werden große Mengen Kohlenstoffdioxid (CO_2) in die Atmosphäre freigesetzt. Dieses sogenannte Klimagas trägt mit zur globalen Erwärmung bei. Solarzellen wandeln Licht direkt in elektrische Energie um. Dabei fällt kein Kohlenstoffdioxid an. Die Vorkommen fossiler Energieträger sind begrenzt und wurden in der Vergangenheit bereits stark ausgebeutet. Sonnenlicht dagegen ist praktisch unerschöpflich. Deshalb wird die Nutzung von Fotovoltaik von den Regierungen vieler Länder finanziell gefördert, so auch in Deutschland.

Es gibt aber auch Kritiker der Fotovoltaik. Sie führen zum Beispiel an, dass zur Produktion von Solarzellen große Energiemengen benötigt werden. Diese müssen im Betrieb erst wieder in das Netz eingespeist werden. Es dauert Jahre, bis die Energiebilanz ausgeglichen ist. Erst danach arbeiten die Fotovoltaik-Anlagen energetisch wirtschaftlich.

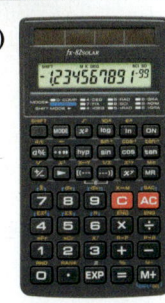

B 4 Solarzellen in Technik und Alltag: **a)** Vanguard I-Satellit, **b)** Parkscheinautomat, **c)** Taschenrechner.

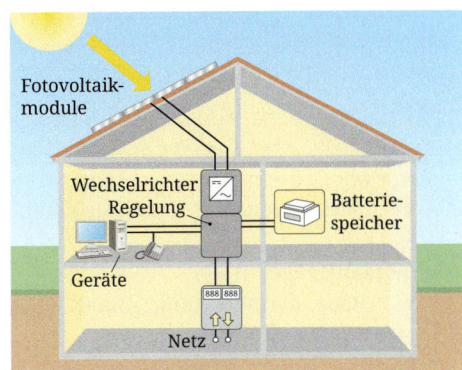

B 5 Fotovoltaik-Anlage eines Einfamilienhauses.

Mach's selbst

A 1 Es gibt Anwendungen, für die Solarzellen besonders geeignet sind, z. B. die Versorgung abgelegener Siedlungen mit elektrischer Energie. Finde und erläutere weitere solcher Anwendungen.

A 2 Recherchiere weitere Argumente für und gegen die Nutzung von Solarzellen. Formuliere deine eigene Meinung?

A 3 Kann man mit Fotovoltaik-Anlagen eigentlich Geld verdienen? Befrage einen Besitzer einer Fotovoltaik-Anlage und lass dir seine Überlegungen zur Wirtschaftlichkeit erläutern. Mache dir Notizen.

Experimente mit Dioden

A. Unterschiedliche Schwellenspannungen

Du benötigst:
- 1 regelbare Gleichspannungsquelle 0 – 10 V
- 1 Widerstand, 470 Ω
- 1 Amperemeter und 1 Voltmeter
- 2 – 3 Leuchtdioden unterschiedlicher Farbe
- 1 Gleichrichterdiode
- Leitungen

Die Schwellenspannungen von Leuchtdioden verschiedener Farbe unterscheiden sich, weil bei ihrer Herstellung unterschiedliche Halbleitermaterialien verwendet werden. Kommt es bei der Anwendung von Dioden nur auf deren Ventilwirkung, nicht aber auf das Leuchten an, so werden spezielle Gleichrichterdioden eingesetzt. Sie zeichnen sich durch besonders niedrige Schwellenspannungen aus.

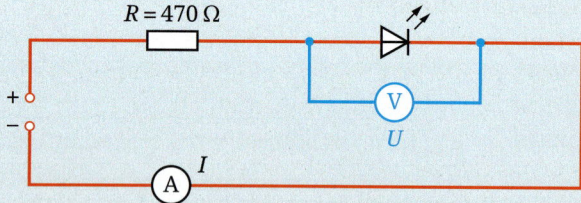

B1 Bestimmung der Kennlinie einer LED

Arbeitsaufträge:

1 Baue die Schaltung gemäß obiger Schaltung → **B1** auf.
Beachte: Der Vorwiderstand R begrenzt die Stromstärke im Falle einer leitenden Diode auf $I = U/R = 10\text{ V}/470\text{ Ω} \approx 0{,}02\text{A}$. Die Diode ist in Durchlassrichtung gepolt.

2 Erhöhe die Spannung des Netzgerätes von 0 V an, so dass sich der Spannung U zwischen den Anschlüssen der Diode in Schritten von 0,1 V ändert. Die Spannung am Vorwiderstand spielt für die Bestimmung der Schwellenspannung der Diode keine Rolle.
Miss jeweils die Stromstärke I. Trage die Messwerte Spannung und Stromstärke in einer Tabelle ein.

3 Stelle die Messwerte in einem U-I-Diagramm dar (Kennlinie der Diode).

4 Untersuche in gleicher Weise die übrigen Dioden oder besorge dir die restlichen Daten. Tipp: Damit nicht jede Gruppe alle Messungen durchführen muss, können sich die Gruppen bei diesen Experi-

menten absprechen. Tauscht nach den Messungen die gemessenen Werte aus.
Zeichne alle Kennlinien in ein Diagramm ein und bestimme die jeweiligen Schwellenspannungen.

B. Gleichrichtung von Wechselstrom

Du benötigst:
- 1 regelbare Wechselspannungsquelle ($U < 12$ V)
- 1 Gleichstrommotor (Nennspannung $U \approx 6$ V)
- 4 Dioden
- Leitungen

Ein Gleichstrommotor dreht sich nicht kontinuierlich, wenn er an eine Wechselspannung angeschlossen wird. Mithilfe von Dioden kann Wechselstrom gleichgerichtet werden. Verwendet man zur Gleichrichtung nur eine Diode und ist diese gerade in Sperrrichtung gepolt, so fließt kein Strom durch den Motor. Eine verbesserte Schaltung, die sogenannte Graetz-Schaltung, besteht aus vier Dioden:

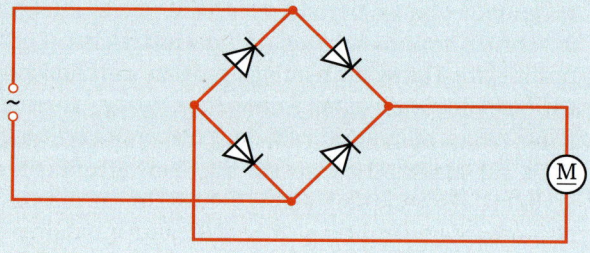

B2 Graetz-Schaltung

Arbeitsaufträge:

1 Schließe einen Gleichstrommotor ohne Diode an eine Wechselspannungsquelle an und erhöhe vorsichtig die Spannung – maximal bis zur halben Nennspannung des Motors. Notiere deine Beobachtung.

2 Schalte eine Diode mit dem Motor in Reihe und erhöhe erneut vorsichtig die Spannung. Zeichne das Schaltbild und notiere deine Beobachtung.
Prüfe, ob sich etwas ändert, wenn die Diode umgepolt wird.

3 Baue obige Graetz-Schaltung → **B2** auf. Beachte insbesondere die Polung der vier Dioden. Wie ändert sich die Bewegung des Motors, wenn man bei gleicher Spannung diese Schaltung anstelle der Schaltung aus Motor und nur einer Diode verwendet? Erkläre.

Projekt

Experimente mit Solarzellen

A. Licht treibt einen Motor an
Du benötigst:
- 1 Solarzelle
- 1 Elektromotor (für Solarzellen, evtl. mit Propeller)
- 1 helle Lampe (z. B. Halogenleuchte)
- Leitungen

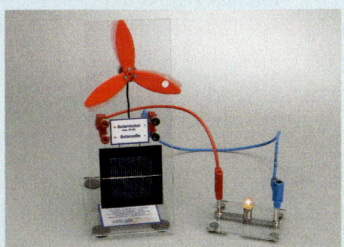

B3 Lichtenergie wird in mechanische Energie umgewandelt.

Arbeitsaufträge:

1 Baue angelehnt an **→ B3** einen Versuch auf. Decke verschiedene Teile der Solarzelle mit einem Blatt Papier ab. Beschreibe und erkläre deine Beobachtung.

2 Untersuche, welchen Einfluss
- der Abstand zwischen Lampe und Solarzelle
- und der Winkel, in dem das Licht auf die Oberfläche der Solarzelle trifft, haben.

Plane dazu zwei geeignete Experimente und fertige jeweils ein Versuchsprotokoll an.
Achtung: Solarzellen dürfen nicht zu heiß werden, deshalb sollte die Entfernung zur Lampe nur für kurze Zeit unter 30 cm liegen.

B. Schaltung von Solarzellen
Du benötigst:
- Material wie in A
- zusätzlich eine weitere Solarzelle

Die Fläche von Solarzellen ist durch die Herstellung begrenzt. Um leistungsfähigere Elektrizitätsquellen zu erhalten, müssen einzelne Zellen zu einem Modul verschaltet werden. Dabei gibt es zwei Möglichkeiten: Reihen- oder Parallelschaltung.

Arbeitsaufträge:

1 Plane ein Experiment, in dem du die Reihen- und Parallelschaltung zweier Solarzellen vergleichst. Zeichne zwei entsprechende Schaltbilder. Führe das Experiment durch und fertige ein Protokoll an.

2 Wie werden die einzelnen Zellen eines Solarmoduls zur Dachmontage verschaltet? Recherchiere.

C. Der Maximum Power Point (MPP)
Du benötigst:
- 1 Solarzelle
- 1 Spannungsmesser (Voltmeter)
- 1 Stromstärkemesser (Amperemeter)
- 1 von 0 Ω bis 10 Ω veränderbarer Widerstand
- 1 helle Lampe (z. B. Halogenleuchte)
- Leitungen

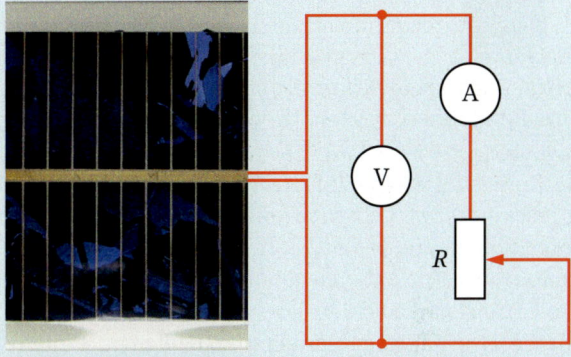

B4 Spannung und Stromstärke werden bei unterschiedlicher Belastung gemessen.

Arbeitsaufträge:

1 Baue nach **→ B4** einen Versuch auf. Richte die Lampe auf die Solarzelle.

2 Miss Spannung und Stromstärke bei unterschiedlicher Belastung (d. h. unterschiedlich großem Widerstand). Trage die Messwerte in eine Tabelle ein.

3 Stelle die Messwerte in einem U-I-Diagramm dar (Kennlinie der Solarzelle).

4 Ermittle, für welche Spannung und welche Stromstärke die Leistung der Solarzelle maximal ist. Der zugehörige Punkt im U-I-Diagramm heißt Maximum Power Point (MPP).

5 Verändere nun den Abstand der Lampe von der Solarzelle. Führe den Versuch erneut durch und bestimme den MPP.

Eine Fotovoltaikanlage bringt nur dann höchsten Ertrag, wenn die Solarzellen möglichst ständig im MPP arbeiten. Der MPP hängt von der Strahlungsleistung, der Temperatur und dem Typ der Solarzelle ab.
In der Praxis stellt ein MPP-Regler ständig die Spannung auf den optimalen Wert ein, indem der Belastungswiderstand variiert wird. Ein Gleichspannungswandler stellt sicher, dass die Ausgangsspannung der Anlage konstant ist.

Interessantes

Funktionsweise eines Feldeffekttransistors

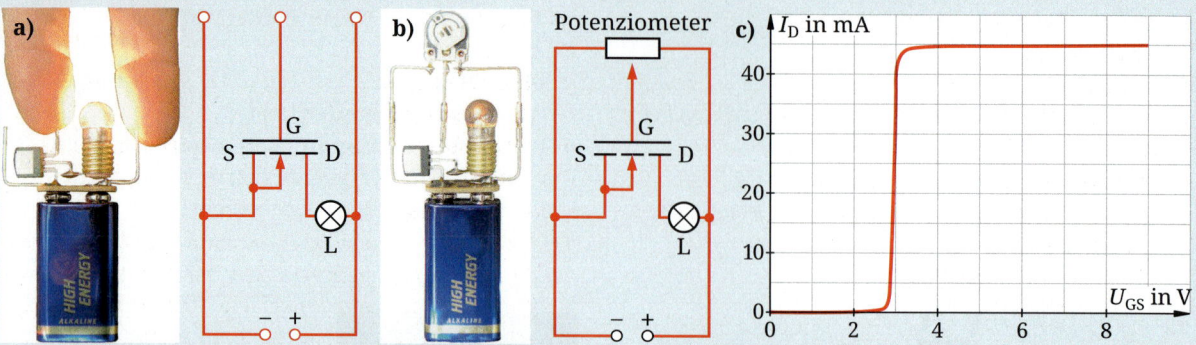

B1 Ein Feldeffekttransistor steuert den Strom durch eine Lampe. **a)** Ein-Ausschalten; **b)** Helligkeit regeln; **c)** Kennlinie

Sobald man den Computer einschaltet, steuern mehrere Millionen Feldeffekttransistoren (FET) die Ströme im Rechner. Wir untersuchen das Verhalten eines solchen Transistors. Dazu bauen wir die Schaltungen auf, wie sie in → **B1a,b** dargestellt sind. Geeignete Bauteile sind z. B.:

- Feldeffekttransistor BUZ11,
- ein Lämpchen 6 V/30 mA,
- ein Potenziometer 100 kΩ.

Die Anschlüsse S (Source) und D (Drain) bilden mit dem Lämpchen und der 9-V-Batterie einen Stromkreis. Die Steuerelektrode G (Gate) regelt den Strom von S nach D: Wird das Gate G durch Verbinden mit dem Pluspol aufgeladen, so wirkt die Strecke S–D wie ein geschlossener Schalter und hat nahezu keinen Widerstand. Beim Verbinden mit dem Minuspol wirkt die Strecke S–D wie ein geöffneter Schalter → **B1**. Diese Zustände bleiben auch ohne eine Verbindung zum Gate erhalten, da das Gate durch eine sehr gute Isolierschicht von Source und Drain getrennt ist. So kann die aufgebrachte Ladung vom Gate nicht abfließen. Kurz: Bei $U_{GS} = 0$ V sperrt der Transistor, bei $U_{GS} = 9$ V leitet er. Die Stromstärke I_D kann so mit sehr wenig Energieaufwand gesteuert werden.

In → **B1b** untersuchen wir die Stromstärke I_D, wenn das Gate G auf Spannungen U_{GS} zwischen 0 V und 9 V aufgeladen wird. Dazu stellt man mithilfe des Potenziometers die Spannung U_{GS} zwischen Gate und Source ein. Gleichzeitig misst man, welche Stromstärke sich bei der jeweiligen Spannung ergibt. → **B1c** zeigt die Ergebnisse einer Messreihe mit den oben angegebenen Bauteilen.

An der U_{GS}-I_D-Kennlinie eines Feldeffekttransistors lesen wir ab, dass dieser in einem kleinen Spannungsbereich vom nicht leitenden in den leitenden Zustand schaltet → **B1c**. Bei dem bisher verwendeten FET lag diese Steuerspannung U_{GS} etwa zwischen 2,8 V und 3,0 V. Dort genügt schon eine geringe Änderung der Ladung auf dem Gate, um den Strom im Lämpchen sichtbar zu beeinflussen.

Wenn wir Gate und Drain kurz mit dem Finger verbinden, sorgen wir dafür, dass beide auf dem gleichen Potenzial sind. Damit gilt also $U_{GS} = U_{DS}$. Wir können für diesen Fall überlegen, dass U_{GS} auf diese Weise bei diesem FET stets zwischen 2,8 V und 3,0 V liegen muss:

D, S und das Lämpchen liegen in → **B1a** in Reihe an der 9-V-Batterie.
Also ist stets: $U_{DS} + U_L = 9$ V.

Wir gehen nun in Gedanken zwei Fälle durch:
a) $U_{GS} > 3,0$ V: Dann leitet der FET auf der Strecke S–D, somit wäre $U_{DS} = 0$ V und daher $U_L = 9$ V. Wegen $U_{GS} = U_{DS} = 0$ V müsste der FET jedoch sperren. $U_{GS} > 3,0$ V kann also nicht auftreten.
b) $U_{GS} < 2,8$ V: Der FET sperrt, somit wäre $U_L = 0$ V und $U_{DS} = 9$ V. Wegen $U_{GS} = U_{DS} = 9$ V müsste der FET jedoch leiten. $U_{GS} < 2,8$ V ist also ebenfalls nicht möglich. Also gilt 2,8 V < U_{GS} < 3,0 V.

Somit kann man den FET durch kurzes Berühren von Gate und Source mit zwei Fingern in den Steuerbereich bringen. Beachte, dass du dabei selbst gut geerdet sein musst und den Finger zuerst vom Gate löst.

Projekt

Gleichrichtung von Wechselstrom (Graetzschaltung)

Ziele:

Hier kannst du:

- Wechselsstrom nach der Schaltung des Physikers Leo GRAETZ (1856–1941) mit 4 Dioden gleichrichten,
- den Einfluss der Schwellspannung verstehen,
- den pulsierenden Gleichstrom mit einem Kondensator glätten.

Arbeitsaufträge:

1 Baue die Schaltung wie im Bild auf. Der Widerstand sollte einen Wert von ca. 1 kΩ haben. Beschreibe, welche LEDs jeweils leuchten. Gib eine Begründung an.

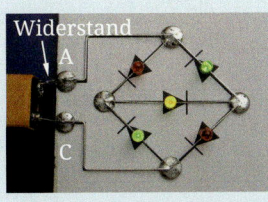

2 **a)** Schließe anstatt der Batterie eine Wechselspannung eines Sinusgenerators mit einstellbarer Frequenz und Amplitude an. Beschreibe und deute deine Beobachtungen bei verschiedenen Frequenzen und Amplituden.

b) Ersetze die LED in der Mitte durch ein Glühlämpchen (6 V/30 mA). Überbrücke den Widerstand R. Lege dann Wechselspannungen unterschiedlicher Amplitude und Frequenz an A und C.

c) Beschreibe und erkläre das unterschiedliche Aufleuchten des Glühlämpchens und der LEDs.

d) Beobachte den Spannungsverlauf am Glühlämpchen mit dem Oszilloskop. Übertrage das Oszillogramm ins Heft und begründe den Kurvenverlauf.

e) Ersetze die LEDs durch vier Si-Dioden und bearbeite den Aufgabenteil d) erneut. Erläutere den Unterschied.

3 Ein einfacher Kondensator besteht aus zwei Metallplatten, die durch einen Isolator voneinander getrennt sind. Schließt man diese Platten an eine Elektrizitätsquelle an, so fließen den Platten so lange Ladungen zu, bis der Potenzialunterschied zwischen den Platten so groß ist wie die äußere Spannung. Sinkt die äußere Spannung, fließen Ladungen vom Kondensator ab, steigt sie, fließen Ladungen zu.

a) Schalte verschiedene Kondensatoren parallel zu dem Glühlämpchen. Beobachte dabei die Spannung mit dem Oszilloskop oder dem Computermesssystem.

b) Vergleiche die Spannungsverläufe am Glühlämpchen mit und ohne Kondensator. Finde mithilfe der oben angegebenen Informationen eine Erklärung.

FET als Sensor, Verstärker und Schalter

Ziele:

Hier kannst du:

- einen Feldeffekttransistor (FET) in physikalischen Anwendungen erleben,
- fast ohne Strom einen Lämpchenstrom steuern.

Arbeitsaufträge:

1 **a)** Zeichne ein Schaltbild zum Aufbau (unten). Baue danach einen entsprechenden Versuch auf (FET BUZ 11, Lämpchen z. B. 6 V/50 mA). Achte darauf, dass die Gate-Elektrode G frei liegt.

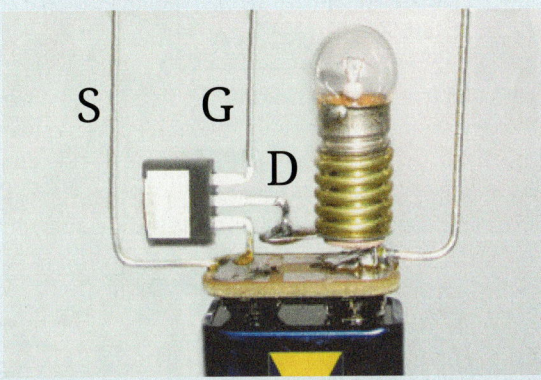

b) Schalte mit zwei Fingern das Lämpchen ein, anschließend aus.

c) Lade das Gate durch Berühren von Lämpchenfassung und Gate mit einem Finger auf. Beachte, dass zuerst der Finger vom Gate, dann erst von der Fassung entfernt wird. Begründe diese Reihenfolge.

Vergleiche die Helligkeit des Lämpchens mit der im eingeschalteten Zustand. Erläutere deine Beobachtung mithilfe der U_{GS}-I_D-Kennlinie.

d) Der Versuchsaufbau wird nun im sog. Arbeitsbereich nach c) verwendet. Stecke auf die Gate-Elektrode zur Verlängerung eine Kugelschreibermine. Reibe z. B. einen Kugelschreiber (K) mit Kunststoffgehäuse und einen dicken Strohhalm (S) an einem Stück Stoff. Nähere diese dem verlängerten Gate. Entlade vorsichtig K und S mit der Flamme eines Gasfeuerzeugs. Reibe nun K und S an ausgewählten Stellen aneinander. Finde durch Annähern an die Gate-Elektrode Ort und Polarität der Ladung auf K und S.

2 Zeige, dass der FET auch noch bei $U_{GS}=1{,}5$ V schaltet. Nimm eine U_{GS}-I_D-Kennlinie für den FET auf ($0 < U_{GS} < 9$ V).

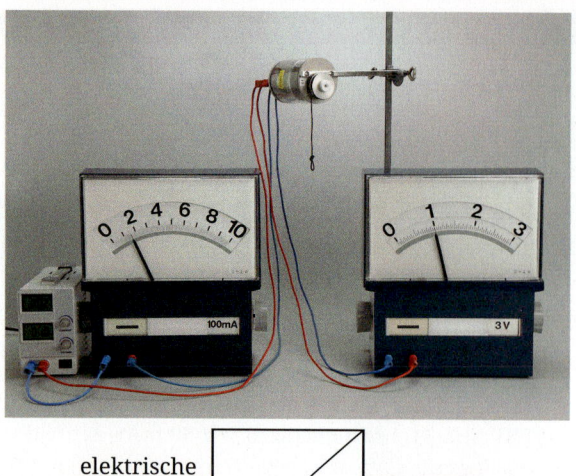

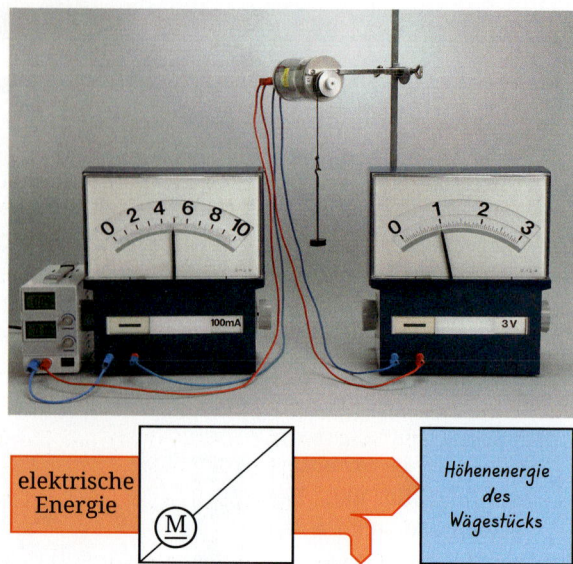

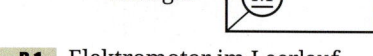

elektrische

Energie

(M)

B1 Elektromotor im Leerlauf

elektrische
Energie

(M)

Höhenenergie
des
Wägestücks

B2 Elektromotor beim Hochheben eines Wägestücks

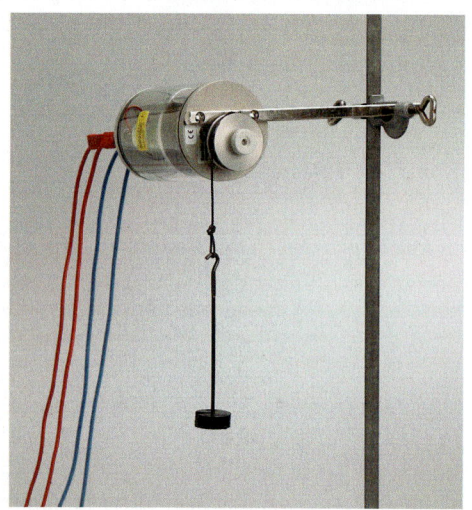

V1 Ein kleiner Elektromotor wird in einen Stromkreis mit Schalter, Spannungs- und Strommessgerät geschaltet.

Zunächst wird der Motor im Leerlauf betrieben, d.h. ohne eine Last, nur seine Achse mit den an ihr befestigten Spulen soll gedreht werden. Bei der Spannung $U = 1$ V messen wir die Stromstärke $I = 15$ mA **→ B1**.
Anschließend wird ein Wägestück mit der Masse 20 g vom Motor hochgehoben. Bei der Spannung $U = 1$ V messen wir jetzt die Stromstärke $I_H = 50$ mA **→ B2**. Trotz kleinerer Drehzahl ist jetzt die elektrische Leistung größer.

1. Der Motor als Energiewandler

Elektromotoren sind das Herzstück vieler Maschinen. Sie erleichtern körperliche Anstrengung (Bohrmaschine, Waschmaschine) oder ermöglichen schwere Arbeiten (Kran, E-Lok).

Bereits im Leerlauf des Motors wird Energie benötigt **→ V1**. Dies liegt an der Reibung der beweglichen Bauteile, sie werden heiß. Der dazu nötige Energiestrom erhöht nur die innere Energie von Motor und Umgebung. Die jeweils in einer Sekunde zugeführte Energie, also die Stärke des Energiestroms, können wir aus den Messwerten $U = 1$ V und $I = 15$ mA $= 0{,}015$ A berechnen:

$$P_{\text{Leerlauf}} = U \cdot I = 1 \text{ V} \cdot 0{,}015 \text{ A} = 0{,}015 \text{ W} = 0{,}015 \, \tfrac{\text{J}}{\text{s}}.$$

Sobald der Motor ein Wägestück mit der Masse 20 g hochhebt, muss deutlich mehr Energie gewandelt werden. In **→ V1** besitzt der Energiestrom dann die Stärke

$$P_{\text{Heben}} = U \cdot I = 1 \text{ V} \cdot 0{,}05 \text{ A} = 0{,}05 \text{ W} = 0{,}05 \, \tfrac{\text{J}}{\text{s}}.$$

Von der jeweils in einer Sekunde elektrisch zugeführten Energie wird für das Anheben des Wägestücks nur ein Teil genutzt. Die Differenz der Energieströme $P_{\text{Heben}} - P_{\text{Leerlauf}} = 0{,}035$ W $= 0{,}035$ J/s lässt erkennen, dass es nur etwa 70 % des zugeführten Energiestroms sind.

Merksatz

Der Elektromotor wandelt elektrische Energie in mechanische Energie um. Aufgrund von Verlusten ist die mechanische Energie geringer oder höchstens gleich der umgewandelten elektrischen Energie.

2. Motor und Generator sind austauschbar

Grundsätzlich sind Motor und Generator vom Aufbau her identische Maschinen. Die Funktionsweise als Motor zeigt → **V1** . Bei der gleichen Maschine wird in → **V2** lediglich die Spannungsquelle entfernt. Wird ihre Achse nicht vom Motor, sondern von außen gedreht, wandelt die Maschine die beim Drehen zugeführte Energie in elektrische Energie – man hat einen Generator. Mit der elektrischen Energie können Maschinen angetrieben werden, aber nur so lange, wie dem Generator ausreichend Energie mechanisch zugeführt wird.

Merksatz
Der Generator wandelt die ihm mechanisch zugeführte Energie in elektrische. Er kann höchstens so viel in elektrische Energie wandeln, wie ihm mechanisch zugeführt wird.

3. Generatoren können sehr groß sein

Die Austauschbarkeit von Generator und Motor benutzt man im Großen beim **Pumpspeicherwerk**:
Nachts ist der Energiebedarf nicht so groß wie tagsüber. Man kann aber Kraftwerke nicht einfach für ein paar Stunden abschalten und kann die elektrische Energie auch nicht in hinreichend großen Akkus speichern. Stattdessen pumpen dann Elektromotoren mit Schaufelrädern Wasser in ein großes Becken auf einer Anhöhe. So erhält das Wasser Höhenenergie. Wird zur Mittagszeit viel elektrische Energie benötigt, so lässt man das Wasser wieder ins Tal schießen und benutzt die Motoren mit den Schaufelrädern als Generatoren → **B3** .

Straßenbahnen, ICE-Loks und einige Elektroautos benutzen dieses Prinzip ebenfalls. Bei der Einfahrt in eine Haltestelle, in einen Bahnhof oder auf einer Gefällestrecke arbeiten die Motoren als Generatoren. Die Bewegungsenergie der Fahrzeuge nimmt ab. Die Energie wird in elektrische Energie gewandelt und über das Leitungsnetz an anderer Stelle startenden Zügen zugeführt. In einem Bus z.B. muss die umgewandelte Energie in einer Batterie gespeichert werden.

4. Generatoren können sehr klein sein

Heute kommen sehr viele elektronische Steuerungen zum Einsatz. Oftmals benötigen sie nur wenig elektrische Energie. Ein Anschluss an das Stromnetz oder der Einbau einer Batterie ist dann zu teuer oder zu platzaufwändig. Hier helfen Minigeneratoren. Sie bestehen aus den gleichen Bauteilen wie ihre großen Brüder: In → **B4** sind links von oben der drehbare, hier sternförmige Anker (wegen der Drehbewegung Rotor genannt) und die feststehenden Teile (Stator) wie Magnete, Spule und Gehäuse zu sehen. Der abgebildete Generator kann in einem elektronischen Schloss-System aus der Schlüsseldrehung die notwendige Energie umwandeln.

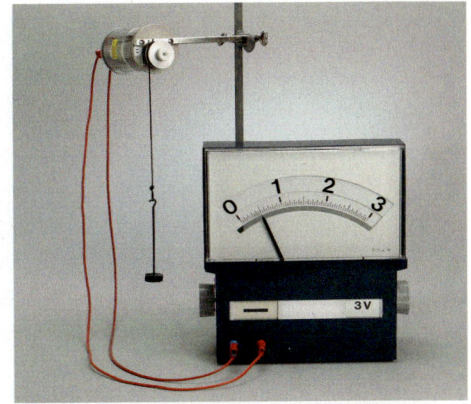

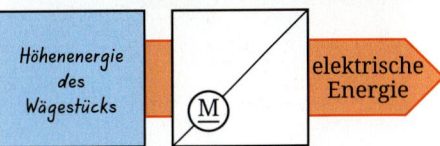

V2 Parallel zum Motor (Generator) ist ein Voltmeter geschaltet. Auf die Motorachse ist ein Band gewickelt, an dem ein 20-g-Wägestück hängt. Beginnt dieses infolge der Gewichtskraft zu sinken, dreht das Band die Achse und das Voltmeter zeigt einen Ausschlag an.

B3 Elektromotor/Generator (gelb) mit Schaufelrädern (Turbine, blau) im Pumpspeicherwerk Geesthacht

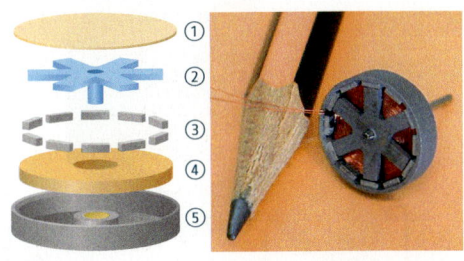

B4 Aufbau und Größenvergleich eines Minigenerators: ① Abdeckung, ② Drehbarer, sternförmiger Anker, ③ Magnete, ④ Spule, ⑤ Gehäuse

1. Das Grundprinzip des Elektromotors

Der Elektromotor in → **B1** besteht aus einer zwischen zwei Magneten drehbar gelagerten Doppelspule mit Eisenkern, die über Schleifringe und Schleifkontakte (Kohlebürsten) mit Strom versorgt wird → **B2**. Führt die Spule Strom, so wird aus Spule und Eisenkern ein Elektromagnet; seine Polung ist durch den Wicklungssinn der Spule und die Stromrichtung festgelegt.

Noch fehlt aber etwas Wesentliches, denn lässt man in → **B1** die drehbare Doppelspule los, so dreht sie sich im Uhrzeigersinn nur so weit, bis sie senkrecht steht, weil sich ungleichnamige Magnetpole gegenseitig anziehen. Infolge ihres Schwunges schießt sie zwar etwas über die vertikale Stellung hinaus, bleibt dort (im „Totpunkt") aber nach kurzem Pendeln stehen. Damit die Drehung nicht aufhört, müssen also in dem Augenblick die Magnetpole der Doppelspule vertauscht werden, in dem sie den Totpunkt erreicht. Dann kann die Doppelspule eine Halbdrehung weiterrotieren. Und wenn auch dort dann wieder die Pole vertauscht werden, kann sich die Doppelspule andauernd drehen. Es gibt eine erstaunlich einfache Lösung dafür, dass das Umpolen des Elektromagneten von selbst geschieht.

B1 Elektromotor mit gelagerter Doppelspule

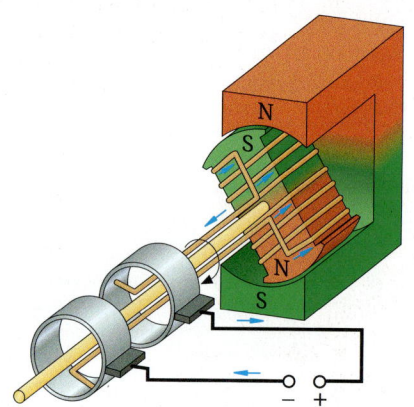

B2 Das Prinzip des Elektromotors mit Doppelspule – es fehlt etwas Wesentliches.

2. Der einfachste elektrische Dauerläufer

Die zwei getrennten Schleifringe werden durch einen Schleifring ersetzt → **B3a**, der aus zwei gegeneinander isolierten Halbringen besteht. Jeder Halbring ist mit einem Ende der Spule verbunden. In → **B3b** wird deutlich, dass die Doppelspule im Totpunkt des Motors keinen elektrischen Strom führt, und dass die elektrischen Anschlüsse danach vertauscht werden. Damit wird im Totpunkt jeweils die Polung des rotierenden Magneten von selbst so verändert, dass der Motor weiterläuft → **B3c**.

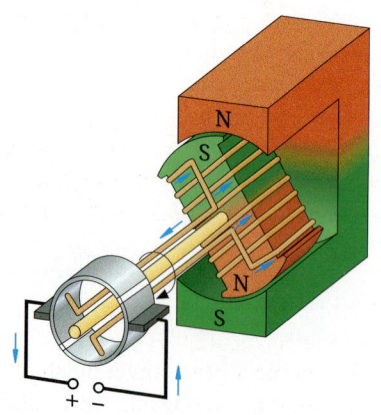

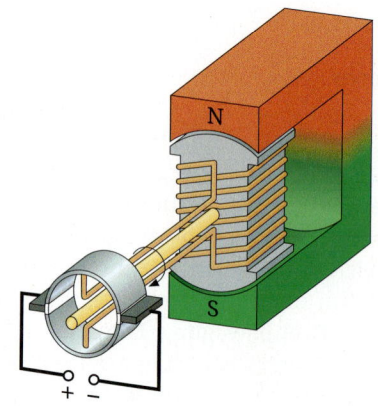

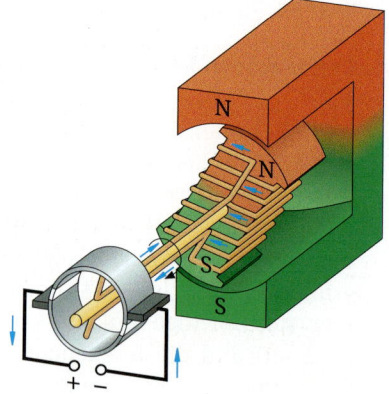

B3 **a)** Motor mit unterteiltem Schleifring vor dem Totpunkt ...

b) ... im Totpunkt ...

c) ... mit geänderter Stromrichtung nach dem Totpunkt

Bau eines Elektromotors

Material

ca. 1 m lackierter Kupferdraht
(z. B. Ø 0,7 mm, im Elektronikhandel erhältlich)
1 1,5 V-Batterie (Babyzelle)
2 Büroklammern
1 Magnet (z. B. von einem Schranktüren-Magnet-schnäpper aus dem Baumarkt)
ca. 15 cm Klebeband
und als Werkzeug eine Schere oder ein Messer

a) Zunächst fertigst du die Drehspule an. Das geht einfach, wenn du den Kupferdraht 10- bis 15-mal um die Batterie wickelst und die entstandene Spule von der Batterie herunterziehst. Damit sie nicht wieder auseinanderfällt, bindest du sie mit

einem Drahtrest auf zwei gegenüberliegenden Seiten jeweils zusammen, lässt aber an beiden Enden ein etwa 4 cm langes Stück stehen. Dieses biegst du nun rechtwinklig ab, so dass eine Achse entsteht.

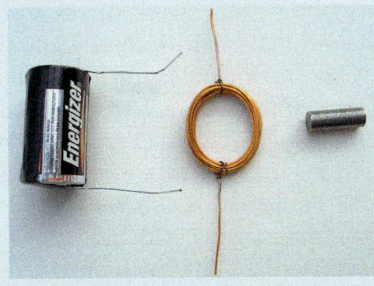

b) Die fertige Drehspule legst du flach auf den Tisch und schabst nun mit der scharfen Kante der Schere oder mit einem Messer den Lack auf den Enden der Spulenachse *halbseitig* ab, damit ein elektrischer Kontakt möglich wird.

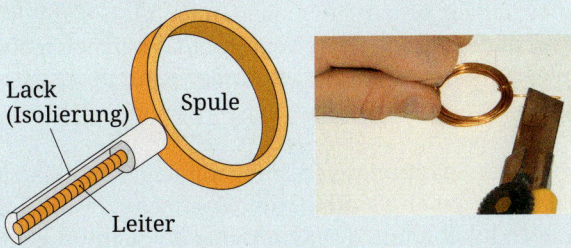

Lack (Isolierung) Spule
Leiter

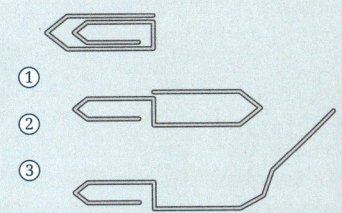

① ② ③

c) Aus den Büroklammern biegst du die Auflage für die Drehspule: Du klappst zunächst den äußeren Ring so um, dass er wie ein Wegweiser in entgegengesetzter Richtungen aussieht, und biegst den größeren Ring auf. Dann wickelst du das Klebeband zweimal über die Pole der Batterie und schiebst die Büroklammern mit dem geschlossenen Ring jeweils an den Batteriepolen unter das Klebeband.

d) Lege jetzt die Spule in die aufgebogenen Arme der Büroklammern und nähere der Spule den Magneten. Achte darauf, dass die Spule keine Unwucht besitzt. Eventuell musst du die Spule einmal kurz anstoßen – und der Motor läuft.

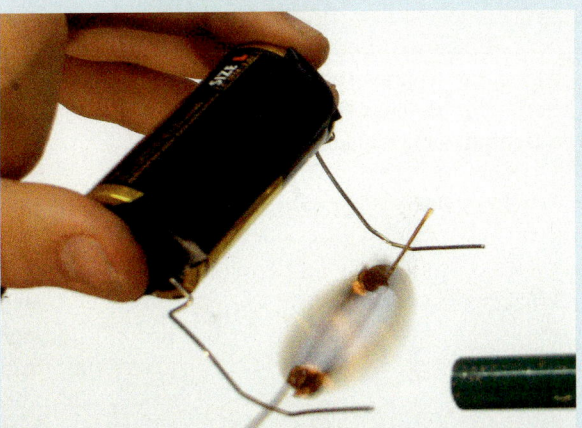

Arbeitsaufträge:

1 Nähere den Magneten von verschiedenen Seiten der Spule. Beschreibe deine Beobachtungen!

2 Prüfe, ob der Motor in beiden Drehrichtungen der Spule stabil läuft.

3 Drehe den Magneten mit dem anderen Pol zur Spule bzw. halte ihn quer zur Spule. Untersuche die Auswirkungen auf die Bewegung!

4 Der Motor funktioniert etwas anders als die sonst im Buch vorgestellten Motoren. Finde eine Erklärung dafür, dass sich die Spule dreht!

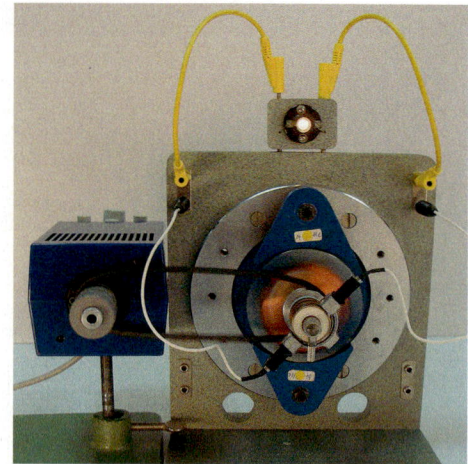

B1 Generator (drehende Spule, fester Magnet) mit leuchtender Lampe (Pfeil)

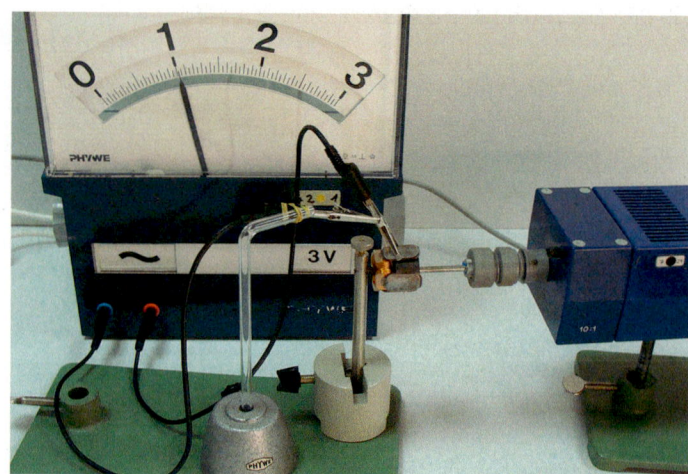

B2 Generator (drehender Magnet, feststehende Spule; Details → **B4**)

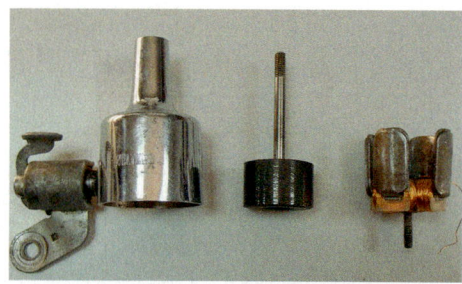

B3 Bauteile eines Fahrraddynamos: Magnet auf Drehachse (Mitte), Spule mit herausgeführtem Eisenkern (rechts)

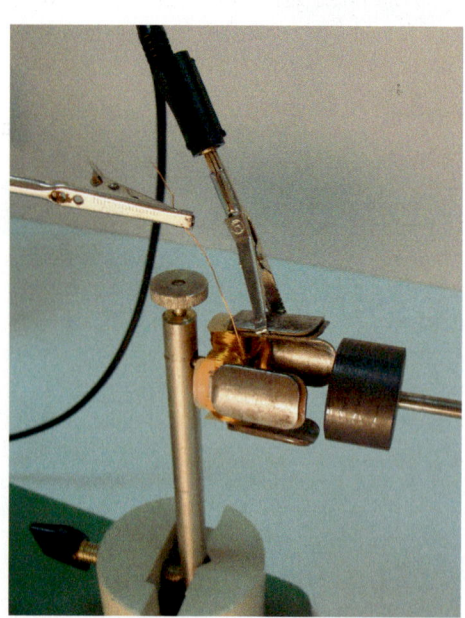

B4 Generatoraufbau mit Teilen eines Fahrraddynamos

1. Spannung durch Relativbewegung von Spule und Magnet

Auf den ersten Blick zeigt → **B1** dieselbe Anordnung aus Doppelanker mit Spule und Magnet wie beim Elektromotor. Es fehlt aber die Spannungsquelle. Stattdessen wird hier die Spule im Bereich der Magneten über einen Keilriemen durch einen zusätzlichen Motor (links) gedreht. Dabei entsteht zwischen den Enden der sich drehenden Spule eine Spannung. Eine über zwei Schleifkontakte angeschlossene Lampe leuchtet.

Nach diesem Prinzip funktioniert auch ein Fahrraddynamo. → **B3** zeigt seine Bauteile. Obwohl kaum eine Gemeinsamkeit mit dem Aufbau aus → **B1** zu erkennen ist, finden wir hier trotzdem dieselben Bauteile wieder: einen Magneten und eine Spule mit einem Eisenkern. Wir drehen den Magneten zwischen den Enden des Spulenkerns mithilfe des in → **B2** rechts stehenden Motors (→ **B4** zeigt die Anschlüsse). Zwischen den Spulenenden, von denen ein Ende leitend mit dem Eisenkern verbunden ist, können wir nun wieder eine Spannung nachweisen.

Offensichtlich spielt es keine Rolle, ob sich die Spule dreht und der Magnet steht oder ob sich der Magnet dreht und die Spule ruht. Wesentlich für das Entstehen einer Spannung ist die Bewegung der beiden Teile relativ zueinander. Man nennt Maschinen, bei denen durch die Bewegung eines Magneten oder einer Spule kontinuierlich eine elektrische Spannung entsteht, Generatoren.

Den Vorgang der Spannungserzeugung mit Spule und Magnet bezeichnet man dabei als **elektromagnetische Induktion**. Eine durch Induktion erzeugte Spannung heißt **Induktionsspannung**.

2. Die Stromrichtung ändert sich ständig

Bei langsamer Drehung des Fahrraddynamos beobachtet man kein Leuchten der angeschlossenen Lampe. Infolge einer zu kleinen Induktionsspannung reicht die Stromstärke nicht aus, um die Glühwendel zum Leuchten zu bringen.

Mit einem empfindlichen Messgerät anstelle der Lampe lässt sich aber auch bei geringer Drehzahl des Dynamos zeigen, dass eine Spannung induziert wird. Gleichzeitig beobachtet man zudem ein Hin- und Herpendeln des Messgerätezeigers von Plus nach Minus. Die Spannung wechselt also periodisch ihr Vorzeichen, man nennt sie dann **Wechselspannung**.

Welche Folgen hat dieser Vorzeichenwechsel für den Strom? Wir schließen an den Dynamo zwei parallel, aber entgegengesetzt geschaltete Leuchtdioden an. Diese lassen jeweils Strom nur in einer Richtung zu, wie es das technische Zeichen mit der Pfeilspitze andeutet **→ B5**. Mit einem Motor treiben wir den Dynamo an und beobachten: Beide Leuchtdioden leuchten trotz unterschiedlicher Durchlassrichtung! Kann der elektrische Strom gleichzeitig beide Richtungen haben?

Zur Überprüfung nehmen wir mit einer Digitalkamera schnell hintereinander mehrere Fotos der Leuchtdioden auf **→ B6**. Sie zeigen: Die Leuchtdioden leuchten nicht gleichzeitig, sondern abwechselnd. Also ändert der elektrische Strom seine Richtung in schneller Folge. Dies geschieht so schnell, dass unser Auge das Blinken der Leuchtdioden nicht wahrnimmt und auch ein Amperemeter dem Wechsel nicht folgen kann.

Den genauen Verlauf der Stromstärke können wir mit einem Computer aufzeichnen. Wir schließen den Stromstärkesensor wie ein Amperemeter in unseren Stromkreis, der Rechner fertigt dann aus den Messwerten ein t–I-Diagramm **→ B7**. Wir erkennen, dass die Stromstärke sich ständig ändert. Zu Beginn nimmt die Stromstärke zu, dann wieder ab. Danach wechseln das Vorzeichen und damit die Stromrichtung. Dies wiederholt sich in gleichen Zeitabständen und ist charakteristisch für einen sogenannten Wechselstrom.

Trotz der ständigen Richtungsänderung des elektrischen Stroms bleibt die Richtung des Energiestroms unverändert: Die vom Dynamo gelieferte elektrische Energie fließt immer zum Gerät oder zu den Leuchtdioden!

Merksatz

Ein Generator erzeugt eine Wechselspannung. Im geschlossenen Stromkreis ändert sich deshalb die Stromrichtung periodisch, es entsteht ein Wechselstrom. Die Energie fließt dagegen stets vom Generator zu dem in den Kreis geschalteten Bauteil.

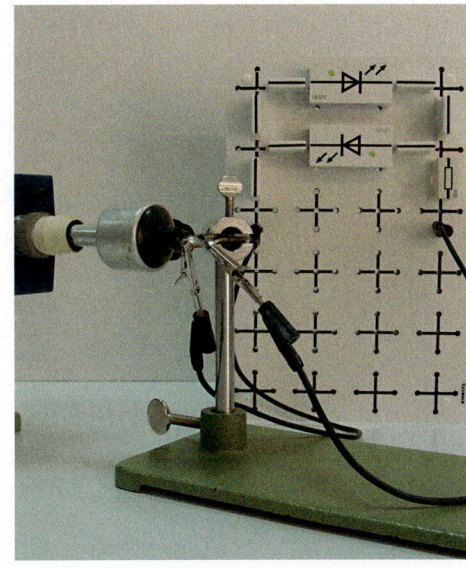

B5 Parallelschaltung zweier entgegengesetzt geschalteter Leuchtdioden am Fahrraddynamo. Obwohl die Durchlassrichtung der Leuchtdioden verschieden ist, leuchten beide!

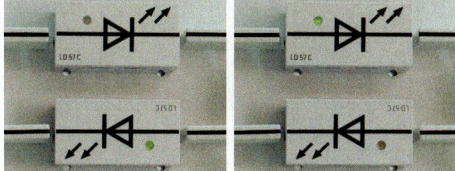

B6 Mit einer Kamera kurz hintereinander aufgenommene Fotos der Leuchtdioden. Die Leuchtdioden leuchten nicht gleichzeitig! Im linken Bild fließen Elektronen von links nach rechts durch die untere Leuchtdiode, im rechten Bild von rechts nach links durch die obere Leuchtdiode.

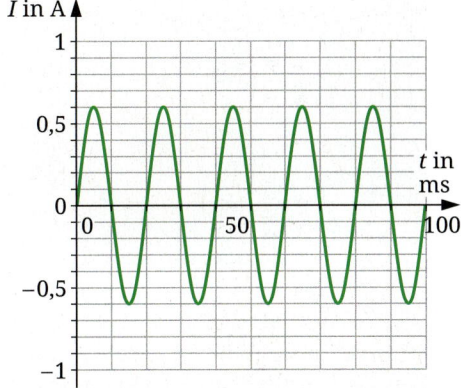

B7 t-I-Diagramm eines vom Fahrraddynamo erzeugten Wechselstroms

V1 Zwei Spulen sind über einen Eisenkern miteinander verbunden. Wird die an der linken Spule angelegte Spannung über einen Regler am Netzgerät verändert, so misst man eine Spannung an der rechten Spule.

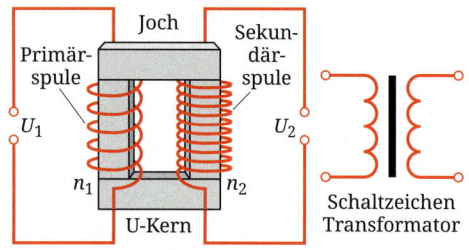

B1 Aufbau und Schaltzeichen eines Transformators. Der ringförmige Eisenkern ist zusammengesetzt aus einem U-förmigen Teil und einem sogenannten Joch.

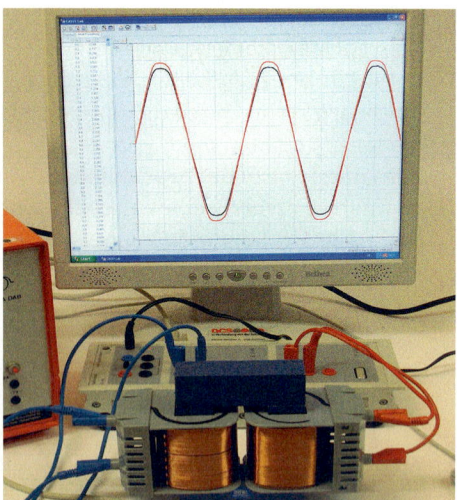

V2 Messung des zeitlichen Verlaufs der Wechselspannung an der Primär- (rot) und Sekundärspule (schwarz). An den Abständen der Maxima im Zeit-Spannungs-Diagramm erkennt man, dass beide Wechselspannungen die gleiche Frequenz besitzen.

1. Induktion auch ohne Bewegung

Solange im Fahrraddynamo ein Magnet in der Nähe von Spule und Spulenkern gedreht wird, wird in der Spule eine Wechselspannung induziert.

Man kann auch auf eine andere Weise eine Spannung induzieren. In → **V1** sieht man zwei Spulen auf einem U-förmigen Eisenkern, der mit einem Joch oben zu einem Ring geschlossen ist. Die linke Spule wird an ein regelbares Netzgerät angeschlossen. Die Spannungen an den Enden der Spulen werden jeweils von einem Voltmeter angezeigt. Ist am Netzgerät eine konstante Spannung eingestellt, beobachtet man am rechten Voltmeter keinen Ausschlag. Wird jedoch der Regler verstellt, so zeigt das rechte Voltmeter eine Spannung an. Diese Spannung, die **Induktionsspannung**, ist umso größer, je schneller mit dem Regler die Spannung an den Anschlüssen der linken Spule geändert wird. Diese Beobachtung kann man damit erklären, dass die linke Spule zusammen mit dem Eisenkern einen Elektromagneten darstellt, dessen Stärke sich mit der Stromstärke ändert. Infolge des gemeinsamen Eisenkerns erfasst diese Änderung die zweite Spule, so ähnlich, als ob man vor ihr einen Magneten bewegen würde. Dadurch wird in ihr eine Spannung induziert.

2. Aufbau und Eigenschaften eines Transformators

Ein Transformator ist ein Gerät aus zwei Spulen (Primär- und Sekundärspule), die über einen geschlossenen Eisenkern miteinander verbunden sind → **B1** . Der Name Transformator (Umformer), kurz Trafo, weist auf eine wichtige Eigenschaft dieser Anordnung hin: Der Transformator formt eine Wechselspannung in eine kleinere (z. B. → **V1**) oder größere Wechselspannung um. Man benötigt ihn für viele Geräte im Haushalt, die nicht mit der Netzspannung arbeiten.
Die Wechselspannung an der Sekundärspule hat dieselbe Frequenz wie die Wechselspannung an der Primärspule. Die vom Computer aufgezeichneten t-U-Diagramme belegen es → **V2** . Wie ist dies möglich, obwohl zwischen den beiden Spulen doch keine elektrische Verbindung besteht?
Der Wechselstrom in der Primärspule erzeugt ein Magnetfeld, dessen Stärke sich ständig ändert. Der geschlossene Eisenkern sorgt dafür, dass die Sekundärspule diese Änderung erfasst. Dort induziert sie dann eine Wechselspannung gleicher Frequenz.

Merksatz

Ein Transformator (Trafo) besteht aus zwei Spulen, die über einen geschlossenen Eisenkern miteinander verbunden sind. Wechselspannungen können mit einem Transformator verändert (verkleinert/vergrößert) werden. Die Frequenzen der Wechselspannungen im Primär- und Sekundärkreis sind stets gleich groß.

3. Windungszahlen bestimmen die Sekundärspannung

Haben Sekundärspule und Primärspule gleiche Windungszahlen, so ist die Sekundärspannung genau so groß wie die Primärspannung. Dabei kommt es nicht auf die Windungszahlen selbst an, sondern nur darauf, dass sie gleich sind. Ist die Zahl der Windungen der Sekundärspule halb so groß wie die der Primärspule, so ist auch die Spannung auf der Sekundärseite halb so groß wie die Primärspannung. Für andere Zahlenverhältnisse gilt dies entsprechend (→ **V1** mit Spulen unterschiedliche Windungszahlen).

Die Spannungen am Trafo verhalten sich wie die Windungszahlen der Spulen, d.h. ihre Quotienten besitzen jeweils denselben Wert: $U_1 : U_2 = n_1 : n_2$.

Durch die Wahl der Windungszahlen kann man deshalb steuern, ob und wie stark ein Trafo Wechselspannungen verringert oder vergrößert. So kann sogar aus einer kleinen Spannung eine sehr gefährliche Hochspannung entstehen → **V3** .

4. Energiestromstärken im Transformator

Wird ein Lämpchen an die Sekundärspule eines Transformators angeschlossen → **V4** , so steigt die Stromstärke im Sekundärkreis. Gleichzeitig steigt aber auch die Stromstärke im Primärkreis. Wodurch wird sie bestimmt?

Da Energie erhalten bleibt, muss der Energiestrom auf dem gesamten Weg von der Primärspannungsquelle bis zum Lämpchen gleich stark sein. Innerhalb des Eisenkerns gibt es keinen elektrischen Stromkreis. Dort können wir die Energiestromstärke nicht berechnen. Anders im Sekundärkreis mit dem Lämpchen. Dort beträgt die Energiestromstärke $P_2 = U_2 \cdot I_2$. Im Primärkreis beträgt sie $P_1 = U_1 \cdot I_1$. Ginge keine Energie verloren, wären die beiden Energiestromstärken gleich groß. Es müsste dann gelten: $U_2 \cdot I_2 = U_1 \cdot I_1$.

In → **V4** vergleichen wir die Energiestromstärken im Primär- und Sekundärkreis eines Trafos und stellen fest, dass die Energiestromstärke nahezu erhalten bleibt, also: $P_1 \approx P_2$ gilt. Energie wird also fast, aber nicht ganz verlustfrei übertragen. Mit Transformatoren, bei denen der ringförmige Eisenkern in sich verzahnt und dauerhaft fest geschlossen ist, erzielt man bessere Ergebnisse.

Im Sekundärkreis wird die Leistung P_2 entnommen. Der Primärstrom richtet sich nach dem Sekundärstrom, da die Energiestromstärke nahezu erhalten bleibt:

$$I_1 \approx \frac{P_2}{U_1} = \frac{U_2 \cdot I_2}{U_1} = \frac{I_2 \cdot n_2}{n_1}$$

Merksatz

Sieht man von Verlusten ab, sind die Leistungen im Primär- und Sekundärkreis gleich groß: $P_1 = U_1 \cdot I_1 \approx P_2 = U_2 \cdot I_2$.

Die Stromstärken in Sekundär- und Primärkreis verhalten sich umgekehrt wie die Windungszahlen der Spulen:

$I_1 : I_2 \approx n_1 : n_2..$

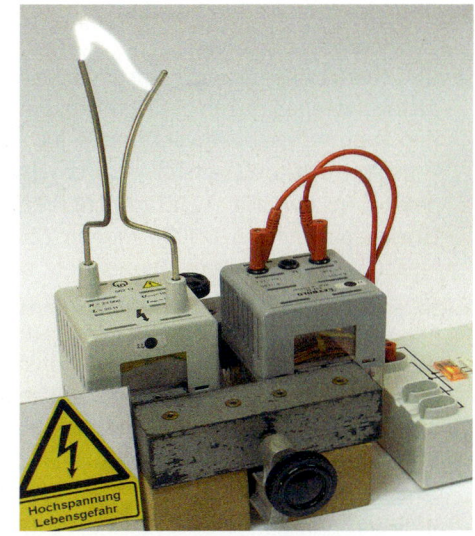

V3 Dieser Hochspannungstransformator mit den Windungszahlen $n_1 = 500$ und $n_2 = 23\,000$ besitzt das Windungsverhältnis $1 : 46$, sodass bei einer Primärspannung von 230 V auf der Sekundärseite die Spannung auf über $U_2 = (n_2 : n_1)\ U_1 > 10\,000$ V steigt. Bei dieser Spannung wird die Luft zwischen den Elektroden leitend: Leuchtend steigt ein Strom führender Lichtbogen nach oben. **Nur als Lehrerexperiment; Transformator-Experimente sind gefährlich!**

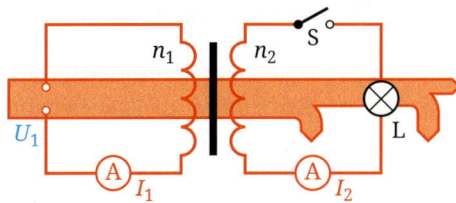

V4 Energiestromstärken im Primär- und Sekundärstromkreis eines Transformators mit $n_1 = 1\,000$ und $n_2 = 500$ bei $U_1 = 26$ V.

Bei geöffnetem Schalter S ist $I_2 = 0$ A und die Stromstärke I_1 im Primärkreis ist vernachlässigbar klein. Schließen wir den Schalter S, beträgt $I_2 = 0{,}300$ A und die Stromstärke im Primärkreis steigt auf $I_1 = 0{,}155$ A (Ohne Verluste hätten wir $0{,}150$ A erwartet).

Mithilfe der Spannungen berechnen sich die Energiestromstärken im Primär- und Sekundärkreis zu

$$P_1 = 26\ \text{V} \cdot 0{,}155\ \text{A} = 4{,}03\ \text{W},$$
$$P_2 = 13\ \text{V} \cdot 0{,}300\ \text{A} = 3{,}90\ \text{W}.$$

1. Das elektrische Verbundnetz

Die elektrische Energie wird wegen der unterschiedlichen Anforderungen durch ein Netz von Leitungen mit verschiedenen Spannungsebenen geführt → **B1**. Die Teilnetze sind über Umspannwerke (Transformatoren) miteinander verbunden → **B2**. In das für weiträumige Verbindungen zuständige Höchstspannungsnetz (380 kV oder 220 kV) speisen Großkraftwerke ihre Energie ein. Dieses Netz reicht über die Grenzen Deutschlands hinaus. Je nach Bedarf und Angebot kann Energie importiert oder exportiert werden. An das Hochspannungsnetz (110 kV) sind Betriebe der Großindustrie und lokale Stromversorger angeschlossen. Gewerbe- und weitere Industriebetriebe beziehen ihre Energie aus dem Mittelspannungsnetz (20 kV). Über Freilandleitungen oder städtische Kabelnetze im Niederspannungsnetz (400 V bzw. 230 V) sind Haushalte und Kleinbetriebe an die Stromversorgung angeschlossen.

Die Nutzung weitreichender Verbundnetze bringt technisch-wirtschaftliche Vorteile:
- Durch Einsatz der jeweils kostengünstigsten und verfügbaren Primärenergie können Unterschiede bei der Erzeugung ausgeglichen werden,
- durch eine Umverteilung im Netz können Belastungsspitzen abgeschwächt werden,
- durch Bündelung mit Verbundpartnern können Kraftwerksreserven optimiert werden,
- durch gemeinsame Reservestellung aller funktionsbereiten Systemkomponenten können Störungen effizienter ausgeglichen werden,

Die Zunahme des Energiehandels und der Ausbau erneuerbarer Energie stellen neue Herausforderungen an den Energietransport. Sie führen zu Erweiterungen des Verbundnetzes → **S. 66 – 67**.

B1 Die größte Spannung für die Übertragung elektrischer Energie im deutschen Verbundnetz sind 380 000 Volt. Mit solchen Leitungen sind die großen Kraftwerke in Europa und die Ballungszentren miteinander verbunden.

B2 In einem Umspannwerk wird die elektrische Energie auf andere Spannungsebenen transformiert.

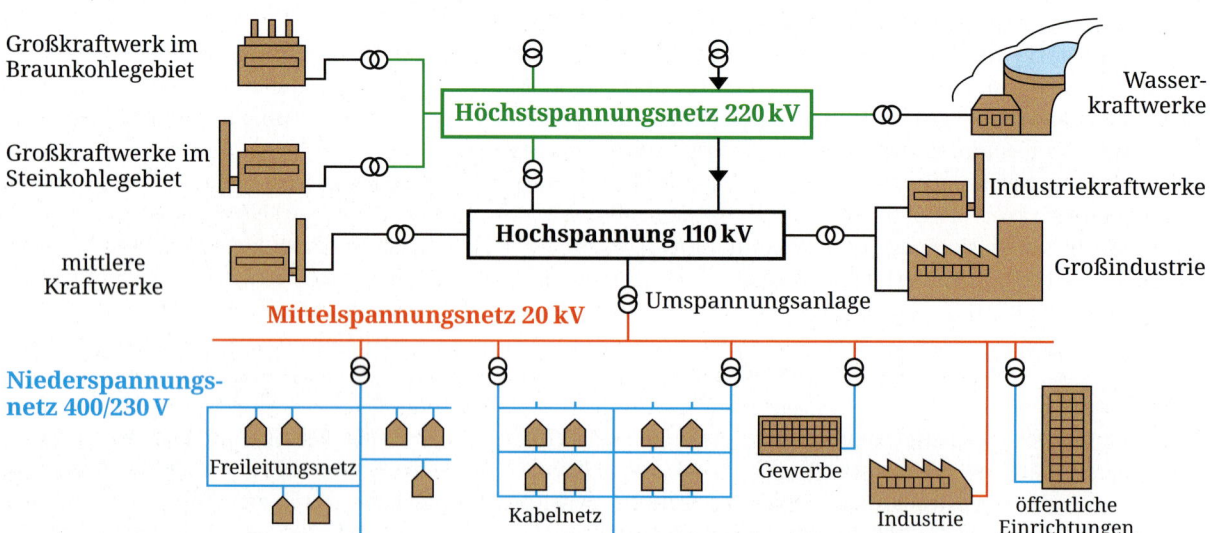

B3 Schematische Darstellung des Verbundnetzes mit den verschiedenen Spannungsebenen

Interessantes

Übertragung elektrischer Energie – möglichst sparsam

A
$I = 0,1\,\text{A}$
$U = 7,5\,\text{V}$

A
$I = 0,0036\,\text{A}$
$U = 7\,\text{V}$
$R = 2\,\text{k}\Omega$

A
$I = 0,1\,\text{A}$
$U = 208\,\text{V}$
$R = 2\,\text{k}\Omega$

B4 Übertragung der Energie auf kurzem Weg

B5 Übertragung der Energie auf langem Weg bei kleiner Spannung

B6 Übertragung der Energie auf langem Weg bei großer Spannung (Lehrerversuch!)

Elektrische Energie kommt meist von Großkraftwerken. Häuser in der Nähe könnte man ohne Aufwand direkt mit dem Kraftwerk verbinden. Das kann man mit einer einfacher Schaltung nachbauen **→ B4** : Die Leitungen sind kurz und ihr Widerstand ist klein im Vergleich zum Lampenwiderstand. Die gesamte Energie wird von der Quelle zur Lampe übertragen:

$$P = U \cdot I = 7,5\,\text{V} \cdot 0,1\,\text{A} = 0,75\,\text{W}.$$

Meistens muss die Energie aber über große Entfernungen übertragen werden. Die Schaltung in **→ B5** veranschaulicht, welches Problem dabei besteht. Mit der Länge der Leitung nimmt deren elektrischer Widerstand zu (im Beispiel auf $R = 2\,\text{k}\Omega$) und die Stromstärke wird sehr klein. Deshalb leuchtet die angeschlossene Lampe nicht mehr. Der gesamte, ohnehin schwache Energiestrom heizt zudem noch die Leitung.
Um bei dem großen Leitungswiderstand eine gleich große elektrische Stromstärke zu erreichen wie in un-

serer Schaltung mit kurzer Leitung, kann man die Spannung erhöhen **→ B6** . Dann leuchtet zwar die Lampe, aber der Energiestrom erhitzt vorrangig die lange Leitung und geht nutzlos in die Umgebung:

$$P_{\text{Verlust}} = U_{\text{Verlust}} \cdot I = (R \cdot I) \cdot I$$
$$= (2000\,\Omega \cdot 0,1\,\text{A}) \cdot 0,1\,\text{A} = 20\,\text{W}$$

Der Einsatz von Transformatoren **→ B7** löst das Problem. Vor der langen Übertragungsstrecke transformiert ein Trafo die Spannung hoch. Dabei bleibt die Energiestromstärke nahezu gleich groß. Die Stromstärke wird wegen $P = U \cdot I$ aber in demselben Maße kleiner, wie die Spannung sich vergrößert. Am Ende der Übertragungsstrecke wird die Spannung wieder hinabtransformiert.
Auf der langen Übertragungsstrecke geht kaum elektrische Energie „verloren", da die Stromstärke gering und die Verlustleistung klein ist. Das Lämpchen am Ende der Fernleitung leuchtet daher fast normal hell.

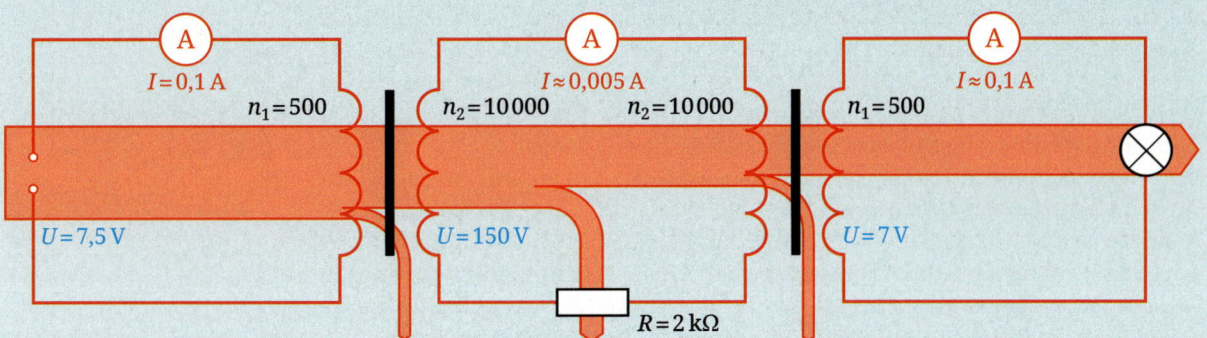

B7 Die Abbildung zeigt ein Modell für eine Fernleitung (Nur als Lehrerversuch wegen der hohen Spannung!): Der große Widerstand R wirkt wie eine kilometerlange Fernleitung. Trotzdem leuchtet ein kleines Lämpchen fast normal hell, denn nur ein kleiner Teil der Energiestromstärke geht verloren:
$$P_{\text{Verlust}} = U_{\text{Verlust}} \cdot I = (2000\,\Omega \cdot 0,005\,\text{A}) \cdot 0,005\,\text{A} = 0,05\,\text{W}.$$

Energiewende in Deutschland

Deutschland und einige andere Länder streben eine Energiewende an: Die elektrische Energieversorgung, die traditionell und auch heute noch überwiegend fossile Energieträger wie Erdöl, Gas, Kohle und Uran für die Kernenergie nutzt, soll auf die vollständige Nutzung regenerativer Energieträger wie Sonnenlicht, Wind, Wasser oder Biomasse umgestellt werden.

Gründe für diese Energiewende liegen beispielsweise in den hohen Treibhausgasemissionen bei der Nutzung fossiler Energieträger, die zum Klimawandel beitragen, den Risiken in der Nutzung der Kernenergie und der politischen Abhängigkeit von Staaten, die anders als Deutschland, über große Ressourcen an traditionellen Energieträgern verfügen. Die Energiewende wird nicht kurzfristig vollzogen werden können und steht auch noch vor großen technischen Herausforderungen:

A. Ausbau regenerativer Energiequellen und energieeffiziente Nutzung

Der Anteil der elektrischen Energie aus regenerativen Quellen lag 2015 bei etwa 30 %. Für die Energiewende ist daher ein weiterer Ausbau nötig; beispielsweise durch Steigerung der Nutzung von Biomasse, aber auch durch den Bau großer Offshore-Windparks in Nord- und Ostsee **→ B1** .

B1 Offshore-Windpark

Die effizientere Nutzung elektrischer Energie ist ebenso wichtig, damit der Bedarf weniger stark als bislang steigt oder gar gesenkt werden kann. Zu Hause gelingt dies bereits, indem bei Neuanschaffungen von Geräten auf die Energieeffizienzklasse (A++, A+, A, ... E) geachtet wird oder veraltete Leuchtmittel gegen effizientere wie LEDs **→ Seite 49** ausgetauscht werden.

B. Energiespeicherung

Die Energiespeicherung ist ein wichtiger Teil der Energiewende, da damit die Passung der nachgefragten und der bereitgestellten Energie erreicht werden soll.

Beides, Nachfrage und Bereitstellung, schwankt stark im Laufe eines Tages und im Laufe eines Jahres. So nutzen Menschen z. B. morgens und abends mehr elektrische Energie und Windenergie-Anlagen wandeln je nach Windverhältnissen mehr oder weniger Windenergie in elektrische Energie um.

Pumpspeicherkraftwerke sind effiziente Energiespeicher. Sie befinden sich vor allem im Süden Deutschlands. Geforscht wird aktuell an der effizienten Nut-

zung von stillgelegten Bergwerken, leistungsstarken Batterien-Speicherkraftwerken, an kleinen, dezentralen Batterien für Haushalt und Verkehr (E-Autos) oder auch an effizienten Methoden zur Umwandlung und Rückumwandlung von elektrischer Energie in speicherfähiges Gas wie Wasserstoff.

C. Transport und Steuerung elektrischer Energie

Die Energiewende bedeutet neben dem Ersatz der Energieträger und der Entwicklung von Energiespeichern auch eine Veränderung des Transports elektrischer Energie, also insgesamt eine weitreichende Änderung des elektrischen Verbundnetzes **→ Seite 64**. Neben der Erweiterung des bestehenden Wechselspannungsnetzes sind sogenannte **Hochspannungs-Gleichstrom-Übertragungs-Stromtrassen** (HGÜ-Stromtrassen) geplant. Sie sorgen z. B. für einen Transport der elektrischen Energie aus Windparks in der Nordsee zu den industriellen Nutzern und Speicherkraftwerken im Süden und Westen Deutschlands.

Wie im Wechselspannungsnetz gelingt bei der HGÜ durch die Verwendung hoher Spannungen ein relativ verlustarmer Energietransport.

Neue Stromautobahnen bis 2022

Warum sollen aber neben dem bewährten Wechselspannungsnetz mit seinen Vorteilen wie der einfachen Änderbarkeit der Spannungen durch Transformatoren überhaupt HGÜs verwendet werden?

Die Übertragung elektrischer Energie mit Wechselspannung hat eben auch Nachteile: Es treten sogenannte Blindströme auf, die die Stromstärke in der Leitung erhöhen, ohne zur Energieübertragung beizutragen. Die erhöhte Stromstärke führt zu erhöhten Verlusten. Hinzu kommt auch bei der verwendeten Frequenz des Wechselspannung von 50 Hz ein geringer Skin-Effekt (Haut-Effekt) hinzu: Die Stromstärke im Inneren des Leitungsdrahtes wird kleiner als an der Oberfläche; über große Strecken führt dies auch zu Verlusten. Insbesondere sind die Verluste konstruktionsbedingt bei Seekabeln, wie sie bei Off-shore-Windparks verwendet werden, sehr groß.

Blindströme und Skin-Effekt gibt es bei der Verwendung von Gleichspannungen nicht. Zudem können Seekabel kostengünstiger angefertigt werden. Technisch anspruchsvoll ist hingegen die Konstruktion von Konvertern. Sie übernehmen die Gleichrichtung von z.B. Wechselspannung, die von Windenergieanlagen → **Interessantes** bereitgestellt wird, und die Wechselrichtung von Gleichspannung, wenn die von HGÜs übertragene Energie wieder in das Wechselspannungsnetz eingespeist werden soll → **B2** .

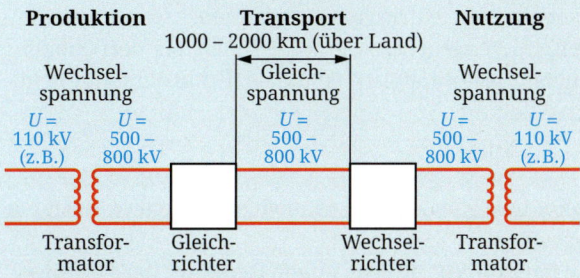

Produktion		Transport	Nutzung	
		1000 – 2000 km (über Land)		
Wechsel-spannung		Gleich-spannung	Wechsel-spannung	
$U =$ 110 kV (z.B.)	$U =$ 500 – 800 kV	$U =$ 500 – 800 kV	$U =$ 500 – 800 kV	$U =$ 110 kV (z.B.)
Transformator	Gleichrichter		Wechselrichter	Transformator

B2 Hochspannungs-Gleichstrom-Übertragung

Für sehr große Strecken (1000 – 2000 km), die mit Fernleitungen überbrückt werden müssen und vor allem wenn elektrische Energie mit Seekabeln transportiert wird, sind HGÜs oft wirtschaftlicher als eine Übertragung mit Wechselspannungen. Sie sind daher Teil der Maßnahmen zur Energiewende.

Intelligente Stromnetze (smart grids) sind für die zentrale Steuerung der Energieversorgung geplant. Eingebunden in diese präzise Steuerung sind die Energiewandler von der Fotovoltaik- bis zur Biomasseanlage, die Speicher elektrischer Energie und der jeweilige Bedarf der unterschiedlichsten Nutzer elektrischer Energie.

Interessantes

Windenergieanlage

Bei Wind trifft Luft auf die Rotorblätter und gibt einen Teil ihrer Bewegungsenergie an das Windrad ab. Der mit dem Windrad verbundene Generator wandelt sie in elektrische Energie um. In modernen Anlagen beträgt dieser nützliche Anteil bis zu 32 %.

Im Winter ist die Luft kalt, eine bestimmte Luftmenge hat dann ein kleineres Volumen. Das bedeutet auch, dass in jedem Kubikmeter Luft mehr Teilchen sind als im Sommer. Dann steckt auch in jedem Kubikmeter bewegter Luft bei gleicher Geschwindigkeit mehr Bewegungsenergie, die umgewandelt werden kann.

Die auf dem Turm drehbare Gondel ist der Maschinenraum. Sie wird durch einen Motor (Azimutmotor) im Wind ausgerichtet. Zusätzlich können die Rotorblätter verstellt werden, sodass sie je nach Windgeschwindigkeit den besten Winkel zum Wind haben (pitch-Steuerung). Dies erledigen Blattverstellmotoren.

Die abgebildete Anlage → **B3** arbeitet ohne Getriebe. Daher schwankt der vom Generator erzeugte Wechselstrom in Frequenz und Betrag ständig. Noch bevor die Energie ins Netz eingespeist wird, muss man den Wechselstrom in Gleichstrom umwandeln, filtern und anschließend wieder in den benötigten Wechselstrom zurückwandeln.

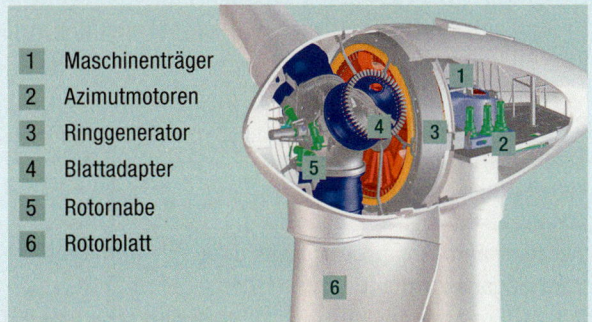

1 Maschinenträger
2 Azimutmotoren
3 Ringgenerator
4 Blattadapter
5 Rotornabe
6 Rotorblatt

B3 Schema einer Windenergieanlage

Das ist wichtig

1. Leistung

Die Leistung gibt an, wie schnell ein Gerät Energie umwandelt. Bei elektrischen Geräten wird sie auf dem Typenschild angegeben. Sie ist definiert als der Quotient aus der umgewandelten Energie ΔW und der dafür benötigten Zeit Δt:

$$P = \frac{\Delta W}{\Delta t}.$$

Daher wird die Leistung oft auch als Energiestromstärke bezeichnet.

Die Energie ΔW, die von einem Gerät mit der Leistung P in der Zeit Δt umgesetzt wird, erhält man als Produkt

$$\Delta W = P \cdot \Delta t.$$

Bei elektrischen Geräten erhält man die Energiestromstärke P als Produkt der Spannung U und der Stromstärke I:

$$P = U \cdot I.$$

2. Einheiten von Leistung und elektrischer Energie

Die Einheit der Leistung ist 1 Watt (1 W); es gilt

$$1\,\text{W} = 1\,\text{J/s}.$$

Bei elektrischen Geräten mit einer großen Leistung ist die Einheit J für die umgesetzte Energie sehr klein, daher wird oft die Einheit 1 Kilowattstunde (kWh) verwendet:

$$1\,\text{kWh} = 1000\,\text{W} \cdot 3600\,\text{s} = 3,6\,\text{MJ/s} \cdot \text{s} = 3,6\,\text{MJ}.$$

Beispiel: Ein Heizlüfter mit der Leistung 2 000 W, der am Tag $\Delta t = 4\,\text{h}$ in Betrieb ist, wandelt

$$\Delta W = P \cdot \Delta t = 2\,\text{kW} \cdot 4\,\text{h} = 8\,\text{kWh}$$

um. Der Betrieb kostet bei 0,25 € pro kWh also 2 €. Der Heizlüfter wird mit der Spannung $U = 230\,\text{V}$ betrieben, daher fließt durch ihn die Stromstärke

$$I = P/U = 2\,000\,\text{W}/230\,\text{V} \approx 8,7\,\text{A}.$$

3. Halbleiter

Das zurzeit am häufigsten verwendete Halbleitermaterial ist Silizium. Bei Raumtemperatur liegt der Widerstand von reinen Halbleitern zwischen dem von Leitern und Nichtleitern. Bei tiefen Temperaturen haben Halbleiter einen großen Widerstand, weil fast alle Elektronen gebunden sind.

Durch Energiezufuhr, z. B. durch Erhitzen oder Licht, werden **Bindungselektronen** zu frei beweglichen **Leitungselektronen**. Dabei entstehen auch frei bewegliche positive **Löcher**. Leitungselektronen und Löcher tragen zum elektrischen Strom bei. Deshalb sinkt der Widerstand von Halbleitern mit steigender Temperatur – im Gegensatz zu dem von Metallen.

4. Dotieren

Der Widerstand von Halbleitern lässt sich durch Einbringen von Fremdatomen verringern. In **n-dotierten** Halbleitern findet **Elektronenleitung** statt, in **p-dotierten** dagegen **Löcherleitung**.

Bringt man einen p-dotierten und einen n-dotierten Halbleiter in Kontakt, so entsteht ein **pn-Übergang**.

5. Dioden

Eine Diode nutzt den pn-Übergang eines p- und n-dotierten Halbleiters. Sie lässt Strom nur in einer Richtung zu. Nach Erreichen der **Schwellenspannung** sind hohe Stromstärken möglich, ohne dass sich die Spannung an der Diode wesentlich erhöht. Verbindet man den Minuspol der Spannungsquelle mit dem n-dotierten Teil der Diode und den Pluspol mit dem p-dotierten, so ist die Diode in **Durchlassrichtung** gepolt. Leuchtdioden wandeln einen Teil der zugeführten elektrischen Energie in Licht. Der Rest führt zur Temperaturerhöhung.

6. Solarzellen

In einer Solarzelle wird Lichtenergie unmittelbar in elektrische Energie gewandelt. Damit eine Solarzelle den maximalen Energiestrom liefert, muss der Widerstand des angeschlossenen elektrischen Gerätes einen bestimmten Wert haben. Dieser hängt auch von der Stärke der Beleuchtung ab.

7. Motor und Generator

Elektromotor und Generator sind vom Aufbau identische Maschinen. Der Motor wandelt elektrische Energie in mechanische um und der Generator umgekehrt mechanische in elektrische Energie. Beide Wandler bestehen aus einer zwischen Magneten drehbar gelagerten Spule. Ihre Enden sind mit einem Schleifring verbunden, der über Schleifkontakte nach außen führt.

Beim Motor liegt die Spule in einem äußeren Stromkreis und wird so zu einem Elektromagneten. Bei der Drehung wird dieser infolge der Aufteilung des Schleifringes in zwei Halbringe immer wieder rechtzeitig umgepolt. Beim Generator wird die Spule durch mechanische Kräfte gedreht. Dadurch entsteht zwischen den Enden der Spule eine Spannung.

8. Transformator

Transformatoren bestehen aus zwei Spulen auf einem gemeinsamen Eisenkern. Sie wandeln Wechselspannungen fast ohne Energieentwertung um. Für die Spannungen gilt:

$$\frac{U_1}{U_2} = \frac{n_1}{n_2}.$$

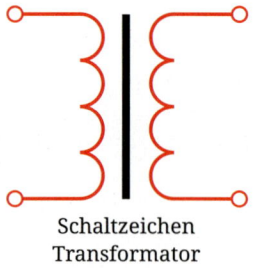

Schaltzeichen Transformator

Das hilft bei der Verständigung

Erkenntnisgewinnung

Mit Modellen arbeiten: Mit unterschiedlichen, einfachen **Modellen der elektrischen Leitung** kannst Du die Eigenschaft elektrischer Widerstände von Leitern und Halbleitern erklären.

Physikalisch argumentieren: Du erläuterst die gleichrichtende Wirkung einer Diode und verwendest dazu Eigenschaften ihres Aufbaus.

Du bist in der Lage, Gemeinsamkeiten und Unterschiede im Aufbau von Elektromotor und Generator zu benennen.

Planen, experimentieren, auswerten: Durch gleichzeitige Messung von Stromstärke und Spannung kannst du **Kennlinien** von Halbleiterelementen aufnehmen.

Kommunikation

Du bist in der Lage Laien den prinzipiellen Aufbau von LED und Solarzelle zu erklären und verwendest dabei physikalische Fachbegriffe wie n-Dotierung und p-Dotierung.

Du kennst die Fachwörter der Energiesprache und beschreibst damit Vorgänge der Energieübertragung und Energieumwandlung. Insbesondere nutzt du Energieflussdiagramme zur Beschreibung der energieumwandelnden Funktion von Motor, Generator und Transformator.

Du kennst die unterschiedliche Bedeutung von elektrischer Energie und Leistung/Energiestromstärke und kannst beide in einfachen Situationen berechnen.

Du bist in der Lage, Versuchsprotokolle anzulegen und Messwerte in geeigneten Tabellen und Diagrammen darzustellen.

Bewertung

Die Verbreitung von Halbleitern in nahezu allen Lebensbereichen ist Dir bekannt.

Du weißt, warum für die Energieübertragung Hochspannung genutzt wird und kennst aktuelle Probleme der Energieversorgung.

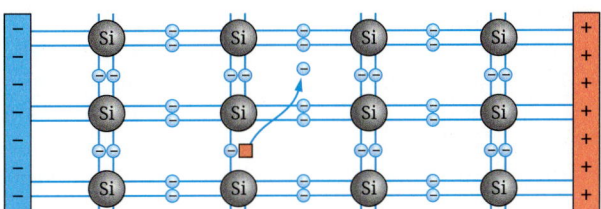

B1 Modell eines Si-Halbleiterkristalls (Schnitt) mit einem Leitungselektron und einem Loch an den eine Spannung angelegt wurde.

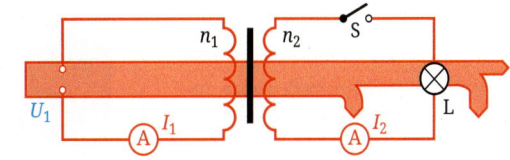

B2 Energiefluss in einer Schaltung aus Quelle, Transformator und Lampe

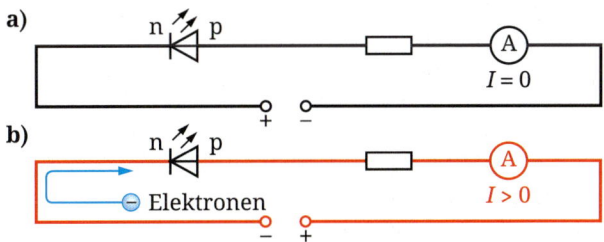

B3 LED in **a)** Sperrrichtung und **b)** Durchlassrichtung

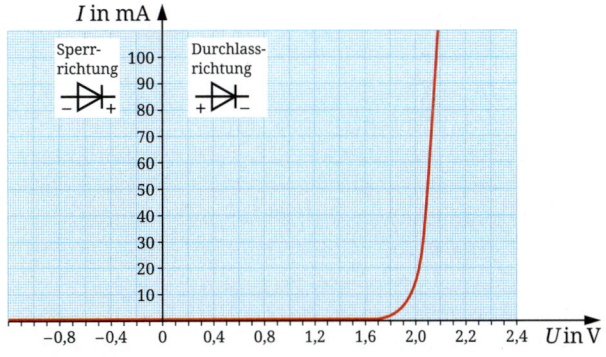

B4 Nichtlineare Kennlinie einer LED

B5 Elemente der Energiewende: Regenerative Energiequellen, Energieumwandlung und -transport

Kennst du dich aus?

A1 Stelle Formeln für die Umrechnung von Leistung, Energie, Zeit, Spannung und Strom bei einem elektrischen Gerät zusammen und berechne die fehlenden Größen für einen Wasserkocher mit 2 000 W, der in 5 Minuten Teewasser aufheizt.

A2 Drei Lampen mit $U = 6\,\text{V}$ und $I = 1\,\text{A}$ sollen mit einem Netzgerät betrieben werden. Zeichne Schaltpläne zu zwei Anschlussmöglichkeiten und bestimme jeweils Spannung und Stromstärke des Netzgeräts. Bestätige durch Rechnung, dass die Leistung in beiden Fällen gleich ist.

A3 Die Grafik zeigt den Ertrag einer Solaranlage mit 200 Einzelmodulen auf einer Schulturnhalle an einem Frühjahrstag.

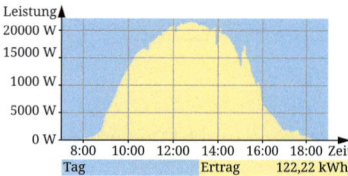

a) Erläutere, wodurch der Verlauf zustande kommt. Gehe dabei auch auf mögliche Gründe für die Unsymmetrie und die kleinen Schwankungen ein.
b) Schätze ab, ob die angegebene Gesamtleistung von 122 kWh zum Graph passt.
c) Da die Anlage im Jahr 2011 errichtet wurde, erhält sie noch eine Einspeisevergütung von etwa 25 ct pro Kilowattstunde. Berechne die Vergütung für den angezeigten Tag und für einen Jahresertrag von 34 MWh.
d) Ein Wechselrichter wandelt die von den Modulen gelieferte Spannung von etwa 12 V auf etwa 400 V zur Einspeisung in das Stromnetz um. Schätze die maximalen Stromstärken vor und nach dem Wechselrichter ab.

A4 Die Netz-Wechselspannung im Haushalt wechselt 100-mal in der Sekunde das Vorzeichen.
a) Wie oft leuchtet die grüne LED im unten abgebildeten Versuch in einer Sekunde?
b) Bestimme die Belichtungszeit, mit der das Bild aufgenommen wurde.

A5 Der obige Versuch wird gleichzeitig mit einer grünen und einer roten LED durchgeführt.
a) Zeichne das zugehörige Schaltbild und
b) die U-I-Kennlinie der Schaltung beider Dioden.

A6 a) Begründe anhand der Abbildung die unterschiedlichen Widerstände von Metallen, Halbleitern und Isolatoren.
b) Erläutere das Verhalten der Widerstände bei Temperaturerhöhung.

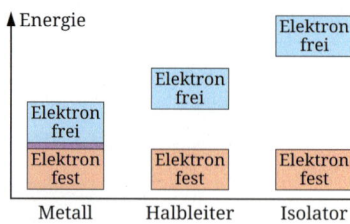

A7 Leuchtdioden und Widerstände sind Energiewandler. Zeichne ein Energieflussbild für eine Schaltung aus Spannungsquelle, Widerstand und Leuchtdiode und beschreibe den Weg der Energie.

A8 Eine rote Leuchtdiode besitzt eine Schwellenspannung von 1,6 V. Die Stromstärke soll 9 mA nicht übersteigen.
a) Berechne den Vorwiderstand, wenn die Leuchtdiode an einer Spannungsquelle mit 12 V betrieben wird.
b) Vergleiche die Stärken der Energieströme, die in der Diode bzw. im Widerstand gewandelt werden.

A9 Recherchiere, was man unter der Graetz-Schaltung (Zwei-Wege-Gleichrichter) versteht und wo diese Schaltung eingesetzt wird.
Übertrage das Schaltbild in dein Heft und zeichne für beide Polungen der Wechselspannung die Wege der Elektronen in verschiedenen Farben ein.
Welchen Vorteil bietet die Graetz-Schaltung gegenüber der Gleichrichtung mit nur einer Diode?

A10 Der Graph zeigt die U-I-Kennlinie einer Reihenschaltung aus Widerstand und LED. Der Widerstand betrug 470 Ω.
a) Zeichne die U-I-Kennlinie der LED und
b) schätze die Schwellenspannung ab.

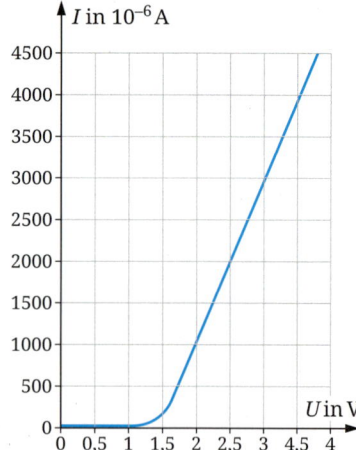

A11 Ein Spielzeugmotor hebt über eine Rolle einen kleinen Körper mit $m = 250\,g$ in $t = 3\,s$ insgesamt 1,2 m hoch. An ihm liegt eine Spannung von 9 V, die Stromstärke beträgt während des Hebevorgangs 0,3 A.
a) Berechne die mechanische Energie, die der Motor umgesetzt hat.
b) Berechne die elektrische Energie, die er dabei aufgenommen hat.

A12 Eine Lampe (3,5 V; 0,2 A) soll mit Netzspannung betrieben werden.
a) Zur Verringerung der Spannung soll ein Transformator benutzt werden. Berechne das Verhältnis der Windungszahlen der beiden Spulen.
b) Statt des Transformators soll ein Vorwiderstand benutzt werden. Berechne seine Größe.
c) Begründe, welche der beiden Anordnungen wirtschaftlicher und welche sicherer ist.

A13 Warum kann es gefährlich sein, wenn man an den Ausgang eines Spielzeugtrafos (24 V) einen zweiten Transformator mit 500 und 11 500 Windungen anschließt?

A14 Ein Elektriker soll einen Trafo bauen, so dass ein Lämpchen (15 V; 1,25 A) gefahrlos und möglichst hell bei 230 V Netzspannung betrieben werden kann. Es stehen vier Spulen mit 50, 500, 750 und 1000 Windungen zur Auswahl.
a) Aus welchen zwei Spulen baut er den Trafo?
b) Wie groß ist dann die Stromstärke im Primärkreis?

A15 Recherchiere zu Hause und in deinem Umfeld:
a) Finde heraus, welchen „Energiemix" euer Stromanbieter verwendet. Wie groß ist z. B. der Anteil an Energie aus Kernkraft- oder Kohlekraftwerken.
b) Erkundige dich nach anstehenden Erneuerungen der Energieversorgung in deiner Region, z. B. geplante Hochspannungsleitungen oder Windparks.

Projekt

Energiesparen mit der Schulbeleuchtung

Schulen haben im Vergleich zu Privathäusern einen riesigen Bedarf an Energie für die Heizung, aber auch die elektrische Beleuchtung.
Der Bedarf einer Schule an elektrischer Energie hängt im Wesentlichen von folgenden Faktoren ab:
• Wie groß ist das Gebäude bzw. wie viele Räume und Gänge müssen beleuchtet werden?
• Welche Leuchtmittel werden eingesetzt (Glühlampen, Energiesparlampen oder Leuchtstoffröhren)?
• Welche weiteren elektrischen Geräte werden genutzt und wie groß ist die elektrische Leistung dieser Geräte?
Zudem hängt der Bedarf auch davon ab, wie energiebewusst sich die Benutzer (Lehrkräfte, Schüler, Gäste, ...) verhalten. Auf die Beleuchtung der Klassenräume können die Schülerinnen und Schüler am leichtesten Einfluss nehmen. Mithilfe der folgenden Aufgaben sollt ihr herausfinden, welches Einsparpotenzial an eurer Schule besteht.

Arbeitsaufträge:
1 Macht mit dem Hausmeister der Schule einen Rundgang und lasst euch erklären, welche Leuchtmittel in der Schule eingesetzt werden.
2 Schätzt möglich genau ab, wie viele Leuchtmittel in der Schule vorhanden sind und welche Leistung sie haben.
3 Führt eine ökonomische Berechnung durch, ob es lohnenswert ist, Leuchtmittel wie z. B. Glühlampen gegen z. B. LEDs auszutauschen.
4 Schätzt die Größe einer Solaranlage für die Schule ab, die den Eigenbedarf für die Beleuchtung deckt.
5 Entwickelt Vorschläge, wie an eurer Schule Energiekosten für die Beleuchtung eingespart und eure Lehrkräfte und Mitschüler überzeugt werden können.

Atom- und Kernphysik

Das kannst du in diesem Kapitel erreichen:

- Du wirst den Aufbau von Atomen, aus denen die Materie aufgebaut ist, beschreiben können.

- Du wirst wissen, dass radioaktive Stoffe Strahlung aussenden, für die der Mensch kein Sinnesorgan hat und wirst die Ursache der Strahlung nennen können.

- Du wirst beschreiben können, welche Eigenschaften die Strahlung radioaktiver Stoffe hat und wie man sie nachweist.

- Du wirst es Strahlenexposition nennen, wenn die Strahlung radioaktiver Stoffe einen Menschen trifft, und du wirst wissen, dass dabei ein biologischer Schaden eintreten kann, aber nicht muss.

- Du wirst wissen, dass jeder Mensch einer unabwendbaren, natürlichen Strahlenexposition ausgesetzt ist.

- Du wirst wissen, wie man sich vor der Strahlung radioaktiver Stoffe schützen kann.

- Du wirst bei medizinischen Diagnosen und Heilmethoden abwägen können zwischen dem Nutzen und dem möglichen Schaden der eingesetzten Strahlung radioaktiver Stoffe.

Atom- und Kernforschung

Zu Beginn des 20. Jahrhunderts stand u. a. die Frage nach dem Aufbaus des Atoms und des Atomkerns im Mittelpunkt der Forschung. Große Forscherpersönlichkeiten trugen zu unserem heutigen Wissen über diese Gebiete bei. Dazu zählen (von links) Marie CURIE, Ernest RUTHERFORD, Lise MEITNER und Otto HAHN.

A1 Informiere dich, z.B. im Internet, über die Biografie einer der oben abgebildeten Forscherpersönlichkeiten und deren wissenschaftliche Leistungen auf dem Gebiet der Atom- und Kernphysik. Halte darüber vor der Klasse ein Referat.

A2 Das *Zerfall-Spiel:* Du benötigst zwei farbige Würfel (z. B. rot, blau) und einen Spielplan mit 36 Feldern (11 bis 66). Würfle immer mit beiden Würfeln. Würfelst du z.B. eine rote 3 und eine blaue 6, so wird das Feld 36 angekreuzt. Dieses ist damit „nicht mehr vorhanden".

11	12	13	14	15	16
21	22	23	24	25	26
31	32	33	34	35	36
41	42	43	44	45	46
51	52	53	54	55	56
61	62	63	64	65	66

a) Zähle nach jedem Wurf den „Restbestand" an Feldern und trage diese Zahl in einem Diagramm über der Wurf-Nummer auf.
b) Interpretiere das Diagramm.

A4 Das Bild zeigt Originalgeräte, mit denen Otto HAHN, Lise MEITNER und Fritz STRASSMANN seit 1934 in ihrem Berliner Institut experimentierten und damit die Kernspaltung entdeckten. Sie stehen jetzt im Deutschen Museum in München. Informiere dich im Internet über diesen Arbeitstisch. Halte ein Referat.

A3 Das Bild zeigt ein netzunabhängiges Strahlenmessgerät mit technischen Daten aus dem Geräteprospekt.
a) Informiere dich, was die Einheit 1 MeV bedeutet.
b) Notiere dir alle unbekannten Begriffe in dem Datenblatt, die du verstehen musst, bevor du das Strahlenmessgerät richtig einsetzen kannst.

Strahlendetektor	Endfensterzählrohr nach dem Geiger-Müller-Prinzip; Edelstahlgehäuse mit Neon-Halogen-Füllung; Messlänge 38,1 mm, Messdurchmesser 9,1 mm; Glimmerfenster 1,5 bis 2 mg/cm²; Nullrate <10 Impulse pro Minute bei Abschirmung durch 3 mm Al und 50 mm Pb, Betriebstemperatur −20 bis +60°C, Betriebsspannung ca. 450 V, kalibrierter Messbereich 0,01 µSv/h bis 50 µSv/h	
Strahlenarten	α	ab 4 MeV
	β	ab 0,2 MeV
	γ	ab 0,1 MeV
Wahlblende	α+β+γ	ohne Blende
	β+γ	Al-Folie ca. 0,1 mm, schirmt α voll ab;
	γ	Al-Schirm ca. 3 mm, schirmt α voll und β bis 2 MeV ab, schwächt γ weniger als 7%, bezogen auf Cs-137.

Methode – Lernen an Stationen

Strahlung verschiedener Materialen untersuchen

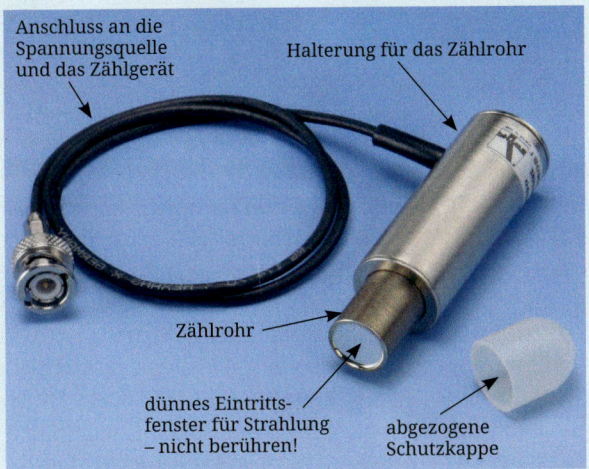

B1 Zählrohr

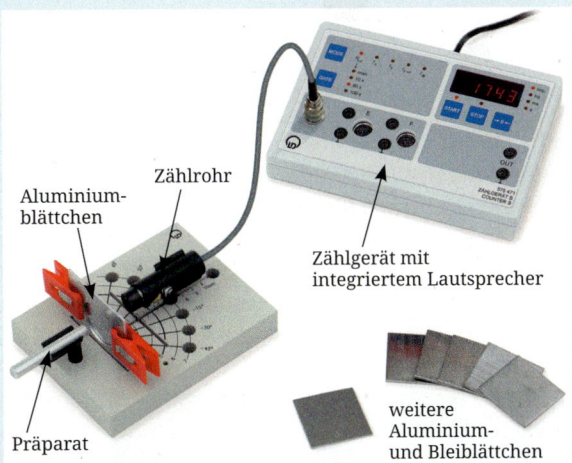

B2 Versuchsanordnung zu Station 3

Gemeinsame Vorbereitung für alle Stationen

a) Handhabung von Zählrohr und Zählgerät: Lehrerin/Lehrer unterweist euch in der Handhabung des Zählrohrs **→ B1** samt Zählgerät mit Lautsprecher.

b) Nulleffekt: Schaltet ihr das Zählgerät ein, ertönen Knacksgeräusche und die Zähleranzeige läuft. Messt fünfmal die Anzahl der „Knacke" (auch *Impulse* genannt) in einer Minute und bildet den Mittelwert. Haltet diesen als „Nulleffekt" in 60 s schriftlich fest. Sucht für den Nulleffekt eine Erklärung.

c) Für alle Stationen gilt: Messergebnisse, Beobachtungen und Erklärungen hält jeder schriftlich fest.

1. Station – Untersuchung von Kaliumsalzen
Material: Zählrohr mit Zählgerät; Kaliumchlorid oder Kaliumsulfat in einer Verpackung
Aufgabe: Stellt das Kaliumsalz in der Verpackung direkt vor das Zählrohr. Messt zehnmal die Impulszahl pro 30 s und zieht davon jeweils den Nulleffekt für 30 s ab. Welche Beobachtungen macht ihr? Sucht eine Erklärung dafür, dass das Kaliumsalz „strahlt".

2. Station – Untersuchung von Baumaterialien
Material: Zählrohr mit Zählgerät; verschiedene Baumaterialien, wie z. B. Ziegelsteine, Dachziegel, usw.
Aufgabe: Baut das Material dicht um das Zählrohr. Messt pro Baumaterial dreimal die Impulszahl pro zwei Minuten, zieht jeweils den Nulleffekt für 120 s ab und bildet dann den Mittelwert. Führt die Messung für mindestens drei Baumaterialien durch. Notiert eure Beobachtungen. Sucht eine Erklärung für die Ergebnisse.

3. Station – Untersuchung von Radium
Material: Zählrohr mit Zählgerät, 3,7 kBq Radium-Präparat, Papier, Aluminium- und Bleiblättchen verschiedener Dicke, Halterung
Hinweis: Beachtet die Regeln des Strahlenschutzes beim Umgang mit dem Radium-Präparat.
Aufgabe: Stellt das Radium-Präparat in etwa 2 cm Abstand vom Fenster des Zählrohrs auf **→ B2** (Schutzkappe abziehen; Vorsicht!). Messt die Impulszahl in 20 s. Bringt anschließend Papier, dann Aluminiumblättchen mit steigender Dicke und dann Bleiplättchen mit steigender Dicke zwischen Präparat und Zählrohr. Messt jeweils die Impulszahl in 20 s und zieht den Nulleffekt für 20 s ab. Notiert eure Beobachtungen und die Folgerungen, die ihr daraus zieht.

4. Station – Untersuchung eines geladenen Ballons
Material: Luftballon, Zählrohr mit Zählgerät
Aufgabe: Der Luftballon wird aufgeblasen und durch Reiben mit einer Overheadfolie aufgeladen. Anschließend hängt man ihn in einem Raum – am besten in einem Kellerraum – ca. 15 Minuten so auf, dass er keinerlei Gegenstände berührt. Danach lässt man die Luft aus dem Ballon ab und bringt die Ballonhaut möglichst dicht vor das Zählrohrfenster (Schutzkappe abziehen; Vorsicht!). Messt die Impulszahl/Minute (Nulleffekt abziehen) und – falls möglich – mehrfach im Abstand von jeweils 10 Minuten. Formuliert eure Beobachtungen und die Folgerungen daraus. Suche mit einer Internetrecherche nach der Ursache der „Strahlung".

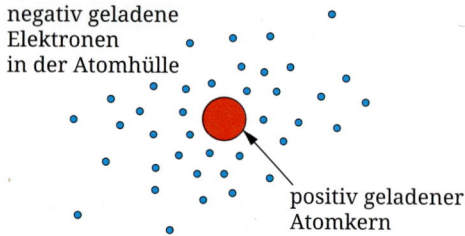

negativ geladene
Elektronen
in der Atomhülle

positiv geladener
Atomkern

B1 Modellatom: Atomkern und Atomhülle. In der sonst leeren Atomhülle befinden sich die negativ geladenen Elektronen. Der Atomkern ist positiv geladen. Ein Atom ist insgesamt elektrisch neutral. Die Größenverhältnisse von Atomkern und Atomhülle verdeutlicht **→ B2** .

B2 Vergrößert man in Gedanken ein Atom so, dass der Atomkern die Größe eines Reiskornes hat, so nimmt die Atomhülle ungefähr den Raum eines Stadions ein.

1. Ein Atom besteht aus einem Kern und einer Hülle

Im Zusammenhang mit dem Thema Elektrizität und dort insbesondere als es um die elektrische Ladung ging, hast Du in Klasse 7 oder 8 gelernt, dass alle Körper aus Atomen zusammengesetzt sind. Wahrscheinlich kennst du diese und manche der folgenden Aussage auch schon aus dem Chemieunterricht.

Über die Atome weiß man:
- Ein Atom besteht aus einem **Atomkern** und einer **Atomhülle → B1** . Der Atomkern ist positiv geladen. In der Atomhülle befinden sich negativ geladene **Elektronen**. Statt Atomhülle spricht man deshalb auch von der „**Elektronenhülle**". Nach außen ist das Atom elektrisch neutral. E. RUTHERFORD war der erste, der 1911 aufgrund seines berühmten Streuversuches **→ Interessantes** das Kern-Hüllen-Modell des Atoms aufstellte.
- Über 99,9 % der Masse eines Atoms steckt im Atomkern.
- Der Durchmesser eines Atoms ist etwa $2 \cdot 10^{-7}$ mm, der eines Atomkerns etwa 10^{-12} mm, also der millionste Teil eines Millionstel Millimeters. Vergrößern wir also in Gedanken das Atom 10^{12}-fach, so bekommt der Kern einen Durchmesser von 1 mm und die fast leere Hülle einen von über 100 m **→ B2** .

Merksatz

Alle Körper bestehen aus Atomen.
Atome selbst bestehen aus positiv geladenen Kernen und negativ geladenen Elektronen in der Atomhülle. Ein Atom ist nach außen elektrisch neutral.

Interessantes

Der rutherfordsche Streuversuch

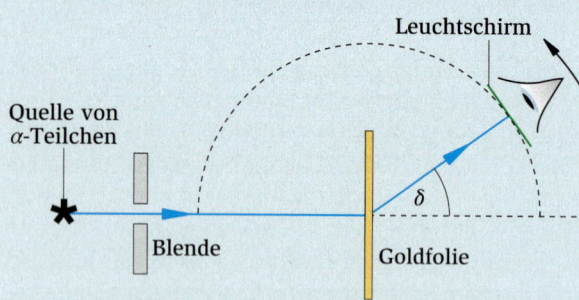

Leuchtschirm

Quelle von
α-Teilchen

Blende   Goldfolie

δ

J. THOMSON stellte sich um 1905 das Atom als „Rosinenkuchen" vor: Negativ geladene Elektronen („Rosinen") sind in die über das ganze Atom gleichmäßig verteilte positive Ladung („Kuchen") eingebettet. Zur Überprüfung dieses Modells beschossen H. GEIGER und E. MARSDEN eine sehr dünne Goldfolie mit **→ α-Teilchen** aus einer Radiumquelle. Man wusste, dass die

α-Teilchen eine hohe Bewegungsenergie haben und positiv geladene Heliumionen sind. Den Raum um die Folie tastete man mit einem Leuchtschirm ab. Dort erzeugen α-Teilchen Lichtblitze. Diese wurden mithilfe eines Mikroskops von einem Beobachter gezählt.

Die meisten α-Teilchen durchsetzten die Folie, die aus mehr als 1000 Atomschichten bestand, geradlinig. Dies wurde nach dem thomsonschen Atommodell auch so erwartet. Es wurden jedoch zur großen Überraschung unter *allen* Winkeln abgelenkte Teilchen gefunden. Erst 1911 konnte E. RUTHERFORD mit seinem Kern-Hüllen-Modell die Beobachtungen erklären. Nur wenn die positiv geladenen α-Teilchen dem positiv geladenen Kern nahe kommen, werden sie abgelenkt bzw. sogar zurückgeschleudert.

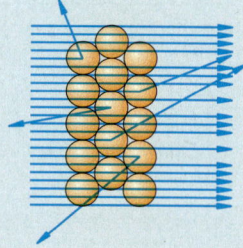

2. Weitere Aussagen zum Atom und Atomkern

Auch die folgenden Aussagen über Atome und Atomkerne hast du vermutlich im Chemieunterricht kennengelernt:

- Alle Atomkerne bestehen aus **Protonen** (Anzahl Z) und **Neutronen** (Anzahl N). Sie sind die **Kernbausteine** (**Nukleonen**). **Kernkräfte** halten sie zusammen → **Vertiefung**.
- Ein Proton (abgekürzt p) ist etwa 2000-mal so schwer wie ein Elektron. Es trägt eine positive Ladung. Ihr Betrag stimmt mit dem Betrag der Ladung des Elektrons – der **Elementarladung** – überein. Das Neutron (abgekürzt n) hat etwa die Masse des Protons, ist aber elektrisch neutral.
- Die Summe $Z + N = A$ nennt man **Nukleonenzahl** A. Beispiel: Lithiumkern $Z = 3$, $N = 4$, $A = 7$ → **B 3a** .
- Die Ladung eines Kerns mit Z Protonen ist das Z-Fache der Elementarladung. Daher nennt man die **Protonenzahl** Z auch **Kernladungszahl**. Bei einem neutralen Atom muss die Elektronenanzahl in der Hülle mit Z übereinstimmen.
- Im **Periodensystem** → **Anhang** sind alle Elemente geordnet zusammengestellt. Alle neutralen Atome eines Elements besitzen die gleiche Elektronenhülle und sind deshalb chemisch nicht zu unterscheiden. Gleiche Elektronenzahl bedeutet aber auch gleiche Kernladungszahl Z. Diese charakterisiert somit ein Element. Z wird deshalb im Periodensystem **Ordnungszahl** genannt.
- Den Aufbau eines Atomkerns X – auch **Nuklid** X genannt – verdeutlicht man durch die Schreibweise $^A_Z X$. Beispiel: $^7_3 Li$ ist ein Lithiumkern mit $A = 7$ Nukleonen, $Z = 3$ Protonen und $N = 7 - 3 = 4$ Neutronen → **B 3b** . Z geht eindeutig aus dem Symbol Li hervor. Man schreibt oft: Li-7.
- Atome, deren Kerne die gleiche Protonenzahl Z, aber eine verschiedene Neutronenzahl N besitzen, nennt man **Isotope** desselben Elements. Isotope haben die gleichen chemischen, jedoch verschiedene physikalische Eigenschaften, z. B. verschiedene Massen. → **B 3** zeigt Kerne mit $Z = 1$ und $Z = 3$. $^2_1 H$ nennt man Deuterium und $^3_1 H$ Tritium.
- Durch Abspalten von Elektronen entstehen aus neutralen Atomen positiv geladene **Ionen**. Negativ geladene Ionen werden gebildet, wenn sich Elektronen an neutrale Atome anlagern. Die Energie, die erforderlich ist, um ein Elektron gegen die Anziehungskraft des positiv geladenen Atomkerns vollständig aus der Atomhülle eines neutralen Atoms zu entfernen, nennt man **Ionisierungsenergie**.

Merksatz

Jeder Atomkern ist aus Z positiv geladenen Protonen und N neutralen Neutronen aufgebaut. Z heißt Kernladungszahl, N Neutronenzahl. Ein Kern (Nuklid) $^A_Z X$ wird durch Z und die Nukleonenzahl $A = Z + N$ gekennzeichnet. – Isotope eines Elements sind Atome mit gleichem Z, aber verschiedenem N. Z ist auch die Ordnungszahl im Periodensystem und gibt zudem die Zahl der Elektronen in der Atomhülle an.

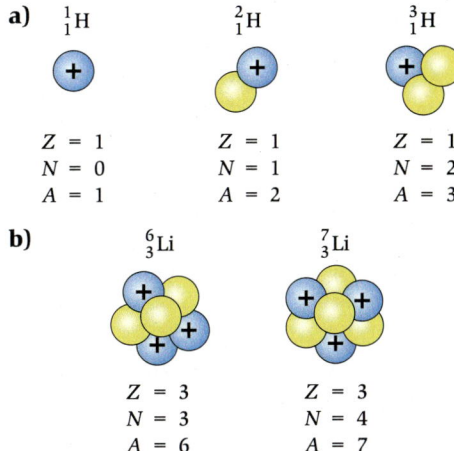

a)

$^1_1 H$	$^2_1 H$	$^3_1 H$
$Z = 1$	$Z = 1$	$Z = 1$
$N = 0$	$N = 1$	$N = 2$
$A = 1$	$A = 2$	$A = 3$

b)

$^6_3 Li$	$^7_3 Li$
$Z = 3$	$Z = 3$
$N = 3$	$N = 4$
$A = 6$	$A = 7$

B 3 **a)** Kerne der Wasserstoffisotopen (H; $Z = 1$).
b) Kerne von Lithiumisotopen (Li; $Z = 3$).
Z: Zahl der Protonen;
N: Zahl der Neutronen;
$A = Z + N$: Nukleonenzahl.

Vertiefung

Kernkräfte

Kerne, die mehr als ein Proton enthalten, fliegen nicht sofort auseinander, obwohl die gleichnamigen Ladungen der einzelnen Protonen sich stark abstoßen (z. B. die Protonen in Li-7 → **B 3b**). Da aber viele Kerne stabil sind, müssen andere Kräfte die Nukleonen „eisern" zusammenhalten. Man nennt sie **Kernkräfte**. Sie wirken nur auf die unmittelbaren Nachbarn. Hat ein Kern zu viele Protonen, so wird die elektrische Abstoßungskraft zu groß; der Kern fällt auseinander. Deshalb findet man in der Natur nur Kerne bis $Z = 92$ (Uran).

Mach's selbst

A 1 Gib von folgenden Atomen A, Z und N sowie die Elektronenzahl der Hülle an:
$^{12}_6 C$; $^{137}_{55} Co$; $^{208}_{82} Pb$; K-40; Co-60; Pb-206;

A 2 Nenne gemeinsame und unterschiedliche Eigenschaften von Isotopen.

A 3 Isotope von Blei haben 122, 124, 125, 126 Neutronen. Gib die Schreibweisen an.

Atommodelle

A. Was versteht man unter einem „Atommodell"?

Die Physik untersucht Naturvorgänge und möchte sie erklären. Da die Naturvorgänge im Allgemeinen sehr kompliziert ablaufen, vereinfacht man sie. So lässt man z.B. bei Bewegungen zunächst die Reibung weg. Man denkt sich idealisierte Vorgänge aus oder bildet sich idealisierte Vorstellungen von der Wirklichkeit. Dies sind **Modelle.** Modelle sind also vom Menschen gemacht, sind Gedankenkonstruktionen! Es ist nicht gesagt, dass die Natur wirklich so beschaffen ist, wie sie durch das Modell dargestellt wird.

Mit einem Modell muss man experimentelle Ergebnisse erklären können und auch Voraussagen aus dem Modell müssen mit den Experimenten übereinstimmen. Gelingt dies nicht, muss man das Modell verwerfen oder erweitern!

Wenn du das Wort **Atom** hörst, stellst du dir vermutlich ein kleines Teilchen vor und machst dir in Gedanken ein Bild von diesem Teilchen. In der Tat: Ein **Atommodell** ist nichts anders als ein Bild des Atoms und seiner inneren Struktur, das die Eigenschaften der wirklichen Atome möglichst gut beschreibt. Eigenschaften der Atome sind dabei solche, die experimentell durch Messungen nachprüfbar sind. Im Laufe der Jahrhunderte wurden viele Atommodelle entwickelt, die immer besser die Eigenschaften der Atome beschrieben haben. Mit einigen davon wollen wir uns kurz beschäftigen.

B. Historische Entwicklung – einige Beispiele

1. Die waghalsige Idee, an kleinste Teilchen zu denken, wurde erstmals im 5. Jahrhundert v. Chr. ausgesprochen. Von DEMOKRIT (etwa 460–380 v. Chr.) wird berichtet,

dass er sich die folgende Frage gestellt habe: Durch fortlaufende Teilung eines Apfels erhält man zwei Hälften, vier Viertel usw. Gibt es eine Grenze der Teilbarkeit? Gibt es also kleinste Teilchen? Er war der Meinung, dass es solche kleinsten, unteilbaren Teilchen gibt und nannte sie Atome. Sie seien unveränderlich, von einfacher geometrischer Gestalt und in unendlich vielen Sorten vorhanden, z.B. große und kleine, runde und eckige. Diese Aussagen blieben rein hypothetisch und waren in der Antike nicht überprüfbar.

2. Zu Beginn des 19. Jahrhunderts entwickelte der Naturforscher John DALTON (1766–1844) das nach ihm benannte **daltonsche Atommodell.** Die Kernaussagen des Modells sind:

- Jedes Element besteht aus kleinsten, nicht weiter teilbaren Teilchen, den Atomen.
- Alle Atome eines Elements haben die gleiche Größe und die gleiche Masse.
- Atome sind unzerstörbar. Sie werden durch chemische Reaktionen weder vernichtet noch erzeugt.
- Bei chemischen Reaktionen werden die Atome der Ausgangsstoffe neu angeordnet und in bestimmten Anzahlverhältnissen miteinander verknüpft.

3. Das daltonsche Atommodell macht keine Aussagen zu elektrischen Eigenschaften der Materie. 1904 entwickelte deshalb Joseph John THOMSON (1856–1940) das **thomsonsche Atommodell.** Da-

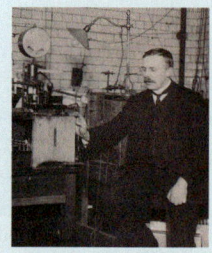

nach „schwimmen" die sehr kleinen – mittlerweile entdeckten – negativ geladenen Elektronen in einem über das ganze Atom gleichmäßig verteilten positiv geladenen „Teig", wie Rosinen in einem Kuchenteig. Man nannte das Modell deshalb „Rosinenkuchen-Modell".

4. Mit dem → **rutherfordschen Streuversuch** überprüften die Mitarbeiter von Ernest RUTHERFORD (1871–1927) Hans GEIGER und Ernest MARDSEN das thomsonsche Atommodell. Das überraschende Ergebnis dieses Versuches führte 1911 RUTHERFORD zu seinem Kern-Hülle-Modell des Atoms: Der Z-fach positiv geladene Atomkern, der fast die gesamte Masse des Atoms vereint, ist von einer Wolke von Z Elektronen umgeben. Der größte Teil des Atoms ist leerer Raum. Dieses Modell fand zunächst wenig Anhänger, da nach Gesetzen der Elektrizitätslehre – die in diesem Buch nicht besprochen werden – die umlaufenden Elektronen rasch ihre Energie verlieren und in den Kern stürzen müssten. Die Energie der Elektronen müsste als Licht abgestrahlt werden.

5. 1913 erweiterte deshalb Niels BOHR (1885–1962) das Modell um die Vorstellung, dass Elektronen sich auf stabilen Kreisbahnen mit festem Durchmesser bewegen, ohne zu strahlen. Jeder Bahn entspricht ein bestimmter Energiezustand des Atoms. Springen Elektronen von einer Bahn auf die andere, wird die Energiedifferenz vom Atom als Licht absorbiert bzw. emittiert (**bohrsches Atommodell**).

6. Das bohrsche Atommodell wurde bald von der Quantentheorie – in diesem Buch nicht thematisiert – verworfen. Sie wurde u. a. von Erwin SCHRÖDINGER (1887–1961) entwickelt. Elektronen sind keine kleine „Kügelchen", sondern so genannte „Quantenobjekte", denen man auch keine Bahn zuschreiben kann. Man kann von ihnen nur *Antreffwahrscheinlichkeiten* angeben. Sie gehorchen einer mathematischen Gleichung, der 1926 veröffentlichten **Schrödingergleichung**. Die Elektronen besitzen danach im Atom stationäre, gebundene Zustände mit einem definierten Energiewert. Diese mathematische Beschreibung des Atoms passt zu den experimentellen Ergebnissen. Sie ist heute in Verbindung mit einer weitergehenden Theorie, der Quantenelektrodynamik, die allgemein anerkannte, aber völlig unanschauliche Beschreibung der Atome. Auf die Frage, wie man sich ein Atom nun vorzustellen habe, antwortete der Nobelpreisträger Werner HEISENBERG (1901–1976): „Versuchen Sie es erst gar nicht!"

Mithilfe des Atommodells der Quantentheorie lässt sich z. B. der Aufbau des Periodensystems der Elemente → **Anhang** erklären. Die Quantentheorie liefert nämlich einen schalenartigen Aufbau der Atome (**Schalenmodell der Atomhülle**). In der innersten Schale eines Atoms, der K-Schale, haben maximal 2 Elektronen Platz, in der nächsten Schale, der L-Schale, maximal 8 Elektronen, dann in der M-Schale maximal 18 Elektronen usw. Beispiel: Aluminium hat in seiner Atomhülle 13 Elektronen. Davon sind zwei in der K-Schale, acht in der L-Schale und drei in der M-Schale. Drei Schalen sind besetzt. Also ist Aluminium in der 3. Periode.

C. Atommodelle im Schulunterricht

1. In **Physik** haben wir bisher den Aufbau des Atoms und Eigenschaften von Atomkernen, weniger der Atomhülle, kennengelernt. Ein einfaches Atommodell genügte uns: Ein Atom besteht aus einem Atomkern mit Z Protonen und N Neutronen und einer Atomhülle mit Z Elektronen. Vom Atomkern machten wir uns einfache Bilder mit dichtgepackten, kugelförmigen Protonen und Neutronen. Die besprochenen experimentellen Ergebnisse widersprachen diesem einfachen Modell nicht. Also ist es ein erlaubtes Modell. In Wirklichkeit sind auch Nukleonen keine starren Kugeln und der Atomkern ist ein komplexes Vielteilchensystem, für das die Gesetze der Quantentheorie gelten.

2. Die **Chemie** beschäftigt sich vor allem mit der Atomhülle und verwendet dafür öfters ein sehr vereinfachtes Schalenmodell. Z. B. hat das Calcium-Atom Ca-40 20 Protonen und 20 Neutronen im Atomkern sowie 20 Elektronen in der Atomhülle. Von den Elektronen gehören zwei zur K-Schale, je 8 zur L- und M-Schale und 2 zur N-Schale. In → **B1** ist das Schalenmodell von Ca-40 sehr vereinfacht dargestellt. Mit ihm kann man aber manche chemische Eigenschaft des Calcium-Atoms ohne Widersprüche erklären. Insoweit ist diese Darstellung ebenfalls ein geeignetes Atommodell. Man darf sich z. B. aber nicht die Elektronen wie kleine Kügelchen vorstellen, die sich in einzelnen Kugelschalen um den Atomkern bewegen. → **B1** würde diese Interpretation zulassen. Elektronen sind aber „Quantenobjekte", denen man keine Bahn zuschreiben darf.

Die im Schulunterricht verwendeten Atommodelle haben also alle ihre Berechtigung. Sie beschreiben im Chemie- wie im Physikunterricht dasselbe Atom.

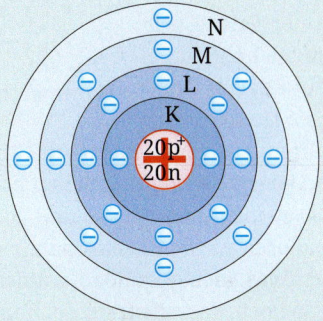

B1 Schalenmodell des Atoms Ca-40, wie du es vielleicht im Chemieunterricht kennengelernt hast

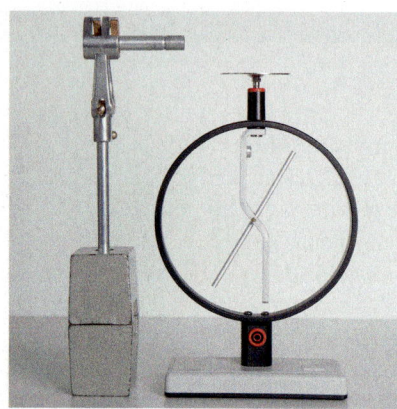

V1 a) Wir laden ein Elektroskop positiv oder negativ auf. Wegen der guten Isolation behält es seine Ladung lange bei.

b) Wir bringen in die Nähe des Kopfes des geladenen Elektroskops einen Stift, dessen Spitze eine winzige Menge ($\approx 10^{-7}$ g) Radium enthält. Zum Schutz gegen Berührung ist das Radium mit einer sehr dünnen Metallfolie abgedeckt. Das Elektroskop entlädt sich rasch, gleichgültig ob es positiv oder negativ geladen war.

c) Führte man den → **Versuch b)** im Vakuum durch, würde das Elektroskop nicht entladen.

1. Stoffe senden ohne äußeren Einfluss Strahlung aus

An dem Stoff **Radium** stellen wir mit unseren Sinnesorganen nichts Besonderes fest. Trotzdem ist er in der Lage in → **V1** das Elektroskop zu entladen, aber nur wenn Luft vorhanden ist → **V1c** . Entladen kann sich das z.B. positiv aufgeladene Elektroskop aber nur dann, wenn die positive durch negative Ladung neutralisiert wird. Somit bleibt nur folgende Erklärung:

Von Radium geht eine für unsere Sinnesorgane nicht wahrnehmbare Strahlung aus. Sie wandelt elektrisch neutrale Moleküle der bestrahlten Luft in Ladungsträger beiderlei Vorzeichens, also Ionen um. Das positiv oder negativ geladene Elektroskop zieht davon die jeweils entgegengesetzt geladenen Ladungsträger zu sich und wird entladen. Man sagt, die Luftmoleküle werden durch die Strahlung **ionisiert.** Da zur Ionisation Energie nötig ist, wird durch diese Strahlung Energie übertragen. Zudem sendet der Stoff Radium diese Strahlung ohne äußeren Einfluss aus. Man nennt ihn deshalb **radioaktiv.** Man kennt heute viele radioaktive Stoffe.

Merksatz

Die Strahlung radioaktiver Stoffe überträgt Energie und ionisiert Atome und Moleküle. Die Strahlung wird ohne äußeren Einfluss ausgesandt. Der Mensch hat kein Sinnesorgan für sie.

Interessantes

Das Geiger-Müller-Zählrohr

Das Zählrohr hat einen dünnen zylindrischen Metallmantel, in den ein gegen das Gehäuse isoliert gehaltener Draht ragt. Dieser wird über einen Widerstand mit dem positiven Pol einer Spannungsquelle verbunden. Der negative Pol der Quelle liegt am Metallmantel. Im Rohr befindet sich ein Edelgas unter einem geringen Druck. Durch

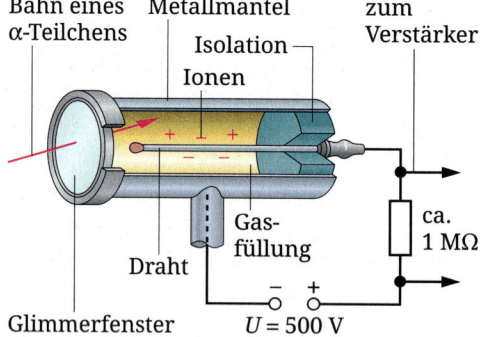

das extrem dünne Abschlussfenster aus Glimmer (etwa 0,01 mm dick) können schnelle Teilchen hoher Energie (etwa → **α-Teilchen**) ins Innere fliegen und dort Gasatome ionisieren. Dadurch werden Elektronen freigesetzt, deren Zahl allerdings gering ist. Man wählt deshalb die Spannung U so hoch, dass die freigesetzten Elektronen zum positiv geladenen Draht stark beschleunigt werden. Bevor sie dort ankommen, haben sie so viel Energie, dass sie durch Stoß aus Atomen weitere Elektronen herausschlagen können, die ihrerseits wieder ionisieren können. So nimmt die Zahl der ionisierenden Teilchen in einer *Kettenreaktion* lawinenartig zu: Das Gas im Zählrohr wird also leitend. Dies führt zu einem Strom der Stärke I. Dabei tritt am Widerstand R die Teilspannung $I \cdot R$ auf. Die Teilspannung am Zählrohr $U_Z = U - I \cdot R$ sinkt so weit ab, dass die Kettenreaktion und damit der Strom abbricht: Das Gas wird wieder zum Isolator und das Zählrohr ist für das nächste Teilchen bereit. So erzeugt jedes einzelne im Zählrohr ankommende Teilchen am Widerstand R eine kurzzeitige Spannungsänderung, auch Spannungsimpuls genannt. Jeder Spannungsimpuls verursacht dann in einem Lautsprecher einen Knack.

Diagramm-Beschriftungen: Bahn eines α-Teilchens, Metallmantel, zum Verstärker, Isolation, Ionen, Gasfüllung, ca. 1 MΩ, Draht, Glimmerfenster, $U = 500$ V

2. Der Nebel bringt es an den Tag

Am wolkenlosen Himmel verrät sich die Bahn eines hochfliegenden Flugzeugs oft durch Kondensstreifen. Auf ähnliche Weise erzeugt die Strahlung mancher radioaktiver Stoffe dünne, sichtbare Streifen in einer **Nebelkammer** → **B1** . Z.B. sehen dort die Spuren der Strahlung, die von Radium ausgehen, ähnlich aus wie die im Bild von → **B2** .

Führt man → **V1** mehrfach durch, bilden sich neue Spuren. Die Strahlung ist kein kontinuierlicher Vorgang. Sie besteht vielmehr aus einzelnen, unregelmäßig ausgesandten Teilchen. Die Spuren der Teilchen – nicht die Teilchen selbst – können wir wahrnehmen. Die Teilchen ionisieren nämlich Luftmoleküle auf ihrem Weg in der Kammer. Die dort entstandenen Ionen sind Kondensationskeime für den unsichtbaren Wasserdampf. Wassermoleküle lagern sich an die Ionen an und es bilden sich Nebeltröpfchen. Sie lassen die Bahn des Teilchens erkennen. Die Teilchen, deren Spuren man in → **V1** beobachtet, nennt man **α-Teilchen**, die Strahlung **α-Strahlung**. Stoffe wie Radium heißen **α-Strahler**.

3. Ionisierende Teilchen lassen sich zählen – das Zählrohr

Ob ein Gegenstand „radioaktiv" ist, lässt sich nach → **V2** einfacher feststellen: Wir brauchen ihn nur vor ein **Geiger-Müller-Zählrohr** → **Interessantes** – kurz Zählrohr genannt – zu halten, das an ein Zählgerät mit integriertem Lautsprecher angeschlossen ist. Trifft nämlich ein ionisierendes Teilchen das Zählrohr, springt das Zählwerk um 1 weiter und gleichzeitig ertönt im Lautsprecher ein Knacks. Die sich verändernde Anzeige im Zählgerät oder knackende Geräusche verraten die Strahlung radioaktiver Stoffe. Der Quotient aus der Zahl k der Knackse, auch **Impulse** genannt, in der Zeit Δt heißt **Zählrate n**. Es ist $n = k/\Delta t$.

Merksatz

Die Strahlung radioaktiver Stoffe besteht aus einzelnen Teilchen. Nachweisgeräte sind Nebelkammer und Zählrohr.

Radioaktive Stoffe „ticken" nicht gleichmäßig wie eine Uhr → **V3** . Misst man die Zählrate mehrmals hintereinander, so schwankt sie um einen Mittelwert, z.B. 74, 68, 71, 69 Impulse pro Minute. Dabei ist nur der Zufall im Spiel.

→ **V4** zeigt, dass überall in der Umgebung ionisierende Strahlung vorhanden ist. Dieses Phänomen nennt man **Nulleffekt**. Die Strahlung stammt von radioaktiven Nukliden wie U-238 oder Th-232, die man fein verteilt überall findet, und aus dem Weltall → **natürliche Strahlenexposition**.

Merksatz

Ein radioaktiver Stoff sendet seine Teilchen in unregelmäßigen zeitlichen Abständen aus.

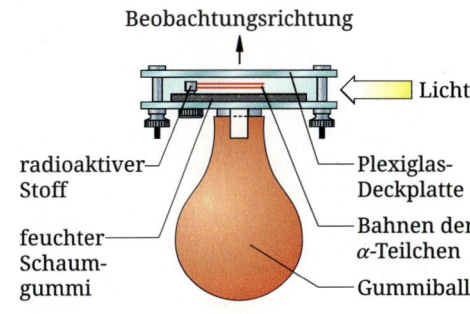

B1 Nebelkammer

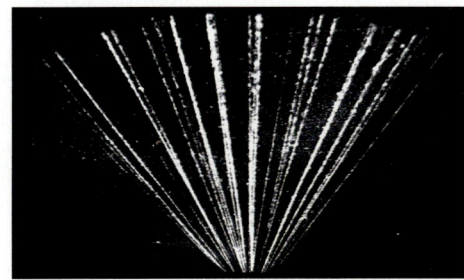

B2 Man bringt den radioaktiven Stoff Bismut in eine Nebelkammer → **B1** . Dann presst man den Gummiball zusammen und lässt ihn plötzlich los. Im Licht einer Lampe erkennt man einzelne geradlinige Nebelspuren, die von Bismut ausgehen.

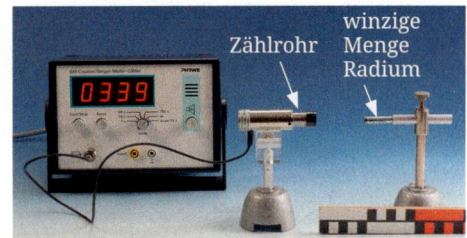

V2 Wir halten ein radioaktives Präparat mit Radium vor ein Zählrohr. Dies ist mit einem Zähler verbunden, in den ein Lautsprecher integriert ist. Die Änderung der Zähleranzeige und knackende Geräusche verraten die Strahlung von Radium.

V3 Wir stellen ein radioaktives Präparat in einem solchen Abstand vor einem Zählrohr auf, dass die Zählrate etwa 70 Impulse pro Minute beträgt. Man hört die Impulse in unregelmäßigen Abständen.

V4 Wir entfernen alle radioaktiven Präparate aus dem Umfeld des Zählrohrs. Trotzdem registriert es Strahlung, die offensichtlich aus der Umgebung kommt.

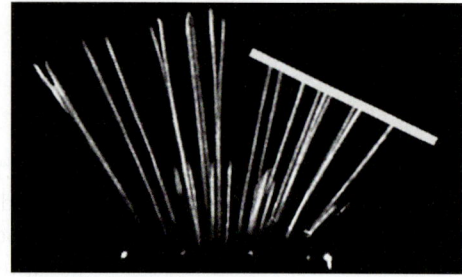

V1 In einer Nebelkammer befindet sich ein radioaktives Präparat, das α-Teilchen aussendet, und ein Blatt Papier. Erzeugt man Nebelspuren der α-Teilchen, enden diese an dem Papier.

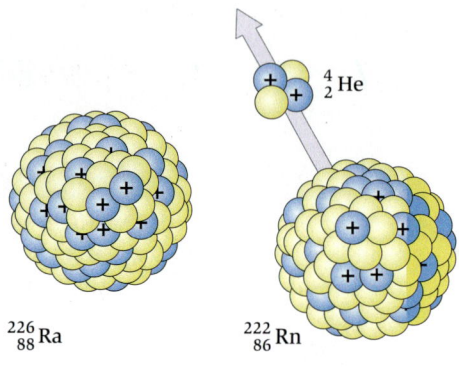

$^{226}_{88}$Ra $^{222}_{86}$Rn

vor Zerfall   nach Zerfall

B1 α-Zerfall des Radiumisotops Ra-226.

Interessantes

Kontinuierliche Nebelkammer

Es gibt Nebelkammern, in denen existiert kontinuierlich eine mit Wasserdampf gesättigte Schicht, in der die Spuren der Strahlung radioaktiver Stoffe sichtbar sind. Man sieht hier, dass ein radioaktives Präparat laufend und stochastisch verteilt Strahlung aussendet. Ohne Präparat lässt sich in dieser Kammer gut die Umgebungsstrahlung beobachten.

1. Eigenschaften der α-Teilchen; der α-Zerfall

Die α-Strahlung wurde als Bestandteil der Strahlung von Uran 1896 von H. BECQUEREL entdeckt. Natürlich interessierte man sich für die Natur der α-Teilchen und wollte z. B. wissen, welche Masse es hat. Fast alle Versuche, mit denen man diese und ähnliche Fragen beantwortet hat, lassen sich in der Schule nicht durchführen. Wir müssen uns deshalb mit Mitteilungen begnügen.

Man hat gefunden:

• *α-Teilchen ionisieren Atome und Moleküle.*

• *α-Teilchen sind Heliumkerne $^{4}_{2}$He.*

   In der Nähe von α-Strahlern kann man nämlich Helium nachweisen. Das α-Teilchen „schnappt" sich nach dem Austritt aus dem Atomkern zwei Elektronen aus der Umgebung und bildet damit ein Heliumatom.

• *Ein α-Teilchen ist zweifach positiv geladen.*

   Ein α-Teilchen trägt also zwei positive Elementarladungen.

• *Ein α-Teilchen muss aus energetischen Gründen aus einem Atomkern stammen.*

   Ein α-Teilchen ionisiert nämlich auf seinem bis zu 10 cm langen Weg in Luft Hunderttausende von Molekülen. Dazu ist bei weitem mehr Energie nötig, als in der „Elektronenhülle" eines Atoms zur Verfügung steht.

   Dafür, dass α-Teilchen aus dem Atomkern stammen müssen, spricht auch die folgende Beobachtung: Das Aussenden der α-Strahlung von Ra-226 kann man nicht durch chemische Reaktionen beeinflussen. Bei diesen ändert sich zwar die „Elektronenhülle", der Atomkern aber nicht.

• *α-Teilchen können Papier nicht durchdringen* → **V1**.

   Man sagt: Die α-Teilchen werden im Papier absorbiert. Sie bilden nämlich in dichter Materie je Millimeter Laufweg viel mehr Ionen als in Luft. Ihre Energie ist somit in Papier auf einer viel kürzeren Wegstrecke aufgezehrt als in Luft.

• *Die Reichweite von α-Teilchen in Luft beträgt maximal 10 cm.*

   Ihre Energie ist spätestens nach dieser Strecke durch Ionisationsprozesse aufgebraucht.

2. Der Atomkern und das Atom verändern sich: α-Zerfall

Bisher haben wir uns mit den α-Teilchen beschäftigt. Aber was wird aus dem Atomkern, der ein α-Teilchen ausgesendet hat? Überlegen wir: Sendet er ein α-Teilchen $^{4}_{2}$He aus, hat er nachher 2 Protonen und 2 Neutronen weniger. Er hat sich also verändert. Man spricht von einem **α-Zerfall** des Kerns. So entsteht beim α-Zerfall von $^{226}_{88}$Ra ein Kern mit 86 Protonen und 222 Nukleonen, denn die Kernladungszahl Z verringert sich um 2 und die Massenzahl A um 4 → **B1**. Dies ist ein Isotop des Elements Radon Rn.

Man schreibt:

$$^{226}_{88}\text{Ra} \rightarrow {}^{222}_{86}\text{Rn} + {}^{4}_{2}\text{He} \quad \text{oder} \quad {}^{226}_{88}\text{Ra} \xrightarrow{\alpha} {}^{222}_{86}\text{Rn}.$$

Das α-Teilchen nimmt aus dem Kern 2 Protonen mit. Erst wenn die Hülle auch 2 Elektronen abgegeben hat, wird das Restatom elektrisch neutral. Durch den α-Zerfall entsteht also ein Atom mit völlig neuen physikalischen und chemischen Eigenschaften.

Merksatz

α-Strahlung besteht aus energiereichen zweifach positiv geladenen Heliumkernen. Sie kann ein Blatt Papier nicht durchdringen.

Beim α-Zerfall eines Nuklids wird ein Heliumkern ausgeschleudert. Er führt Energie mit sich. Zurück bleibt ein Kern eines Elements, dessen Kernladungszahl um zwei kleiner ist.

Mach's selbst

A1 α-Teilchen durchdringen das Fenster des Zählrohrs, nicht dagegen Papier. Deute dieses Versuchsergebnis.

A2 Die Spuren der α-Teilchen von Po-210 in einer Nebelkammer sind gleich lang, die Spuren der α-Teilchen von Bi-212 haben dagegen zwei verschiedene Längen. Interpretiere diese Versuchsergebnisse im Hinblick auf die Energie der α-Teilchen.

A3 Vervollständige die Angaben mithilfe des Periodensystems im → Anhang
$^{235}_{92}U \xrightarrow{\alpha} ?; \ ^{232}_{?}Th \xrightarrow{\alpha} ?; \ ? \xrightarrow{\alpha} ^{237}_{?}Np;$
$? \xrightarrow{\alpha} ^{222}_{?}Rn; \ ^{210}_{?}Po \xrightarrow{\alpha} ?; \ ^{239}_{92}? \xrightarrow{\alpha} ?$

Interessantes

Die Entdeckung der Radioaktivität

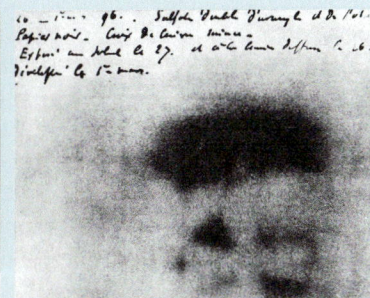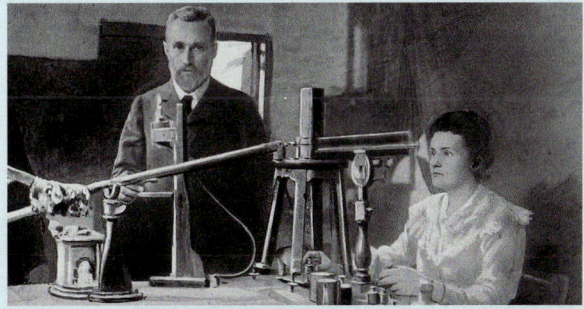

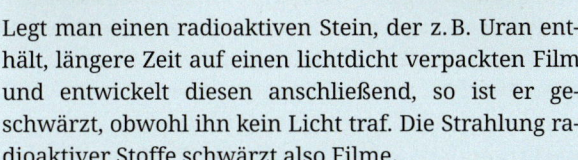

Legt man einen radioaktiven Stein, der z.B. Uran enthält, längere Zeit auf einen lichtdicht verpackten Film und entwickelt diesen anschließend, so ist er geschwärzt, obwohl ihn kein Licht traf. Die Strahlung radioaktiver Stoffe schwärzt also Filme.

So wurde 1896 die Strahlung radioaktiver Stoffe zufällig von Antoine Henri BECQUEREL (1852–1908) entdeckt. Er untersuchte das Nachleuchten verschiedener Stoffe, nachdem sie mit Licht bestrahlt worden waren. Dieses Nachleuchten tritt z.B. bei den Leuchtziffern einiger Uhren auf. BECQUEREL wollte feststellen, ob Uransalze, die nach der Bestrahlung mit Sonnenlicht sichtbares Licht abgeben, auch Röntgenstrahlen abstrahlen. Am 26.2.1896 wickelte er deshalb eine unbelichtete Fotoplatte in schwarzes Papier lichtdicht ein. Danach wollte er eine Menge von der Sonne bestrahltes Uransalz auf die Platte legen. Aber die Sonne schien nicht. Deshalb verstaute er das Uransalz neben der Fotoplatte in einer Schublade. Als er am 1. März die Platte zu Kontrollzwecken entwickelte, sah er darauf überraschend deutlich die Umrisse des Uransalzes.

Die linke obere Aufnahme zeigt BECQUEREL neben einer Originalaufnahme. Über den schwarzen Stellen der Aufnahme lagerte Uransalz. BECQUEREL zog aus dem Bild den Schluss, dass Uransalz von selbst strahlt.

Marie CURIE (1867–1934), geboren in Warschau, studierte Physik und Chemie in Paris. Fasziniert von der Entdeckung der Strahlung radioaktiver Stoffe erforschte sie zusammen mit ihrem Mann, Pierre CURIE (1859–1906), diese damals noch unbekannte Strahlung. 1898 hatten die beiden nach mühevollen Versuchen mit Pechblende zwei radioaktive chemische Elemente entdeckt. Sie nannte das erste Element Polonium (nach ihrem Heimatland Polen) und das zweite Radium (das Strahlende). Zusammen mit ihrem Mann und Henri BEQUEREL erhielt sie 1903 den Nobelpreis für Physik und alleine 1911 den Nobelpreis für Chemie.

Marie CURIE starb an Leukämie, einer Bluterkrankung, die sie sich durch die laufende Einwirkung der Strahlung radioaktiver Stoffe auf ihren Körper zugezogen hatte.

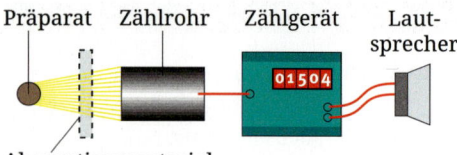

Präparat Zählrohr Zählgerät Lautsprecher

Absorptionsmaterial

V1 Wir stellen ein Sr-90-Präparat vor ein Zählrohr mit angeschlossener Zählapparatur. Wie man an den Knacksen im Lautsprecher hört, registriert das Zählrohr Strahlung. Jeder Knacks zeigt an, dass das Zählrohr ein ionisierendes Teilchen nachgewiesen hat. Halten wir Papier zwischen Präparat und Zählrohr, ändert sich Zählrate kaum. Mit einem 5-mm dicken Aluminiumblech dagegen geht die Zählrate auf null zurück (bis auf den Nulleffekt).

V2 Wir decken ein Cs-137 Präparat mit einem 5-mm dicken Aluminiumblech ab und stellen es vor ein Zählrohr. „Knacksei" im Lautsprecher verraten, dass trotz des Aluminiumblechs das Zählrohr Strahlung registriert, die aus einzelnen ionisierenden Teilchen besteht. Die „Knackse" sind wie in **→ V1** abzählbar. Erst mit einer dicken Bleischicht zwischen Präparat und Zählrohr wird die Zählrate reduziert.

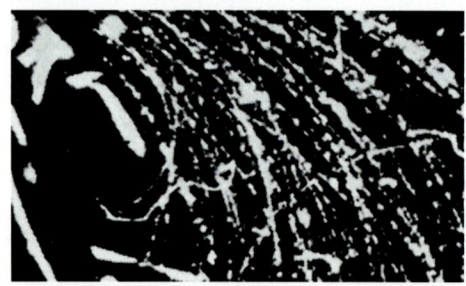

B1 Nebelkammeraufnahme von β-Teilchen. Da sie auf derselben Wegstrecke weniger Moleküle ionisieren als α-Teilchen, sind die Spuren „dünner". Die Krümmung der Bahnen kommt von einem Magnetfeld.

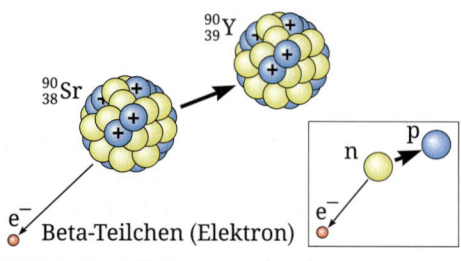

$^{90}_{39}$Y

$^{90}_{38}$Sr

e⁻ Beta-Teilchen (Elektron)

n → p

e⁻

B2 β⁻-Zerfall des Strontiumisotops Sr-90

1. Entdeckung von β- und γ-Strahlung

Nach **→ V1** sendet Sr-90 ionisierende Teilchen aus, die Papier, aber nicht ein 5 mm dickes Aluminiumblech durchdringen können. Es müssen also andere Teilchen als α-Teilchen sein. Man nennt sie **β-Teilchen** und die Strahlung **β-Strahlung**.

Es gibt noch eine dritte Art von ionisierender Strahlung aus radioaktiven Nukliden, die nicht einmal von 5 mm dickem Aluminium aufgehalten wird. Dazu gehört z.B. Strahlung, die von Cs-137 ausgeht **→ V2**. Sie wird erst in dicken Bleischichten absorbiert. Man nennt sie **γ-Strahlung**, ihre Teilchen **γ-Teilchen**.

2. Eigenschaften der β-Teilchen; der β⁻-Zerfall

Die Eigenschaften der β-Teilchen müssen wir – wie bei den α-Teilchen – im Wesentlichen mitteilen. Man fand:
* *β-Teilchen ionisieren Atome und Moleküle.*
  Sie ionisieren aber auf derselben Wegstrecke in Materie viel weniger Moleküle als α-Teilchen **→ B1**.
* *β-Teilchen sind schnell fliegende Elektronen.*
  Viele Versuche zeigen nämlich, dass β-Teilchen die gleiche Masse und die gleiche Ladung wie Elektronen haben. Man bezeichnet sie daher auch als β⁻-Teilchen.
* *β⁻-Teilchen kommen aus dem Atomkern.*
  Die Energie der β⁻-Teilchen kann nämlich so groß wie die von α-Teilchen sein. Die Elektronen in der Atomhülle haben aber längst nicht so viel Energie.
* *β⁻-Teilchen haben in Luft maximal eine Reichweite von 11 m.*
  Sie haben wegen ihrer geringeren Ionisationsdichte in derselben Materie eine viel größere Reichweite als α-Teilchen derselben Energie.

Der Atomkern enthält keine Elektronen. Trotzdem kommen β⁻-Teilchen wegen ihrer hohen Energie von dort her. Wie ist das möglich? Diese spannende Frage beschäftigte lange die Forschung, bevor man die Antwort fand: Im Atomkern kann sich ein Neutron in ein Proton und ein Elektron umwandeln. Dabei wird Energie frei. Das Elektron verlässt schnell den Kern. Nach diesem **β⁻-Zerfall** besitzt der Kern ein Neutron weniger und dafür ein Proton mehr. Die Nukleonenzahl A bleibt also konstant. So entsteht z.B. beim β⁻-Zerfall des Strontiumisotops $^{90}_{38}$Sr ein Kern mit 90 Nukleonen und 39 Protonen, d.h. das Yttriumisotop $^{90}_{39}$Y **→ B2**. Man schreibt:

$$^{90}_{38}\text{Sr} \rightarrow {}^{90}_{39}\text{Y} + \beta^- \quad \text{oder} \quad {}^{90}_{38}\text{Sr} \xrightarrow{\beta^-} {}^{90}_{39}\text{Y}$$

Nach dem β⁻-Zerfall hat das Atom im Kern ein Proton mehr als vorher. Um elektrisch neutral zu sein, nimmt die „Hülle" dieses Restatoms ein Elektron aus der Umgebung auf. Es entsteht ein neues Atom mit anderen Eigenschaften. – Nuklide, die β⁻-Teilchen aussenden, nennt man **β⁻-Strahler**.

$β^-$-Strahlung besteht aus sehr schnellen, energiereichen Elektronen, die aus Atomkernen stammen.

$β^-$-Teilchen können 5 mm Aluminium nicht durchdringen. Beim $β^-$-Zerfall eines Nuklids verwandelt sich im Kern ein Neutron in ein Proton unter Aussenden eines Elektrons. Dieses führt Energie mit sich. Zurück bleibt ein Kern eines anderen Elements, dessen Kernladungszahl um eins größer ist.

3. Eigenschaften der γ-Teilchen; der γ-Zerfall

γ-Strahlung besteht aus einzelnen γ-Teilchen. Die abzählbaren „Knackse" beim Nachweis der Strahlung mit einem Zählrohr verraten dies. Die Eigenschaften der γ-Teilchen sind:

• *γ-Teilchen können Moleküle und Atome ionisieren.*
  Allerdings bilden γ-Teilchen in Materie noch weit weniger Ionen auf derselben Wegstrecke als β-Teilchen.
• *γ-Teilchen tragen keine elektrische Ladung.*
• *γ-Teilchen stammen aus Atomkernen.*
  Dies folgt aus der hohen Energie, die sie mit sich führen.
• *γ-Teilchen werden durch dicke Bleischichten abgeschirmt.*
  Verringert sich z. B. die Zahl der γ-Teilchen einer bestimmten Energie in Luft erst nach mehr als 50 m auf unter 1 %, so bewirkt dies bereits eine 7 cm dicke Bleischicht. γ-Strahlung kann man nie zu 100 % abschirmen.

Wie kommt es dazu, dass ein Atomkern ein γ-Teilchen aussendet? Der Grund ist, dass nach einem α- oder β-Zerfall der neue Kern oft noch überschüssige Energie hat. Man sagt er sei „angeregt". Die überschüssige Energie kann er abgeben, indem er ein γ-Teilchen aussendet und so durch einen γ-Zerfall zerfällt. Ein γ-Teilchen tritt deshalb nie alleine auf, sondern immer als Folge eines α- oder $β^-$-Zerfalls. Beim Aussenden eines γ-Teilchens verändern sich also weder Z noch A noch die „Elektronenhülle" des Atoms.

Beispiel: Nach dem $β^-$-Zerfall von Cs-137 entsteht der Kern Ba-137m. Dieser hat überschüssige Energie und ist deswegen mit m gekennzeichnet. Er verliert diese Energie durch Aussenden eines γ-Teilchens. Man schreibt:

$$^{137}_{55}\text{Cs} \xrightarrow{β^-} {}^{137}_{56}\text{Ba}^m \xrightarrow{γ} {}^{137}_{56}\text{Ba}.$$

$β^-$- und γ-Teilchen treten praktisch gleichzeitig auf. Deswegen sagt man häufig, dass Cs-137 $β^-$- und γ-Teilchen aussendet, obwohl das γ-Teilchen von Ba-137m stammt

γ-Strahlung besteht aus energiereichen γ-Teilchen, die aus Atomkernen stammen.

Ein γ-Teilchen wird nach einem α- oder β-Zerfall von einem angeregten Atomkern ausgesandt. Dabei ändern sich Kernladungszahl Z und Nukleonenzahl A des Kerns nicht.

γ-Teilchen können dicke Bleischichten kaum durchdringen.

Die Nuklidkarte

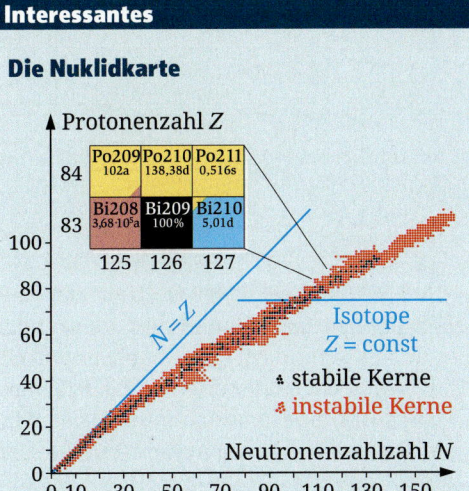

Die physikalischen Eigenschaften eines Atomkerns hängen von der Protonenzahl Z und der Neutronenzahl N ab. Deshalb ordnet man die Nuklide mit Hilfe eines Koordinatensystems. Auf der horizontalen Achse trägt man die Neutronenzahl N, auf der vertikalen die Protonenzahl Z eines Kerns auf. In den Gitterpunkten ist das betreffende Nuklid aufgezeichnet. So entsteht die **Nuklidkarte → Anhang**.

• Alle **Isotope** eines chemischen Elements liegen auf einer Zeile, an deren linken Rand die Protonenzahl Z steht. Jedes Nuklid wird durch das chemische Symbol des Elements und die Massenzahl $A = N + Z$ gekennzeichnet (z. B. U-235, $Z = 92$, $N = 143$). Die Neutronenzahl N steht am unteren Ende der Spalte.
• Die Nuklide sind durch verschiedene Farben gekennzeichnet. **Schwarz** unterlegt sind die **stabilen Nuklide**, die nicht radioaktiv sind (z. B. Pb-208). Die Zahl in den schwarzen Kästen gibt an, mit welchem Prozentanteil das betreffende Nuklid in natürlichen Vorkommen auftritt (z. B. C-12 98,93 %, C-13 1,07 %).
• Die farbigen Kästen stellen **instabile Kerne** dar, die Strahlung aussenden. Die **blau** unterlegten Nuklide, die $β^-$-**Strahler**, liegen am rechten Rand der Protonenzeile. Links von den stabilen Nukliden liegen rot gekennzeichnete Isotope, die $β^+$-**Strahler → Seite 87**. α-**Strahler** sind **gelb** eingetragen und finden sich fast nur bei großer Nukleonenzahl A.

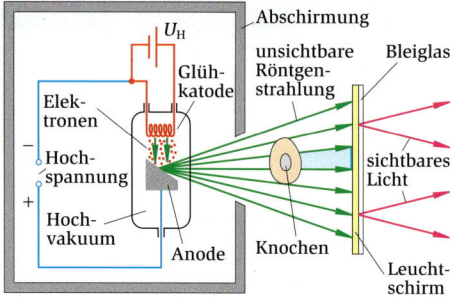

B1 Prinzip einer Röntgenapparatur: In einer Vakuumröhre beschleunigt man die von einer Glühkathode emittierten Elektronen durch eine hohe Spannung (5 000 V bis über 100 000 V). Beim Aufprall auf die Anode werden sie abgebremst. Dabei entsteht Röntgenstrahlung. Man erkennt sie daran, dass ein außerhalb der Röhre befindlicher Leuchtschirm aufleuchtet. Röntgenstrahlung überträgt also Energie durch die Glaswand der Röhre, sonst könnte der Schirm nicht aufleuchten.

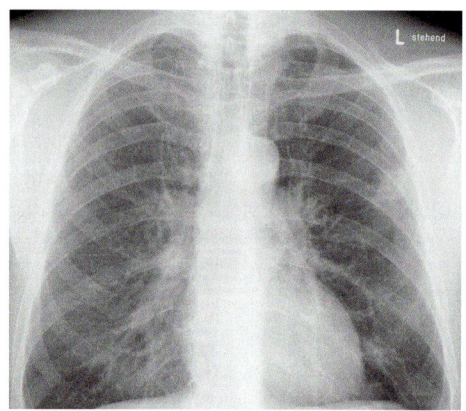

B2 Röntgenaufnahme eines Brustkorps

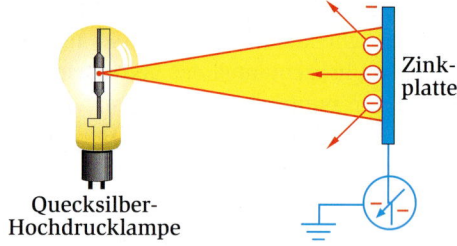

V1 Eine frisch geschmirgelte Zinkplatte ist mit einem Elektroskop verbunden und negativ aufgeladen. Sie wird mit dem ultravioletten Licht einer Quecksilber-Hochdrucklampe bestrahlt. Die Platte wird entladen, da das UV-Licht Elektronen aus der Zinkplatte freisetzt.

4. Ähnlichkeit von Röntgenstrahlung und γ-Strahlung

Die dir sicher von medizinischen Anwendungen her bekannte **Röntgenstrahlung** wird z.B. mit der Röntgenapparatur in → **B1** erzeugt. Die Röntgenstrahlung hat mit der γ-Strahlung viele gemeinsame Eigenschaften. So trägt sie wie diese keine elektrische Ladung, überträgt Energie und kann Atome und Moleküle ionisieren. Trifft sie auf ein Zählrohr, „tickt" dieses wie wenn es von γ-Strahlung getroffen wird. Röntgenstrahlung besteht also auch wie die γ-Strahlung aus Teilchen. Auch schwärzen beide Strahlungen Filme.

Durchdringen die Strahlungen Materie werden sie geschwächt, d.h. in der Materie absorbiert. Je nach dem aus welchem Stoff die Materie besteht, werden sie unterschiedlich absorbiert. So durchdringt Röntgenstrahlung Gewebe besser als Knochen. Auf Röntgenbildern lassen sich deshalb Gewebe und Knochen gut unterscheiden → **B2**. Röntgenstrahlung hat deshalb eine große Bedeutung in der **medizinischen Diagnostik**. Mit Röntgenbildern lassen sich z.B. Knochenbrüche oder Erkrankungen der inneren Organe feststellen, ohne dass man den Körper öffnen muss. Bei Röntgenuntersuchungen muss allerdings darauf geachtet werden, dass die „Dosis" an Strahlung, die ein Patient erhält, möglichst gering ist → **Strahlenexposition und effektive Dosis**.

Sowohl γ-Strahlung als auch Röntgenstrahlung werden am Stärksten in Blei absorbiert. Dicke Bleischichten schützen deshalb am besten vor beiden Strahlungen.

5. Ähnlichkeit verschiedener Strahlungen

Ähnlichkeiten haben γ-Strahlung und Röntgenstrahlung auch mit Licht und der ultravioletten Strahlung (UV-Strahlung). Denn auch diese Strahlungen übertragen Energie und tragen keine elektrische Ladung. Aber wo liegt der Unterschied? Mit → **V1** lässt er sich verdeutlichen. Dort werden durch UV- Licht Elektronen aus der Zinkplatte freigesetzt. Sichtbares Licht schafft dies nicht, problemlos dagegen Röntgenstrahlung und γ-Strahlung. Misst man die Energie der freigesetzten Elektronen, findet man, dass sie am meisten Energie haben, wenn sie von der γ-Strahlung oder von der Röntgenstrahlung freigesetzt werden. γ-Strahlung und Röntgenstrahlung transportieren also viel größere Energieportionen als UV-Licht und diese mehr als sichtbares Licht. Licht setzt nicht einmal Elektronen aus der Zinkplatte frei. Eine Folge dieser Eigenschaft ist, dass γ- und Röntgenstrahlung Moleküle und Atome ionisieren können, UV-Licht und sichtbares Licht aber nicht.

Merksatz

Sichtbares Licht, UV-Strahlung, Röntgenstrahlung und γ-Strahlung sind sich ähnlich. Röntgenstrahlung und γ-Strahlung übertragen im Vergleich zu den anderen Strahlungen größere Energieportionen.

Vertiefung

Zerfallsreihen

A. Positronen oder β⁺-Zerfall

In der → **Nuklidkarte** findet man auch **rote** Kästchen. Sie geben Nuklide an, die in der Natur nicht vorkommen, aber künstlich hergestellt werden können. Es sind **Positronenstrahler** oder **β⁺-Strahle**r. Bei ihnen zerfällt im Kern ein Proton in ein Neutron. Dabei wird ein Teilchen ausgesandt, das dieselben Eigenschaften hat, wie ein Elektron, nur dass es positiv geladen ist. Dieses Teilchen nennt man **Positron** und schreibt dafür **β⁺**. Ein Beispiel eines **β⁺-Zerfalls** ist:

$$^{22}_{11}\text{Na} \rightarrow\ ^{22}_{11}\text{Ne} + \beta^+ \text{ oder } ^{22}_{11}\text{Na} \xrightarrow{\beta^+}\ ^{22}_{11}\text{Ne}$$

B. Radioaktive Zerfallsreihen

Kerne, die durch einen radioaktiven Zerfall entstanden sind, können selbst wieder radioaktiv sein. So können **radioaktive Zerfallsreihen** entstehen. → **B3** und → **B4** zeigen zwei, die in der Natur auftreten. Ausgangspunkte sind U-238 bzw. Th-232. Es treten jeweils mehrere α- und β⁻-Zerfälle auf, wobei auch γ-Teilchen entstehen. Die Zerfallsreihen enden bei den stabilen Bleiisotopen Pb-206 bzw. Pb-208.

In der Zerfallsreihe von U-238 tritt Ra-226 auf. In einem länger gelagerten und gasdicht verschlossenen Radiumpräparat finden die Zerfälle von Ra-226 und seiner Folgeprodukte nebeneinander statt; deswegen sendet das Präparat α-, β⁻- und γ-Strahlung aus.

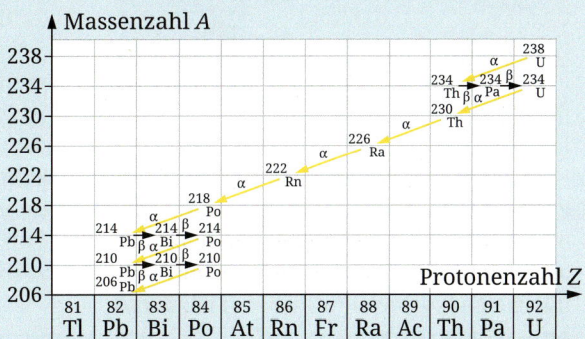

B3 Zerfallsreihe von U-238; hier tritt u. a. Ra-226 auf

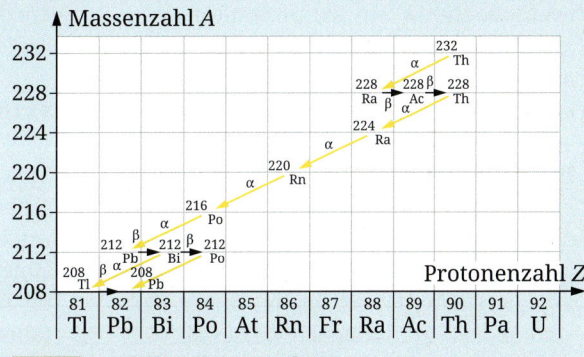

B4 Zerfallsreihe von Th-232

Mach's selbst

A1 Vervollständige die Angaben mit Hilfe des Periodensystems → **Anhang**:

$$^{40}_{19}\text{K} \xrightarrow{\beta^-} ?;\ ^{210}_{?}\text{Pb} \xrightarrow{\beta^-} ?;\ ? \xrightarrow{\beta^-}\ ^{14}_{?}\text{N}$$

$$? \xrightarrow{\beta^-}\ ^{60}_{?}\text{Ni}^m \xrightarrow{\gamma} ?;\ ^{99}_{?}\text{Tc}^m \xrightarrow{\gamma} ? \xrightarrow{\beta^-} ?$$

A2 α-Teilchen bleiben in einem Blatt Papier stecken, β-Teilchen in 5 mm Aluminium. Transportieren β-Teilchen deshalb mehr Energie als α-Teilchen? Begründe.

A3 Der größte Teil der Strahlung von Am-241 kann Papier nicht durchdringen. Der Rest wird kaum von einer 5 mm dicken Aluminiumplatte absorbiert, dagegen fast vollständig durch eine Bleiplatte. Bestimme den Zerfall von Am-241.

A4 Hält man zwischen einem Co-60 Präparat und einem Zählrohr Papier, so ändert sich Zählrate kaum. Hält man dagegen ein Aluminiumblech 5 mm Dicke in den Strahlengang, geht die Zählrate deutlich, aber nicht auf Null zurück. Beschreibe einen möglichen Zerfall von Co-60.

A5 Du hast die Aufgabe festzustellen, welche Arten von Strahlung ein radioaktives Präparat aussendet. Zur Verfügung stehen dir ein Zählrohr und verschiedene Materialien. Erläutere dein Vorgehen.

A6 Ein radioaktives Präparat ist im Abstand d vor einem Zählrohr aufgebaut. Zwischen Präpa-

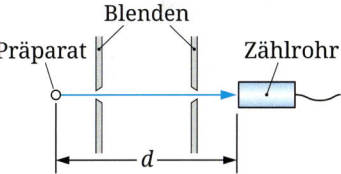

rat und Zählrohr befindet sich Luft. Verändert man den Abstand d, so erhält man die folgende Messkurve:

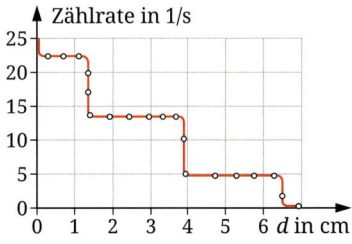

Interpretiere die Messkurve.

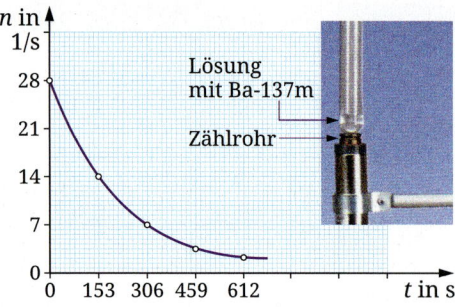

V1 **a)** In einem Cäsium-Isotopen-Generator ist Cs-137 chemisch fest gebunden, nicht aber das Zerfallsprodukt Ba-137m, das durch einen γ-Zerfall weiter zerfällt → **Zerfall von Cs-137, Seite 85**.

Ba-137m lässt sich mit einer geeigneten Lösung aus dem Generator „auswaschen". Fängt man sie mit einem Reagenzglas auf und hält sie vor ein Zählrohr, tickt es infolge des Zerfalls der Ba-137m-Kerne im angeschlossenen Zählgerät. Mit jedem durch den Generator gepressten Lösungstropfen steigt die Zählrate n weiter an.

b) Drückt man keine weiteren Tropfen Lösung durch den Generator, so sinkt die Zählrate n. Sie nimmt aber nicht linear mit der Zeit ab, sondern fällt jeweils in 153 s auf die Hälfte des zu Beginn dieser Zeitspanne noch vorhandenen Wertes ab.

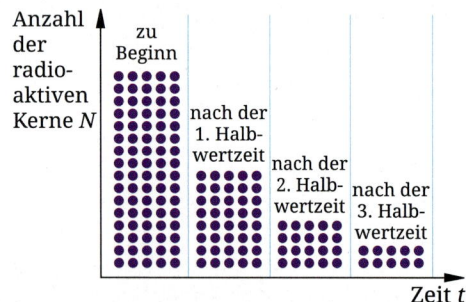

B1 Abnahme der Zahl der radioaktiven Kerne N mit der Zeit t.

Vertiefung

Zum Zerfall radioaktiver Kerne

Die Kerne einer radioaktiven Substanz zerfallen zufallsbedingt (stochastisch). Die Halbwertszeit macht eine Aussage über die mittlere Anzahl N vieler Kerne, die nach dieser Zeit noch nicht zerfallen sind.

1. Die Aktivität

In → **V1** weist man mit dem Zählrohr die γ-Strahlung nach, die von Ba-137m ausgeht. Was sagt uns eine dort gemessene Zählrate n? Sicher ist: Je größer die Zählrate n ist, desto mehr γ-Teilchen müssen in derselben Zeit Δt aufgetreten sein, desto mehr Kerne Ba-137m müssen also in der Zeit Δt zerfallen sein. Ist N_1 die Anzahl der radioaktiven Ba-137m-Kerne zu Beginn des Zeitintervalls Δt und N_2 die Anzahl an dessen Ende, sind $|\Delta N| = |N_2 - N_1|$ Kerne in der Zeit Δt zerfallen. Je größer also die Änderungsrate $|\Delta N/\Delta t|$ ist, desto größer ist die Zählrate n. Es ist $n \sim |\Delta N/\Delta t|$. Da $N_2 < N_1$, ist ΔN negativ – daher die Betragszeichen.

Wenn mehr Kerne in der gleichen Zeit zerfallen, ist die radioaktive Substanz aktiver. Man nennt deshalb $A = |\Delta N/\Delta t|$ auch **Aktivität** der radioaktiven Substanz. Ihre Einheit ist 1/s oder **1 Becquerel (1 Bq)**. *Die Zählrate n in* → **V1** *ist somit ein Maß für die Aktivität A – aber auch für die Anzahl N der noch nicht zerfallenen Kerne N, wie wir gleich sehen werden.*

2. Aktivität ist proportional zur Zahl der radioaktiven Kerne

Verdoppelt man in → **V1a** die Zahl N der radioaktiven Kerne, indem man doppelt so viele Tropfen Lösung durch den Generator presst, dann verdoppelt sich die Zählrate n. Eine plausible Annahme ist, dass bei doppelter Anzahl N zerfallsbereiter Kerne in derselben Zeit Δt auch doppelt so viel Kerne zerfallen und damit die Aktivität doppelt so groß ist. Somit ist $A \sim N$ und damit die Zählrate in → **V1** auch ein Maß für die Zahl der noch nicht zerfallenen radioaktiven Kerne N. Es gilt $n \sim N$.

Beispiel: In einer Substanz mit $N = 10^{18}$ Kernen zerfallen 10^6 Kerne in $\Delta t = 10$ s. Es ist:

$$A = \left| \frac{\Delta N}{\Delta t} \right| = \frac{10^6}{10\ \text{s}} = 10^5\ \frac{1}{\text{s}} = 10^5\ \text{Bq}.$$

Merksatz

Zerfallen in einer radioaktiven Substanz ΔN Kerne in der Zeit Δt, so ist deren Aktivität $A = |\Delta N/\Delta t|$ mit der Einheit 1 Becquerel (1 Bq). Es ist $1\ \text{Bq} = 1\ \frac{1}{s}$.

3. Die Hälfte von der Hälfte von der Hälfte ...

Drückt man in → **V1b** keine weiteren Tropfen Lösung durch den Generator, so sinkt die Zählrate nach 153 s auf die Hälfte, nach weiteren 153 s auf die Hälfte von der Hälfte usw. Folglich sinken sowohl die Aktivität A der radioaktiven Substanz als auch die Zahl N der radioaktiven Kerne in 153 s auf die Hälfte → **B1** . Man sagt, Ba-137m habe die **Halbwertszeit** $T_{1/2} = 153$ s. Sie ist unabhängig von der Substanzmenge.

Jedes radioaktive Nuklid hat eine Halbwertszeit $T_{1/2}$, an der man es erkennen kann → **T1** .

Betrachtet man einen einzelnen radioaktiven Kern, so lässt sich kein bestimmter Zeitpunkt angeben, wann er zerfallen wird. Man kann auch nicht angeben, wann alle Kerne zerfallen sind oder wann die Aktivität auf null gesunken ist → **Vertiefung**.

Merksatz

Die Zeit, in der jeweils die Hälfte einer radioaktiven Substanz zerfällt und damit auch deren Aktivität auf die Hälfte abnimmt, heißt Halbwertszeit $T_{1/2}$. Sie hängt von der Kernart ab.

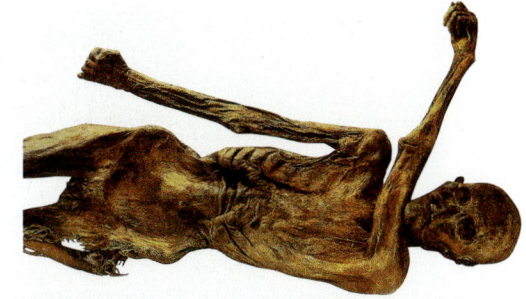

B2 Mumie, die 1991 in den Ötztaler Alpen gefunden wurde

4. Altersbestimmung mit radioaktiven Nukliden

In → **V1** kann man die Auswaschlösung so durch den Isotopengenerator hindurch pressen, dass die Zählrate praktisch konstant bleibt. Die zerfallenen Atome werden durch die radioaktiven Atome in der Lösung dann gerade ersetzt. Zerfall und Nachlieferung radioaktiver Kerne halten sich dann das Gleichgewicht. Erst wenn die Nachlieferung beendet ist, fällt die Zählrate n mit der Halbwertszeit von 153 s ab.

Dieser Versuch zeigt das Prinzip der Altersbestimmung mithilfe des langlebigen radioaktiven Kohlenstoffisotops C-14. Dieses Isotop ist in der Atmosphäre, z.B. in Kohlenstoffdioxid CO_2, immer in einem kleinen, konstanten Prozentsatz vorhanden. Solange eine Pflanze lebt, steht ihr Kohlenstoffgehalt durch CO_2-Assimilation mit dem Kohlenstoff der Atmosphäre in Verbindung. Die lebenden Teile der Pflanze haben deshalb ebenfalls einen konstanten C-14-Anteil. Gleiches gilt für Tiere und Menschen, da sie über die Nahrungskette laufend C-14 aufnehmen. Stirbt ein Organismus ab, wird sein Kontakt zur Atmosphäre unterbrochen, und mit einer Halbwertszeit von 5730 Jahren sinkt der C-14-Anteil. Durch seine Bestimmung konnte so z.B. das Alter einer Mumie → **B2** auf 5300 bis 5350 Jahre bestimmt werden.

Nuklid	$T_{1/2}$
Th-232	$1{,}40 \cdot 10^{10}$ a
U-238	$4{,}47 \cdot 10^{9}$ a
K-40	$1{,}28 \cdot 10^{9}$ a
U-235	$7{,}04 \cdot 10^{8}$ a
C-14	5730 a
Ra-226	1600 a
Cs-137	30,1 a
H-3	12,3 a
Po-210	138 d
I-131	8,02 d
Tc-99m	6,01 h
Ba-137m	2,55 min
Rn-220	55,6 s
Po-212	$2{,}99 \cdot 10^{-7}$ s

T1 Halbwertszeiten einiger Nuklide (a: Jahre, d: Tage, h: Stunde, s: Sekunde)

Mach's selbst

Hinweis: Halbwertszeiten → **T1**

A1 a) Bestimme die Zahl der Kerne, die von $5 \cdot 10^5$ I-131-Kernen nach drei Halbwertszeiten zerfallen sind.
b) Berechne die Zeit, in der 7/8 einer Menge I-131 zerfallen ist.
c) Eine I-131-Quelle hat die Aktivität 10^5 Bq. Und nach 48 Tagen?

A2 Die Halbwertszeit von Y-90 ist $T_{1/2} = 64$ h. Zur Zeit $t = 0$ seien 10^8 Kerne vorhanden. Bestimme die Zahl der Kerne, die nach acht Tagen zerfallen sind.

A3 a) Wann sind 93,75 % einer Tc-99m-Menge zerfallen?
b) Bestimme die Anzahl der Halbwertszeiten, nach der mehr als 99 % bzw. 99,9 % der Menge einer radioaktiven Substanz zerfallen sind.

A4 Ein Po-210-Präparat hat die Aktivität 3000 Bq. Bestimme sie zwei Jahre zuvor.

A5 Eine Lösung mit Ba-137m wird vor ein Zählrohr gehalten. Man misst alle 20 s die Zahl k der Impulse in 5 s und erhält folgende Messtabelle (Nullrate abgezogen):

t in s	k	t in s	k
0	285	140	145
20	255	160	140
40	240	180	123
60	210	200	110
80	195	220	108
100	186	240	98
120	170	260	85

a) Zeichne ein Diagramm und bestimme daraus die Halbwertszeit von Ba-137m.
b) Bestimme die Halbwertszeit mithilfe eines Computerprogramms.

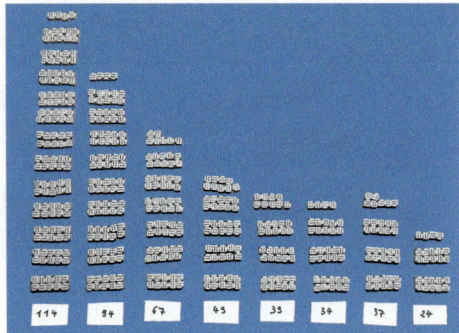

V1 Würfel in einer Schachtel werden geschüttelt. Würfel, die eine 6 zeigen, werden aussortiert.

Runde	Würfel zu Beginn	Verhältnis	aussortierte Würfel	Verhältnis
0	600		114	
		· 0,81		· 0,82
1	486		94	
		· 0,81		· 0,71
2	392		67	
		· 0,83		· 0,73
3	325		49	
		· 0,85		· 0,80
4	276		39	
		· 0,86		· 0,87
5	237		34	
		· 0,86		· 1,09
6	203		37	
		· 0,82		· 0,65
7	166		24	
		· 0,86		
8	142			
	Mittelwert:	0,84	Mittelwert:	0,81

T1 Verbleibende und aussortierte Würfel

Beispiel

Berechnung der erwarteten Halbwertszeit beim Würfelexperiment

Im Würfelexperiment werden im Mittel 1/6 aller Würfel aussortiert, nach x Runden sind daher nur noch

$$W(x) = W_0 \left(\frac{5}{6}\right)^x$$

vorhanden. Zur Ermittlung der Halbwertszeit löst man die Gleichung

$$\left(\frac{5}{6}\right)^x = \frac{1}{2}.$$

Durch Probieren oder mit der Funktion „nSolve" des GTR löst man diese Gleichung und erhält $x = 3,80$.

5. Halbwertszeit in einem Simulationsexperiment

Um genauer zu verstehen, wie die Abnahme der Aktivität bei einem radioaktiven Präparat zustande kommt, machen wir ein Analogieexperiment mit Würfeln.

In → **V1** legt man dazu möglichst viele Würfel in eine mit einem Deckel verschlossene Schachtel und schüttelt sie gründlich. Dann wird die Schachtel auf den Tisch gestellt, der Deckel wird geöffnet und alle Würfel, die eine 6 zeigen, werden aussortiert. Mit den verbleibenden Würfeln wird das Experiment erneut durchgeführt. Dieses Verfahren wiederholt man so lange, bis nur noch wenige Würfel in der Kiste verbleiben.

Das Foto zu → **V1** zeigt die in jeder Runde aussortierten Würfel. Es ergibt sich ein ähnlicher Verlauf wie im Diagramm → **B1** → Seite 88, das beim Zerfall von Ba-137m entstanden ist: Die Werte nehmen monoton ab, wenn man von statistischen Schwankungen absieht. Am Ende gibt es fast keine Würfel mehr, daher werden auch nur noch ganz wenige aussortiert. → **T1** zeigt, wie viele Würfel zu Beginn einer jeden Runde vorhanden sind und wie viele durch Würfeln aussortiert werden.

Da beim Würfeln alle sechs Zahlen mit gleicher Wahrscheinlichkeit fallen, erwartet man, dass im Mittel in jeder Runde 1/6 der noch vorhandenen Würfel aussortiert werden und nur noch $5/6 ≈ 83\%$ der Würfel in der Kiste verbleiben. Um das zu überprüfen, berechnen wir in der 3. Spalte das Verhältnis der Werte aufeinanderfolgender Runden. In der ersten Runde sind zum Beispiel $v = 486/600 ≈ 81\%$ übrig geblieben. Man sieht in der Tabelle, dass das erwürfelte Verhältnis in etwa gleich bleibt und 5/6 ist. Gegen Ende des Versuchs werden die Schwankungen aber größer.

Auch bei der Anzahl der aussortierten Würfel ergibt sich ungefähr dieser Abnahmefaktor, denn ungefähr 1/6 dieser noch nicht aussortierten Würfel wird in der folgenden Runde aussortiert. Dabei kann es wie in → **T1** in der 6. und 7. Runde vorkommen, dass die Anzahl der aussortierten Würfel größer wird, langfristig gesehen werden jedoch alle Würfel aussortiert.

Um den Vergleich zur Halbwertszeit von radioaktiven Präparaten anschaulicher zu machen, stellen wir uns vor, dass wir in jeder Minute eine solche Würfelrunde durchführen. → **T1** können wir entnehmen, dass in der 4. Runde nur noch weniger als die Hälfte der Würfel vorhanden sind, dies entspricht dann einer Halbwertszeit zwischen 3 und 4 Minuten. Auch die Anzahl der aussortierten Würfel halbiert sich etwa in dieser Zeit von anfangs 114 auf 49 Würfel. Die Berechnung der theoretischen Halbwertszeit im Beispiel links ergibt etwa 3,80, dies passt gut zu den Ergebnissen aus unserem Würfelexperiment.

6. Analogie zwischen Kernzerfall und Würfelexperiment

Das Würfelexperiment hilft uns, die Zerfallskurve der Isotope eines radioaktiven Präparats wie Ba-130m zu verstehen. In → T2 sind die Entsprechungen zwischen den beiden Experimenten dargestellt.

Die Analogie zwischen Würfelexperiment und Zerfall eines Präparats hilft, die abnehmenden Werte beim Kernzerfall besser zu verstehen. Sie klärt aber nicht, warum die Kerne zerfallen, sie beschreibt nur, welchen Verlauf die Abnahme der Aktivität nimmt. Die Wahrscheinlichkeit, dass ein bestimmter Würfel eine „6" zeigt bzw. ein bestimmter Kern zerfällt, ist rein zufällig und nicht von anderen Würfeln bzw. Kernen abhängig. Entscheidend für den Verlauf des Zerfalls ist, dass die aussortierten Würfel bzw. die zerfallenen Kerne in einer Messperiode etwa proportional zum aktuellen Bestand sind. Wenn dies der Fall ist, ergibt sich ein exponentieller Verlauf. Das Würfelexperiment zeigt aber auch, weshalb die Abnahme statistische Schwankungen zeigt: Die „Zerfallswahrscheinlichkeit" jedes einzelnen Würfels ist im Mittel zwar 1/6, die Anzahl der zerfallenden Würfel ist aber nicht genau 1/6, sondern schwankt um diesen Wert.

Merksatz

Beim radioaktiven Zerfall und im Würfelexperiment ergeben sich exponentielle Abnahmen mit statistischen Schwankungen, weil die Anzahl der zerfallenden Kerne bzw. aussortierten Würfel in einer Messperiode etwa proportional zum aktuellen Bestand ist.

Kernzerfall	Würfelexperiment
einzelner Kern	einzelner Würfel
noch nicht zerfallene Kerne	Würfel, die noch keine 6 gezeigt haben
zerfallender Kern	Würfel mit „6"
Zerfälle in einer Messperiode	Aussortierte Würfel in einer Runde
Halbwertszeit	Rundenzahl, bei der die Hälfte der Würfel aussortiert ist.
Zerfallswahrscheinlichkeit	Aussortierungswahrscheinlichkeit 1/6

T2 Entsprechungen von Kernzerfall und Würfelexperiment

B1 Messen der Bierschaumhöhe → A3

Mach's selbst

A1 Bei einem Würfelexperiment mit 600 Würfeln werden Würfel aussortiert, die eine 6 oder eine 1 zeigen. Erstelle den Graph der theoretischen Abnahme und bestimme die „Halbwertszeit".

A2 Führt in Gruppen das Würfelexperiment mit Reißzwecken durch. Sortiert alle auf der Seite liegenden Reißzwecken aus.
a) Stellt den Verlauf in einem Graph dar, ermittelt die Zerfallswahrscheinlichkeit p und die „Halbwertszeit".
b) Bestimmt aus der Wahrscheinlichkeit p die theoretische „Halbwertszeit" und vergleicht mit dem Wert aus a).
c) Addiert die Ergebnisse aller Gruppen und erstellt daraus eine neue Zerfallskurve. Vergleicht diese mit den Zerfallskurven Eurer Gruppen. Erklärt Gemeinsamkeiten und Unterschiede.

A3 Beim Bierschaumzerfall misst man die Höhe des Bierschaums eines schwungvoll eingeschenkten Bieres in Abhängigkeit von der Zeit. Für die ersten drei Minuten ergibt sich ein an-

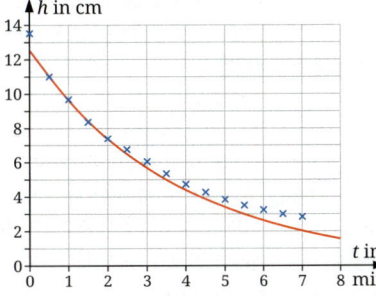

nähernd exponentieller Verlauf (rote Kurve).
a) Bestimme aus dem Diagramm die Halbwertszeit des Bierschaums.
b) Erstelle wie in T2 eine Analogietabelle von Bierschaumzerfall und radioaktivem Zerfall.
c) Erläutere, wie man am Graph erkennt, dass der Abnahmefaktor am Anfang kleiner als am Ende ist.
d) Recherchiere im Internet, welche Gründe es für die in c) zu sehende Abweichung gibt.
e) Führt das Bierschaumexperiment, zum Beispiel mit Malzbier, selbst durch. Erläutert die Unterschiede zum nebenstehenden Diagramm.

Die zeitliche Änderung der Aktivität – ein Fall für den GTR

Wir gewinnen aus einem Isotopengenerator eine Lösung, die Barium $^{137}_{56}Ba^m$ (kurz geschrieben: Ba-137m) enthält. Ba-137m zerfällt in einem γ-Zerfall. Mit einem Zählrohr messen wir die Zählrate als Maß für die Aktivität. Dazu werden alle 20 s jeweils 5 Sekunden lang die Impulse gezählt und die Zählrate n (Impulse pro s) bestimmt. **→ T1** zeigt die Ergebnisse einer Messung.

t in s	0	20	40	60	80	100	120
n in 1/s	57	51	48	42	39	37,2	34
t in s	140	160	180	200	220	240	260
n in 1/s	29	28	24,6	22	21,6	19,6	17
t in s	280	300	320	340	360	380	400
n in 1/s	15,6	15,2	13	11,6	11,2	10	9

T1 Messwerte zum Zerfall von Ba-137m. n ist die Zählrate (Impulse pro s).

Schritt 1
Als erstes schreibst du die Messwerte in die ersten beiden Spalten einer Tabelle und stellst die Messwerte grafisch dar, wie auf **→ Seite 28** im Kapitel „Experimente auswerten – dein GTR hilft dabei" beschrieben.

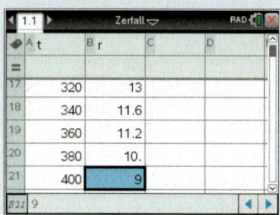

Schritt 2
Anhand des Diagramms kannst du eine Hypothese über die Veränderung der Zählrate während der Messzeit aufstellen. Nutze die Möglichkeiten, die der GTR unter den Menüpunkten **menu: 4: Analysieren – 6: Regression** anbietet. Ein linearer Zusammenhang scheidet aus, zu deutlich weicht die Messkurve von einer Geraden ab. Eine gute Übereinstimmung dagegen ergibt eine **Exponential-Regression**.

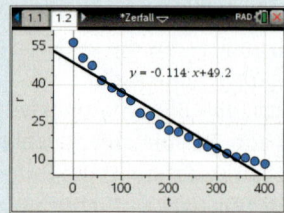

Schritt 3
Zur Überprüfung der Hypothese musst du dich auf charakteristische Eigenschaften der mathematischen Funktion besinnen, die die Abhängigkeit beschreibt. Zum Beispiel ist die Quotientengleichung kennzeichnend für proportionale Zusammenhänge. Bei exponentiellen Zusammenhängen muss man die Quotienten in gleichem Abstand aufeinander folgender Werte auf Konstanz untersuchen. Also ist dies nun für die vorliegende Messung zu überprüfen. Die Zählraten sind immer in denselben Zeitabständen notiert worden. Für sie muss bei einem exponentiellen Zusammenhang gelten, dass der Quotient aus $(n+1)$-ter Zählrate und n-ter Zählrate konstant sein muss.
Berechne dazu in der Zelle C1 den Quotient aus der Zelle B2 und B1 und kopiere diese Rechnung nach unten. Überprüfe, ob der Quotient als konstant angesehen werden kann. Berechne in den Zellen D1 bis D3 den Mittelwert, die Standardabweichung und den prozentualen Fehler.

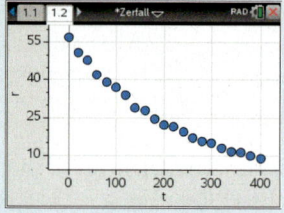

Für die Messung ergibt sich bei einem Fehler von etwa 4 %, dass der Quotient aufeinander folgender Messwerte 0,91 beträgt. Das bedeutet: Kennt man eine Zählrate, dann erhält man die Zählrate nach weiteren 20 s, indem man sie mit 0,91 multipliziert. Die Zählrate hat also von Messung zu Messung um 9 % abgenommen. Die Hypothese eines exponentiellen Zusammenhangs von Zählrate und Zeit ist damit bestätigt.

Arbeitsaufträge:
1 Bestimme mit dem GTR für die Messwerte der **→ T1** die Halbwertzeit. Das Ergebnis kannst du auf unterschiedlichen Wegen erreichen.

2 Erhitze etwas Wasser auf etwa 80 °C und gieße es in einen Kaffeebecher. Warte eine Minute und miss dann die Temperatur in Zeitabständen von einer Minute. Miss auch die Umgebungstemperatur und untersuche, ob die Differenz zwischen der Temperatur im Becher und der Umgebungstemperatur exponentiell abfällt.

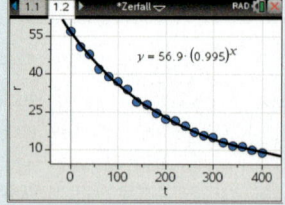

Methode – Gruppenpuzzle

Strahlengefahr, Strahlenschutz

A. Organisatorisches zum Gruppenpuzzle
- Zeitbedarf: ca. drei Unterrichtsstunden
- Bildet Stammgruppen mit jeweils fünf Personen.
- Bildet anschließend fünf Expertengruppen.

B. Aufgabe der Stammgruppen
Jede Stammgruppe erarbeitet sich zunächst den Begriff der **effektiven Dosis** und ihrer **Einheit 1 Sievert (1 Sv)** anhand dieses Buches. Jeder Teilnehmer wird danach einer Expertengruppe zugeordnet.

C. Arbeit in den fünf Expertengruppen
Jede Gruppe bearbeitet eines der fünf Themen.

D. Expertenbericht in den Stammgruppen
Jeder Experte berichtet über die Ergebnisse seiner Expertengruppe. Die Mitglieder der Stammgruppe fragen nach, wenn sie etwas nicht verstanden haben. Alle müssen die in → **Ziffer C** aufgeführten Ziele erreichen und darüber eine kurze schriftliche Überprüfung bestehen können.

zu C: Aufgaben der Expertengruppen

	Expertengruppe – Thema	Hilfestellung für die Arbeit	Ziele für die Klasse
1	**Die natürliche Strahlenexposition durch Radon** (Sammelt Informationen zu Radon in diesem Buch und im Internet u. a. bei www.bfs.de)	Einen Versuch zum Nachweis von Radon in Räumen solltet ihr mithilfe des Lehrers durchführen und erklären. Ihr müsst zudem erläutern können, welche Quellen es für Radon gibt und wie groß die effektive Dosis im Mittel ist, die ein Mensch durch Radon erhält.	Jeder muss wissen, dass Radon fast 50 % der natürlichen Strahlenexposition eines Menschen ausmacht und erläutern können, welche Ursachen die Strahlenexposition durch das radioaktive Gas Radon hat.
2	**Die natürliche Strahlenexposition ohne Radon** (Sammelt zu diesem Thema Informationen in diesem Buch und im Internet u. a. bei www.bfs.de)	Informiert euch ausführlich über die terrestrische, die körperinnere und die kosmische Strahlung und die effektive Dosis, die ein Mensch dadurch erhält. Sucht im Internet auch Daten über diese Strahlungen in eurer Wohngegend.	Jeder muss wissen, welche natürliche Strahlenexposition ohne Radon ein Mensch erfährt, die Ursachen dafür nennen können und die natürliche Strahlenexposition insgesamt kennen (im Mittel 2,1 mSv/a).
3	**Die zivilisatorische Strahlenexposition** (Sammelt zu diesem Thema Informationen in diesem Buch und im Internet u. a. bei www.bfs.de)	Ihr müsst Gründe für die zivilisatorische Strahlenexposition (Röntgendiagnostik, nuklearmedizinische Diagnostik, Strahlentherapie) benennen können. Ermittelt die effektive Dosis, die ein Mensch bei einzelnen medizinischen Untersuchungen und im Mittel in der Summe erhält.	Jeder muss wissen, dass der Mensch auch einer zivilisatorischen Strahlenexposition unterliegt, Ursachen dafür benennen können und wissen, dass sie im Mittel 1,9 mSv/a beträgt.
4	**Strahlenwirkungen ionisierender Strahlung** (Sammelt zu diesem Thema Informationen in diesem Buch und im Internet u. a. bei www.bfs.de)	Ihr müsst die Begriffe deterministische und stochastische Strahlenwirkung erklären können und deren Unterschied herausarbeiten. Versucht Angaben darüber zu finden, mit welcher Wahrscheinlichkeit Leukämie und Krebs nach einer Strahlenexposition auftreten.	Jeder muss wissen, dass ionisierende Strahlung bei Menschen eine deterministische und eine stochastische Strahlenwirkung (z. B. Leukämie, Krebs) hat und dass deterministische Schäden eine Schwellendosis haben, stochastische nicht.
5	**Schutz vor ionisierender Strahlung** (Sammelt zu diesem Thema Informationen in diesem Buch und im Internet u. a. bei www.bfs.de)	Ihr müsst euch die Grundregeln des Strahlenschutzes, sowie das „ALARA-Prinzip" erarbeiten und verstehen. Einen Versuch zur Grundregel „Abstand halten" solltet ihr mit Unterstützung des Lehrers durchführen und erklären.	Jeder muss die Grundregeln des Strahlenschutzes sowie das „ALARA-Prinzip" kennen und begründen können und wissen, dass es eine Strahlenschutz- und eine Röntgenverordnung gibt.

Projekt

„Radium als Allheilmittel"

Einführung:
- Radium gewann anfangs des 20. Jahrhunderts als Heilmittel immer mehr an Bedeutung. Man fand, dass Radium Tumore, z. B. Hautkrebs, heilen kann.
- Daneben entwickelte sich eine „Radiumschwachtherapie". Die „Lebenskraft" des Körpers sollte mit dem geheimnisvollen Radium gestärkt werden. Lebensmittel → **B1** sowie Kosmetika → **B2** wurden mit Radium angereichert.

B1 Werbung für Lebensmittel

- Die Akzeptanz der Radioaktivität als vitalisierendes Heilmittel erhöhte sich, als Radon in Badewässern entdeckt wurde (z. B. St. Joachimsthal). Das Gas Radon entsteht beim Zerfall von Radium → **radioaktiver Zerfall**. Zu Hause wurde mit einem „Radonateur" das Badewasser mit Radon angereichert.
- Traurige Berühmtheit erlangte das Arzneimittel „Radiothor". Es war mit Radium angereichertes Wasser. 1932 starb der Amerikaner E. BYERS an Strahlenschäden, nachdem er 1928–1930 täglich zwei Flaschen Radiothor zur Schmerztherapie einnahm.
- Dieser Tod und die schweren Krankheitssymptome, die man ab 1924 bei Zifferblattmalerinnen feststellte, beendete die Euphorie für die Radiumprodukte. Die Malerinnen trugen ohne jede Schutzmaßnahme radiumhaltige Leuchtfarben auf Zifferblätter von Uhren auf.
- Seit 1960 ist durch die Strahlenschutzverordnung der Einsatz von radioaktiven Produkten streng geregelt. Möglich sind „Radontherapien" in Kureinrichtungen, wie z. B. in „Radonstollen" → **B3** .

B2 Werbung für Puder und Creme der Firma Tho-Radia

Arbeitsaufträge:
Teilt euch in Gruppen auf. Jede Gruppe bearbeitet eines der folgenden Themen und erstellt ein Plakat.
Hinweis: Viele Informationen findet man im Internet unter http://www.isr.uni-hannover.de/, Stichworte dort sind: Forschung, Publikationen, Autor Michel.

1 Präsentiert radiumhaltige Lebens-, Genussmittel und Kosmetika (Suchbegriffe im Internet: Radiumschwachtherapie, Tho-Radia).

2 Präsentiert radioaktive Arzneimittel und Geräte, die ein Bad in radonhaltigem Wasser zuhause erlaubten (Suchbegriffe wie bei Gruppe 1).

3 Stellt das Schicksal der Zifferblattmalerinnen dar (Suchbegriff im Internet: Zifferblattmalerinnen).

4 Stellt auf einer Karte dar, wo es in Europa Radonheilbäder/Radonstollen gibt (www.euradon.de).

5 Stellt die Argumente pro und contra „Radontherapie" dar (Suchbegriffe: Radontherapie, Radonstollen).

B3 Radonstollen in Bad Kreuznach

1. Natürliche, unabwendbare Strahlenexposition

Ein Zählrohr „tickt" auch ohne radioaktives Präparat in seiner Nähe. Ursache dafür ist die überall vorhandene ionisierende Umgebungsstrahlung. Sie stammt von natürlichen radioaktiven Strahlenquellen. Dazu gehören Nuklide, die bei der Entstehung der Erde gebildet wurden und große Halbwertszeiten haben, wie U-238, Th-232 und K-40.

Die ionisierende Umgebungsstrahlung trifft jeden Menschen. Man sagt: Er unterliegt einer unabwendbaren **natürlichen Strahlenexposition**. Diese besteht aus vier Komponenten:

- Die Strahlenexposition durch das radioaktive Gas **Radon**. Es entsteht in den Zerfallsreihen der radioaktiven Nuklide U-238 bzw. Th-232 und zerfällt selbst wieder durch einen α-Zerfall. U-238 und Th-232 sind überall in unterschiedlichster Konzentration in Böden und Gesteinen vorhanden. Radon diffundiert aus dem Erdboden oder dem Mauerwerk in die Luft und ist in geringer Konzentration praktisch überall vorhanden → **V1**. Vom Menschen eingeatmetes Radon kann im Atemtrakt zerfallen und ihn bestrahlen.
- Aus dem Boden gelangen die natürlichen radioaktiven Nuklide (z.B. K-40 → **V2**) in die Nahrungskette des Menschen. Diese verhalten sich bei Stoffwechsel-, Transport- und Ausscheidungsvorgängen wie nicht aktive Nuklide. So gelangen radioaktive Nuklide in alle Teile des menschlichen Körpers und werden über Stoffwechselprozesse wieder ausgeschieden. Als Ergebnis von Zufuhr und Ausscheidung stellt sich ein Gleichgewichtszustand der im Körper vorhandenen radioaktiven Nuklide her. Dies führt zu einer **körperinneren Strahlenexposition**.
- Die Radionuklide im Boden bewirken die **terrestrische Strahlenexposition**. Ihre Intensität ist je nach Zusammensetzung des Bodens von Ort zu Ort sehr unterschiedlich.
- Die **kosmische Strahlung** aus dem Weltraum enthält sehr energiereiche Teilchen. Ein Teil durchdringt die Atmosphäre. Diese Strahlung nimmt mit der Höhe zu und ist deshalb bei Bergtouren oder im Flugzeug verstärkt wirksam.

2. Zivilisatorische Strahlenexposition

Außer den natürlichen Strahlenquellen gibt es künstliche, die der Mensch sich selbst geschaffen hat. Er nutzt deren ionisierende Strahlung zu seinem Vorteil um den Preis einer zusätzlichen Strahlenexposition, die man **zivilisatorische Strahlenexposition** nennt. Beispiele sind Röntgenuntersuchungen und Computertomografie → **B4**.

Merksatz

Jeder Mensch ist einer unabwendbaren natürlichen und einer zivilisatorisch bedingten Strahlenexposition ausgesetzt.

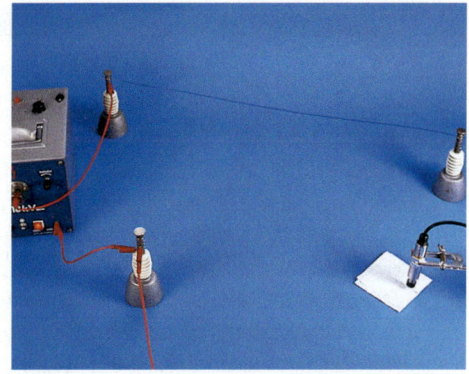

V1 Man verbindet einen längeren Metalldraht mit dem negativen Pol einer Spannungsquelle von 5 kV. Der positive Pol ist geerdet. Nach ein bis zwei Stunden nimmt man die Spannung weg und wischt den zuvor negativ geladenen Draht mit einem feuchten Papierstück ab. Dieses befestigt man vor dem Fenster eines Zählrohres. Man beobachtet eine Zählrate weit über der Nullrate. Also hat man eine radioaktive Substanz vom Draht abgewischt. Der Nachweis dieser radioaktiven Substanz gelingt in jedem Raum wie z.B. dem Klassenzimmer im Schulhaus oder dem Schlafzimmer zu Hause. In Kellerräumen ist die Aktivität der radioaktiven Substanz besonders hoch. Die Substanz besteht aus Folgeprodukten des radioaktiven Gases Radon.

V2 Wir stellen ein Kaliumsalz vor ein Zählrohr. Die Zählrate ist deutlich höher als der Nulleffekt. Ursache ist das radioaktive Kaliumisotop K-40 ($T_{1/2} = 1{,}28 \cdot 10^9$ a), das zu 0,0117 % im natürlichen Kalium vorkommt.

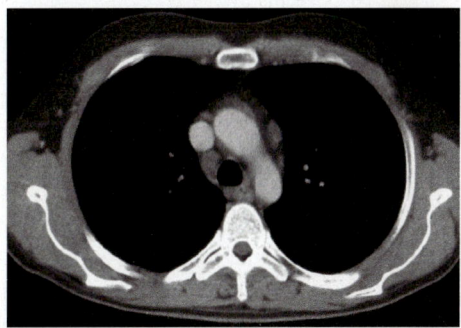

B4 Computertomogramm eines Brustkorbs. Derartige Bilder erzeugt man mit einer um den Körper rotierenden Röntgenanordnung.

Effektive Dosis

Bei der Bestimmung der effektiven Dosis ist zu beachten:

- *Verschiedene Strahlenarten haben bei gleicher Energiedosis unterschiedliche biologische Wirkungen.* Dies hängt u. a. mit der unterschiedlichen Ionisierungsdichte der Strahlenarten zusammen.
- *Die Strahlenempfindlichkeit einzelner Gewebe und Organe ist unterschiedlich.*

Die effektive Dosis wird deshalb wie folgt gebildet **→ B1** : Aus der Energiedosis D_T, die ein Organ T enthält, wird mit dem Strahlungswichtungsfaktor W_R **→ Anhang** zunächst die Organdosis $H_T = W_R \cdot D_T$ bestimmt und daraus mithilfe des Gewebe-Wichtungsfaktors W_T **→ Anhang** die effektive Dosis $E = W_T \cdot H_T$ berechnet. Werden mehrere Organe getroffen, wird über alle bestrahlten Organe aufsummiert:

$E = W_{T1} \cdot H_1 + W_{T2} \cdot H_2 + \dots$.

Die Einheit der effektiven Dosis E ist auch 1 J/kg. Man nennt sie 1 Sievert = 1 Sv.

Energie-dosis Die Energiedosis gibt die durch Strahlung auf das Gewebe übertragene Energie an.

Multiplikation mit dem Strahlungs-Wichtungsfaktor W_R

Organ-dosis Die Organdosis wichtet die Energiedosis unter Berücksichtigung der biologischen Wirksamkeit der Strahlenarten.

Multiplikation mit dem Gewebe-Wichtungsfaktor W_T

Effektive Dosis Die effektive Dosis wichtet die Organdosis unter Berücksichtigung der Strahlenempfindlichkeit der Organe und Gewebe.

B1 Bildung der effektiven Dosis

Die Wichtungsfaktoren W_R und W_T wurden von der Internationalen Strahlenschutzkommission ICRP vorgeschlagen und werden einschließlich der effektiven Dosis seit dem Jahre 2001 im deutschen Strahlenschutzrecht verwendet. Vor 2001 gab es etwas andere Dosisgrößen. So wurde dort z.B. aus der Energiedosis D eine Äquivalentdosis $H = q \cdot D$ bestimmt. Dabei enthielt der Bewertungsfaktor q Informationen über die Art der Strahlung.

1. Erste böse Erfahrungen mit ionisierender Strahlung

H. A. BECQUEREL trug 1901 ein nicht abgeschirmtes Radiumpräparat in der Westentasche. Nach zwei Wochen zeigte seine Haut Verbrennungserscheinungen mit einer schwer heilenden Wunde. Bei Menschen, die mit Röntgenstrahlen ohne Schutzvorrichtungen umgingen, traten schwere Erkrankungen, ja Todesfälle auf. Heute kennt man die Wirkung **ionisierender Strahlung** auf den lebenden Organismus sehr viel genauer. Man weiß, dass nicht jede Strahlenexposition – d.h. ionisierende Strahlung trifft einen Menschen – gleich zu einem biologischen Schaden führen muss, wohl aber kann.

2. Einwirkung ionisierender Strahlen auf lebende Zellen

Ein **Strahlenschaden**, den ionisierende Strahlung verursachen kann, ist das Endglied einer komplexen Reaktionskette aus physikalischen, chemischen und biologischen Prozessen. Vor allem die Ionisation von Molekülen bewirkt Zellschäden. Moleküle der Desoxyribonukleinsäure (DNS) im Zellkern, die die Erbinformation enthalten, sind besonders sensibel für Strahlung.

Erwähnen muss man aber, dass jeder Organismus über wirksame Abwehrmechanismen verfügt, mit denen er Schäden an der DNS reparieren oder durch das Immunsystem erkennen und eliminieren kann. Erst wenn diese Abwehrsysteme versagen, kommt es zum Strahlenschaden.

Merksatz

Ursache der Strahlenschäden ist u.a. die Ionisation von Molekülen. Nicht jede Strahlenexposition führt zu einem Schaden.

3. Strahlenexposition quantitativ erfasst; Dosisgrößen

Erfährt ein Mensch eine Strahlenexposition, möchte man wissen, wie stark sie war und welche mögliche Folgen sie hat. Dazu muss man die Strahlenexposition quantitativ erfassen und hat deshalb **Dosisgrößen** definiert. Die fundamentalste von diesen ist die **Energiedosis D**: Trifft ionisierende Strahlung auf Gewebe, so gibt sie dort Energie ab. Je mehr Energie W die Strahlung an ein Gewebe der Masse m abgibt, desto größer kann dort der angerichtete Schaden sein. Die Definition der **Energiedosis D** berücksichtigt dies. Es ist:

$$D = \frac{W}{m} \text{ mit der Einheit } 1 \, \frac{\text{J}}{\text{kg}}$$

Oft werden Menschen einer geringen Strahlenexposition ausgesetzt. Dabei *kann* eine Strahlenwirkung eintreten (z.B. eine Krebserkrankung), *muss* es aber nicht. Man sagt: Es besteht ein **Strahlenrisiko**. Darunter versteht man die *Wahrscheinlichkeit* für das Eintreten eines Strahlenschadens nach einer geringen Strahlenexposition. Man erfasst dieses Risiko durch die **effektive Dosis E**.

Sie wird aus der Energiedosis mit Hilfe von sogenannten Wichtungsfaktoren berechnet → **Vertiefung**. Die Einheit der effektiven Dosis ist 1 J/kg. Man nennt sie **1 Sievert** (**1 Sv**). Es ist 1 Sv = 1 J/kg und 1 mSv = 10^{-3} J/kg.

In → **B2** und → **T1** sind Beispiele für effektive Dosen angegeben.

Die effektive Dosis ermöglicht eine einheitliche Beurteilung des Risikos für Strahlenwirkungen, unabhängig z. B. davon, welche Strahlenart den Menschen getroffen hat, oder welches seiner Organ bestrahlt wurde. Erhalten zwei Personen unterschiedliche Strahlenexposition, die aber dieselbe effektive Dosis bewirken, haben sie dasselbe Risiko, einen Strahlenschaden zu erleiden. Je größer die effektive Dosis ist, umso größer ist die Wahrscheinlichkeit, dass ein Strahlenschaden auftritt. Hinweis: Bei den Strahlenschäden handelt es sich genauer um → **stochastische Strahlenschäden**.

Merksatz

Die effektive Dosis E erfasst das stochastische Strahlenrisiko des Menschen bei geringer Strahlenexposition. Die Einheit ist 1 Sievert = 1 Sv = 1 J/kg.

4. Mögliche Schäden durch eine Strahlenexposition

Man unterscheidet zwei Gruppen von Strahlenschäden. Sind die Erkrankungen umso schwerer, je größer die empfangene Dosis ist, spricht man von **deterministischen Strahlenschäden.** Für sie gibt es eine *Schwellendosis*, unterhalb der keine medizinisch nachweisbaren Symptome auftreten. → **T2** zeigt Beispiele solcher Strahlenschäden.

Strahlenschäden, bei denen die *Wahrscheinlichkeit* des Auftretens umso größer ist, je größer die Dosis ist, nennt man **stochastische Strahlenschäden.** Die Höhe der Dosis hat dabei keinen Einfluss auf die Schwere der Erkrankungen. Dazu zählen Leukämie und Tumorerkrankungen (Krebs) → **A1**.

Zu den stochastischen Schäden zählen auch Veränderungen der Erbanlagen (genetische Strahlenschäden), die sich erst bei den Nachkommen auswirken. Solche Schäden konnten beim Menschen bislang nicht nachgewiesen werden.

Merksatz

Man unterscheidet deterministische und stochastische Strahlenschäden.

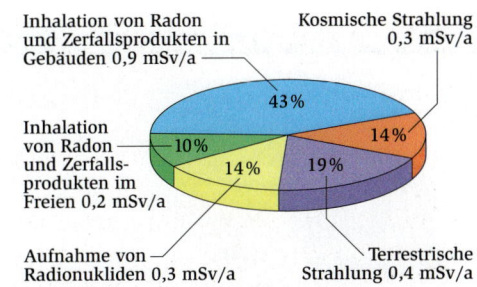

B2 Effektive Dosis eines Menschen pro Jahr durch die natürliche Strahlenexposition in Deutschland im Detail. Insgesamt beträgt sie im Mittel 2,1 mSv pro Jahr.

Untersuchungsart	E in mSv
a) Untersuchungen mit Röntgenaufnahmen	
Zahnaufnahme	≤ 0,01
Gliedmaßen	< 0,01 – 0,1
Mammografie	0,2 – 0,6
b) Röntgenaufnahme/Röntgendurchleuchtung	
Magen	6 – 12
Darm	10 – 18
c) Computertomografieuntersuchungen (CT)	
Wirbelsäule/Skelett	2 – 11
Bauchraum	10 – 25
d) nuklearmedizinische Untersuchungen	
Skelettszintigrafie	3 – 8

T1 Effektive Dosen E bei verschiedenen medizinischen Untersuchungen.

D in J/kg	mögliche Erkrankungen
1 – 3	Übelkeit, Erbrechen, Durchfall, Halsschmerzen; Erholung nach 3 Monaten wahrscheinlich
3 – 8	schwere Schäden im Blutbild, Fieber, Haarausfall, innere Blutungen; gehäuft Todesfälle
8 – 15	Erbrechen nach 5 Minuten, qualvolle Kopfschmerzen; Tod in wenigen Tagen

T2 Erkrankungen eines Menschen durch kurzzeitige Bestrahlungen des Körpers.

Mach's selbst

A1

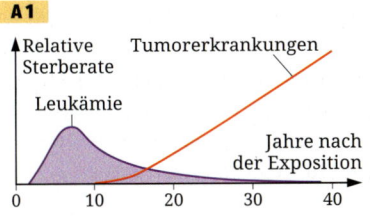

Das Diagramm zeigt das Zeitmuster der durch Strahlenexposition hervorgerufenen Leukämie- und Krebserkrankungen unter den Überlebenden der Atombombenexplosionen 1945 in Japan. Interpretiere das Bild.

A2 Vergleiche die effektiven Dosen, die ein Mensch bei Röntgenuntersuchungen erhält → **T1**, mit denen, die er durch die natürliche Strahlenexposition in einem Jahr bzw. in 80 Jahren erhält → **B2**.

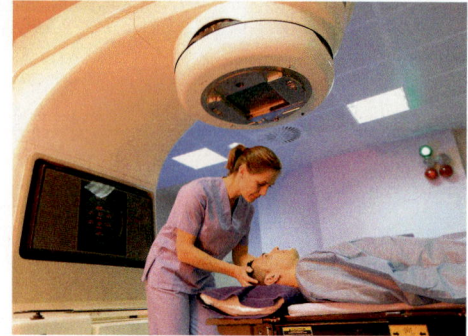

B1 Gammakamera

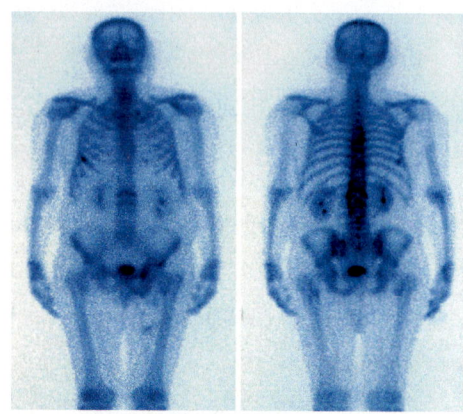

B2 Szintigramm des Skeletts eines Menschen von vorne und von hinten. Dort, wo die dem Menschen zugeführte radioaktive Substanz sich ansammelt, ist die Strahlung intensiver, die Stellen sind dunkler. Der Grad der Schwärzung hilft dem Arzt bei seiner Diagnose.

Quelle für die γ-Strahlung

Pendelbewegung der Strahlungsquelle

Tumor   Körper

B3 Krebsbehandlung mit γ-Strahlung. Die Quelle pendelt um den Krankheitsherd.

Radioaktive Nuklide – auch **Radionuklide** genannt – finden vielfältige Anwendungen in den verschiedensten Gebieten, so auch bei der → **Altersbestimmung**, S. 89. Im Folgenden werden einige wenige Beispiele aus der Medizin skizziert. Dort sind Radionuklide ein oft unersetzbares Hilfsmittel, sowohl bei der Diagnose als auch bei der Therapie von Krankheiten.

1. Radionuklide in der medizinischen Diagnostik

Die **nuklearmedizinische Diagnostik** nutzt aus, dass im menschlichen Körper bestimmte Substanzen in Organen und Geweben unterschiedlich gut aufgenommen und ausgeschieden werden. Bei einer Untersuchung werden dem Patienten Substanzen verabreicht, an die ein Gammastrahlung aussendendes Radionuklid chemisch gebunden ist. Die so radioaktiv markierte Verbindung verhält sich bei allen Vorgängen im Körper wie die entsprechenden nicht aktiven Substanzen. Anhand der Gammastrahlung lässt sich dann von außen die Geschwindigkeit der Aufnahme und Ausscheidung sowie die Anreicherung in verschiedenen Organen verfolgen. Daraus lassen sich diagnostische Aussagen treffen. Die Strahlung wird von Detektoren nachgewiesen. Sie sind in Gammakameras → **B1** so angeordnet, dass sich sogar der ganze Körper abbilden lässt. Die Bilder nennt man **Szintigramme** → **B2** .

2. Radionuklide in der medizinischen Therapie

Ein Beispiel für die Therapie ist die Bestrahlung von Krebsgeschwülsten. Die in schneller Teilung begriffenen Krebszellen reagieren auf ionisierende Strahlung besonders empfindlich. Die Kunst des Arztes besteht darin, den Krankheitsherd mit ionisierender Strahlung möglichst weit zu zerstören und dabei benachbartes gesundes Gewebe zu schonen. Deshalb wird mit der Apparatur von → **B3** die Krebsgeschwulst gezielt mit γ-Strahlung aus verschiedenen Richtungen bestrahlt, indem die Strahlenquelle um den Krankheitsherd auf einem Kreisbogen pendelt. Gesundes Gewebe in der Umgebung des Krankheitsherdes wird somit deutlich weniger bestrahlt als der Krankheitsherd. Als Quelle für die γ-Strahlung verwendete man früher Radionuklide wie Co-60, heute aber Geräte, in denen die γ-Strahlung wie die Röntgenstrahlen in einer Röntgenröhre erzeugt wird.

Ein anderes Beispiel ist die **Radiojodtherapie** zur Behandlung von Krebserkrankungen der Schilddrüse. Dem Patienten wird dabei das Isotop I-131 verabreicht, das β- und γ-Strahlung aussendet. Jod reichert sich fast ausschließlich in der Schilddrüse an, sodass nur dort die Betastrahlung mit einer sehr hohen Dosis wirkt und die Krebszellen zerstört. Die γ-Strahlung führt einerseits zu einer unerwünschten Strahlenexposition der anderen Körperteile, andererseits ermöglicht sie aber von außen mit einer Gammakamera die Speicherung von I-131 in der Schilddrüse zu überwachen.

1. Schutz vor ionisierender Strahlung

Der Strahlenschutz geht weltweit nach dem **„ALARA-Prinzip"** vor. ALARA steht für „As low as reasonably achievable". Das bedeutet: Maßnahmen, die ergriffen werden, um die Strahlen-exposition so gering wie möglich zu halten, müssen unter Berücksichtigung wirtschaftlicher, technischer und sozialer Faktoren sinnvoll sein. Erste Regel des Strahlenschutzes ist es, jede unnötige Expositionen zu vermeiden!

Für unvermeidbare Expositionen bei externer Bestrahlung eines Menschen gibt es vier Grundregeln:
1. Eine Quelle mit einer **geringen Aktivität** verwenden.
2. Die **Aufenthaltsdauer** in einem Strahlenfeld beschränken.
3. **Abstand** zur Strahlenquelle halten → **V1** .
4. **Abschirmung** der Strahlung durch geeignete Materialien.

Zur Beschränkung interner Bestrahlung gibt es weitere hier nicht aufgeführte Grundregeln. Wichtig ist zu wissen: Strenge gesetzliche Vorschriften regeln den Umgang mit radioaktiven Stoffen und Röntgengeräten. Es sind dies die *Strahlenschutz-verordnung* (*StrlSchV*) und die *Röntgenverordnung* (*RöV*). Vor-schrift ist, dass dort, wo ionisierende Strahlung auftritt, ein **Strahlenzeichen** → **B1** angebracht werden muss.

> **Merksatz**
> Jede unnötige Strahlenexposition ist zu vermeiden.
> Bei einer äußeren Strahlenexposition gelten die vier Grund-regeln des Strahlenschutzes.
> Strahlenschutzverordnung und Röntgenverordnung regeln den Umgang mit radioaktiven Stoffen und Röntgengeräten.

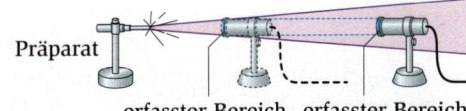

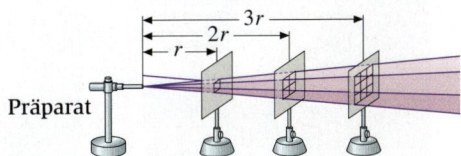

V1 Ein punktförmiger γ-Strahler steht vor einem Zählrohr. Verdoppelt man den Ab-stand, so sinkt die Zählrate auf den vierten Teil, im dreifachen Abstand auf den neun-ten Teil. Das von der Quelle ausgehende Strahlenbündel hat nämlich im doppelten Abstand einen vierfachen, im dreifachen Abstand einen neunfachen Querschnitt.

B1 Strahlenzeichen

Mach's selbst

A1 Halte ein Kurzreferat über die medizinischen Anwendun-gen radioaktiver Nuklide.

A2 Bewerte den Nutzen und das Risiko einer Röntgenaufnah-me der Zähne.

A3 Die Strahlung radioaktiver Stoffe ist gefährlich und darf nicht genutzt werden. Nimm zu dieser Aussage Stellung.

A4 Informiere dich – z.B. auf den Homepages der Universi-tätskliniken für Nuklearmedizin – über die effektive Dosis, die ein Patient während einer Radiojod-therapie der Schilddrüse erhält und bewerte diese Strahlenex-position im Vergleich zum Thera-pienutzen.

A5 Bericht aus der Hannover-schen Allgemeinen Zeitung vom 14.05.2009: „Die Region Hanno-ver hat Anzeichen radiologi-scher Belastungen in Wohnun-gen gefunden. Dort wurden deutlich erhöhte Werte des krebserregenden Gases Radon in der Raumluft festgestellt. Als Höchstwert maßen die Experten 540 Becquerel pro Kubikmeter, der geringste Messwert betrug 50 Becquerel pro Kubikmeter. Den Bewohnern der betroffenen Wohnungen empfiehlt man, re-gelmäßig zu lüften…"
a) Informiere dich über das Ra-donproblem, z.B. in diesem Buch und unter www.bfs.de.

Nenne den Höchstwert für die Radonkonzentration in Räumen (in Bq/m^3), den das Bundesamt für Strahlenschutz noch für ver-tretbar hält.
b) Suche nach Maßnahmen – au-ßer Lüften –, die Radonkonzen-tration in Wohnungen zu redu-zieren.

A6 **a)** Begründe die Grundre-geln des Strahlenschutzes.
b) Nenne Abschirmmaterialien für einzelne Strahlungsarten.

A7 Suche unter www.bfs.de nach Strahlengrundsätzen für nichtionisierende Strahlung und berichte der Klasse über die der Mobilfunk- und der UV-Strahlung.

B1 Fritz STRASSMANN (1902–1980), Lise MEITNER (1878–1968) und Otto HAHN (1879–1969) (von links nach rechts) entdeckten 1938 die Kernspaltung.

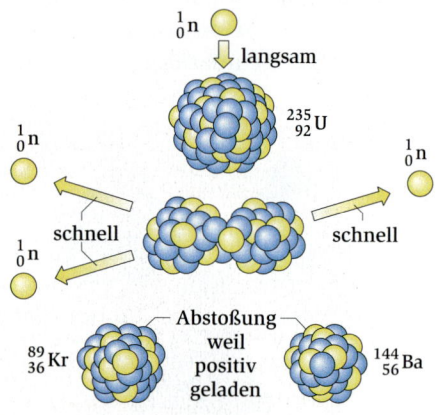

B2 Beispiel einer Kernspaltung von U-235

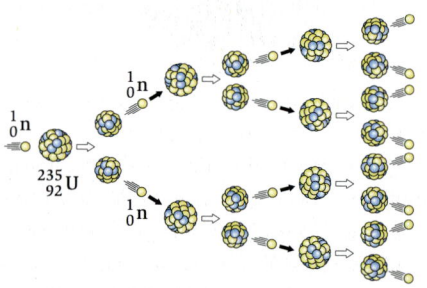

B3 Kettenreaktion

B4 Atombombenexplosion am 6.8.1945 in Hiroshima. Eine zweite Atombombe fiel am 9.8.1945 auf Nagasaki.

1. Neutronen können Urankerne U-235 spalten

Natürliches Uran besteht zu 99,3 % aus U-238 und zu 0,7 % aus U-235. Beschießt man einen U-235-Kern mit einem langsamen, d.h. energiearmen Neutron, kann eine **Kernspaltung** auftreten → B1 und B2. Das Neutron wird dabei vom Kern eingefangen und regt den kugelförmigen Kern zu einer Änderung seiner Form an. Er erreicht kurzzeitig eine hantelförmige Gestalt. Die Nukleonen an der engen Einschnürung sind mit ihren Kernkräften kurzer Reichweite nicht mehr in der Lage, die Hantel zusammen zu halten. Die weit reichende elektrische Abstoßung der Protonen überwiegt. Sie trennt die Hantel und treibt die Bruchstücke – **Spaltprodukte** genannt – mit hoher Geschwindigkeit auseinander. Dabei werden einige energiereiche (man sagt: schnelle) Neutronen freigesetzt. Energie, die im Atomkern steckte, wird so in Bewegungsenergie der Bruchstücke und der Neutronen umgesetzt. Dabei wird viel mehr Energie frei als das langsame Neutron mitgebracht hat. Diese freigesetzte Energie kommt aus dem Kern. Man bezeichnet sie als **Kernenergie**. Im Beispiel in → B2 gilt:

$$^{235}_{92}U + ^{1}_{0}n \rightarrow ^{89}_{36}Kr + ^{144}_{56}Ba + 3\,^{1}_{0}n + \text{Energie}.$$

Werden alle Kerne von 1 kg reinem Uran U-235 gespalten, wird so viel Energie frei wie bei der Verbrennung von ca. 2 800 t Kohle.

2. Ungeregelte Kettenreaktion

Die Neutronen, die bei einer Kernspaltung freigesetzt werden, können weitere Kernspaltungen hervorrufen. Deshalb kann die gesamte Kernenergie einer größeren Menge U-235 fast momentan umgesetzt werden. Löst z.B. ein Neutron – wo immer es auch herkommt – eine Kernspaltung aus → B3, werden zwei bis drei Neutronen frei. Ist eine ausreichende Menge an reinem U-235 angehäuft, erzeugen diese wiederum Spaltungen, bei denen weitere Neutronen freigesetzt werden – diesmal bis zu neun Neutronen, die erneut spalten können usw. Die Zahl der Spaltungen nimmt lawinenartig zu. Dabei spielt sich alles in äußerst kurzer Zeit ab, da jeder Spaltprozess unmittelbar abläuft und die Neutronen sofort nach ihrer Freisetzung einen anderen Kern treffen. Im Bruchteil einer Sekunde können so alle Kerne gespalten werden. Bei 1 kg reinem U-235 sind das $2{,}6 \cdot 10^{24}$ Kerne! Man nennt diesen Prozess eine **ungeregelte Kettenreaktion**. Eine solche Kettenreaktion wird in einer **Atombombe** ausgelöst. Riesige Energiemengen werden dabei in kürzester Zeit mit schrecklichen Folgen umgesetzt → B4.

Merksatz

U-235-Kerne lassen sich mit Neutronen spalten. Dabei wird im Vergleich zu chemischen Prozessen viel Energie frei.
In einer größeren Menge U-235 besteht die Möglichkeit einer Kettenreaktion.

3. Geregelte Kettenreaktion

Eine **geregelte Kettenreaktion** läuft in einem **Kernreaktor** → **B5** , dem Hauptbestandteil eines **Kernkraftwerkes,** ab. Der Kernreaktor ist ein ca. 10 m hohes Druckgefäß aus 20 bis 25 cm dickem Stahl, in dem ca. 200 **Brennelemente** → **B6** stehen. Jedes Brennelement enthält viele fingerdicke **Brennstäbe**. Die Brennstäbe werden von Wasser umspült, zwischen sie lassen sich **Regelstäbe** einschieben → **B7** .

Das Prinzip der geregelten Kettenreaktion zeigt → **B7** : Ein langsames Neutron trifft einen U-235-Kern, der sich spaltet. Dabei entstehen schnelle Neutronen, das sind Neutronen mit viel Bewegungsenergie. Diese müssen abgebremst werden, da langsame, energiearme Neutronen mit einer viel größeren Wahrscheinlichkeit weitere Spaltungen hervorrufen können als schnelle Neutronen. Die Abbremsung erfolgt durch Wasser (H_2O) – auch Moderator genannt –, da die Neutronen beim Stoß mit den fast gleich schweren Wasserstoffkernen, den Protonen, viel an Bewegungsenergie verlieren.

Man regelt die Kettenreaktion mit Regelstäben. Diese enthalten Bor oder Cadmium, deren Atomkerne langsame Neutronen relativ gut absorbieren. Sind die Regelstäbe vollständig eingefahren, ist die Kettenreaktion unterbrochen und der Reaktor abgeschaltet. Zieht man die Regelstäbe langsam heraus, nimmt die Zahl der Spaltungen pro Sekunde zu. Die ersten Spaltungen werden dabei durch eine Neutronenquelle in Gang gesetzt. Im Dauerbetrieb ruft genau eines der frei gesetzten Neutronen wieder eine neue Spaltung hervor. So bleibt die Zahl der Spaltungen und damit die freigesetzte Energie pro Sekunde konstant.

Merksatz
In einem Kernreaktor wird mithilfe von Regelstäben eine Kettenreaktion geregelt.

4. Kernkraftwerk

Ein Kernkraftwerk ist ein → **Wärmekraftwerk**. Der heiße Dampf, der die Turbinen antreibt, wird dabei im Kernreaktor → **B5** erzeugt. Die Brennstäbe und das sie umgebende Wasser werden dort durch die Kernspaltungen stark erhitzt (ca. 300 °C). Das Wasser steht unter einem Druck von 150 bar und siedet deshalb nicht. Es zirkuliert in einem Kreislauf im Kernreaktor (Primärkreislauf) und transportiert die Energie zu einem Wärmetauscher. Dort gibt es die Energie an einen weiteren Kreislauf (Sekundärkreislauf) ab. Das Wasser dieses Kreislaufes verdampft im Wärmetauscher. Der Dampf treibt die Turbinen an und diese Generatoren, welche die Energie in elektrische Energie wandeln.

Merksatz
Ein Kernkraftwerk ist ein Wärmekraftwerk. In ihm wird Kernenergie in elektrische Energie umgewandelt.

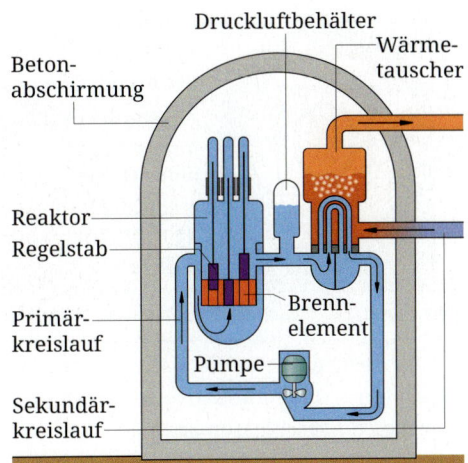

B5 Kernreaktor

B6 Brennelement: Es enthält viele fingerdicke Brennstäbe. In ihnen befindet sich der „Brennstoff" des Kernreaktors. Es ist natürliches Uran, das bis zu 4 % mit dem spaltbaren Isotop U-235 angereichert wurde. Alle Brennstäbe eines Kernreaktors zusammen enthalten ca. 100 t Uran.

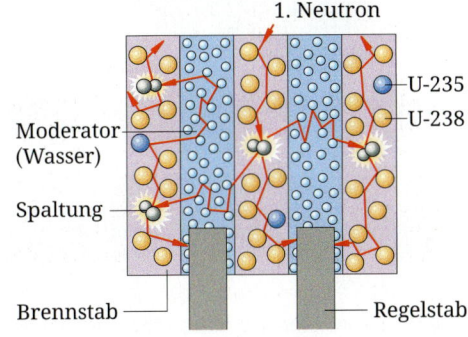

B7 Prinzip der geregelten Kettenreaktion

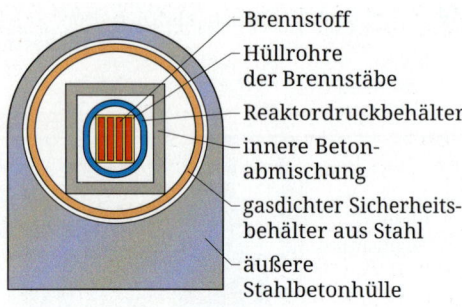

- Brennstoff
- Hüllrohre der Brennstäbe
- Reaktordruckbehälter
- innere Betonabmischung
- gasdichter Sicherheitsbehälter aus Stahl
- äußere Stahlbetonhülle

B1 Schema der Sicherheitsbarrieren eines Kernreaktors, die dafür sorgen müssen, dass das radioaktive Inventar immer sicher eingeschlossen ist.

Vertiefung

Plutonium

Das zu ca. 96 % im Reaktor vorhandene U-238 absorbiert in seinem Kern Neutronen; man spricht von einem **Neutroneneinfang**. Dadurch bildet sich der Kern U-239. Dieser zerfällt in Plutonium Pu-239 wie folgt:

$$^{238}_{92}\text{U} \xrightarrow[\text{Einfang}]{n} {}^{239}_{92}\text{U} \xrightarrow[23\,\text{min}]{\beta^-} {}^{239}_{93}\text{Np} \xrightarrow[2,3\,\text{d}]{\beta^-} {}^{239}_{94}\text{Pu}$$

Pu-239 ist radioaktiv und zerfällt mit einer Halbwertszeit von 24 000 Jahren. Es kann als Brennstoff für Kernreaktoren oder zum Bau von Atombomben verwendet werden.

a)

b)

B2 **a)** Transportbehälter für abgebrannte Brennelemente, **b)** Zwischenlager

5. Zur Sicherheit eines Kernkraftwerkes

Die im Kernreaktor entstehenden Spaltprodukte sind radioaktiv mit zum Teil großen Halbwertszeiten. Ein Beispiel:

$$^{135}_{52}\text{Te} \xrightarrow[18\,\text{s}]{\beta^-,\,\gamma} {}^{135}_{53}\text{I} \xrightarrow[6,6\,\text{h}]{\beta^-,\,\gamma} {}^{135}_{54}\text{Xe} \xrightarrow[9,2\,\text{h}]{\beta^-,\,\gamma} {}^{135}_{55}\text{Cs} \xrightarrow[2\cdot10^6\,\text{a}]{\beta^-} {}^{135}_{65}\text{Ba}.$$

Zusätzlich werden in jedem Reaktor Plutonium → **Vertiefung** und andere sogenannte **Transurane** gebildet, die ausnahmslos radioaktiv sind und große Halbwertszeiten besitzen. Auch nach dem Abschalten eines Reaktors strahlen die Spaltprodukte und die Transurane weiter. Die dabei frei gesetzte Energie muss abgeführt werden, damit der Reaktorkern nicht schmilzt.

Das radioaktive Inventar eines Kernreaktors darf nicht in die Umwelt gelangen. Es muss sicher eingeschlossen sein. Die bei uns üblichen Reaktoren haben mehrere **Sicherheitsbarrieren** → **B1** und weitere hier nicht beschriebene aktive Sicherheitselemente, die zudem mehrfach vorhanden sind.

6. Die Entsorgung der radioaktiven Abfälle des Kernreaktors

a) Brennstäbe „brennen" ab: Das Uran U-235 in den Brennstäben wird im Laufe der Zeit verbraucht. Dafür reichern sich dort immer mehr Spaltprodukte und Transurane an. Von den ca. 100 t Uran, die ein Kernkraftwerk von 1000 MW elektrischer Ausgangsleistung enthält, werden jährlich ca. 30 t ausgetauscht, da der Anteil von U-235 sonst so gering wird, dass die Kettenreaktion erlischt.

b) Entsorgung der abgebrannten Brennelemente: Die Spaltprodukte und die Transurane zerfallen in den abgebrannten Brennelementen weiter. Diese werden dabei durch die bei den Kernzerfällen freigesetzte Energie erwärmt. Damit die Brennelemente sich nicht zu sehr erhitzen und schmelzen, werden sie zunächst für ein Jahr in Wasserbecken im Reaktor gelagert. In dieser Zeit klingt die Aktivität infolge des Zerfalls der kurzlebigen Spaltprodukte auf unter 1 % des Anfangswertes ab. Die „abgebrannten" Brennelemente werden in Deutschland mit speziellen Transportbehältern → **B2a** vom Reaktor in Zwischenlager gebracht → **B2b**. Danach gibt es zwei Möglichkeiten zur Entsorgung:

- Die abgebrannten Brennelemente werden zu **Endlagern** transportiert, in denen sie unbefristet und sicher eingeschlossen sind. Als solche kommen z. B. Salzstöcke oder Granitkomplexe infrage. In Deutschland hat man sich für diese Möglichkeit der direkten Endlagerung entschieden. Ein Endlager steht derzeit allerdings nicht zur Verfügung.
- Man transportiert die abgebrannten Brennelemente in eine **Wiederaufarbeitungsanlage**. Dort trennt man Uran und Plutonium chemisch ab. Das gewonnene Uran und Plutonium kann für neue Brennelemente verwendet werden. Die nicht verwertbaren radioaktiven Reste und die bei der Wiederaufbereitung anfallenden hochradioaktiven Abfälle lagert man in Salzstöcken o. ä. ein.

Vertiefung

Beispiele von Unfällen in Kernkraftwerken

A. Tschernobyl

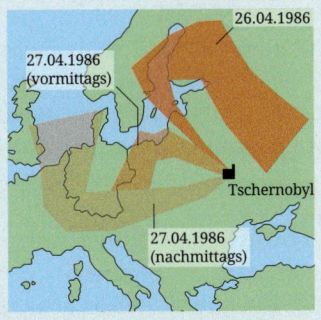

Am 26.4.1986 fand im ukrainischen Tschernobyl in einem Kernkraftwerk ein schwerer Unfall statt. Eine Fehlbedienung führte in einem Kernreaktor zu einer chemischen Explosion. Da bei dem Reaktor eine äußere Schutzhülle fehlte, wurden radioaktive Stoffe mit einer Aktivität von etwa $2 \cdot 10^{18}$ Bq in die Atmosphäre in große Höhe geschleudert und durch Winde über Europa verteilt. Nach dem Unglück wurden in einem Umkreis von 30 km um Tschernobyl zunächst ca. 100 000 Menschen evakuiert, später weitere 200 000 umgesiedelt.

Auch Deutschland war von der Reaktorkatastrophe betroffen. Das langlebige Spaltprodukt Cs-137 ($T_{1/2} =$ 30 a) aus Tschernobyl war hier auch 2015 noch in der Umwelt nachzuweisen.

B. Fukushima

Am 11.3.2011 ereignete sich infolge eines Seebebens der Stärke 9,0 und einer dadurch ausgelösten Serie von Tsunamis (Flutwellen) an der Küste Japans eine verheerende Naturkatastrophe. Ganze Landstriche wurden verwüstet, mehr als 15 000 Menschen kamen ums Leben.

Schwer betroffen waren auch die sechs Kernkraftwerke bei Fukushima Daiichi. Dort überrollte eine 13 m hohe Tsunamiwelle einen nur 5,7 m hohen Schutzwall. Kühlsysteme fielen aus, es kam zum Schmelzen von Brennelementen und Wasserstoffexplosionen. Größere Mengen an radioaktiven Stoffen – etwa einen Faktor 10 weniger als in Tschernobyl – wurden freigesetzt. Rechtzeitig konnte man aber ca. 80 000 Menschen im Umkreis von 20 km evakuieren.

Mach's selbst

Hinweis: Bei den folgenden Aufgaben sind manchmal Recherchen im Internet notwendig. Eine Quelle ist www.bfs.de.

A1 Bei der Spaltung eines U-235-Kerns entstehen als Spaltprodukte auch
a) Cs-137 und Rb-96,
b) Mo-103 und Sn-131,
c) La-147 und Br-87.
Bestimme jeweils die Reaktionsgleichung.

A2 Erkläre, was man unter einer kontrollierten Kettenreaktion versteht.

A3 **a)** Erkläre die Funktion der Brennstäbe und die der Regelstäbe in einem Kernreaktor.
b) Erkläre die zweifache Funktion des Wassers in einem Kernreaktor.

A4 Erläutere, warum in einem Kernreaktor hochradioaktive Stoffe entstehen.

A5 Deutschland hat im Mai 2011 beschlossen, vollständig aus der Nutzung der Kernenergie auszusteigen.
a) Nenne den Grund der damaligen Entscheidung.
b) Suche nach Gründen, warum andere Länder wie Frankreich oder Russland nicht aus der Nutzung der Kernenergie aussteigen wollen und Länder wie China neue Kernkraftwerke bauen.

A6 Trotz des Ausstiegs aus der Nutzung der Kernenergie muss für die hochradioaktiven Stoffe aus Kernkraftwerken, die z. B. in einem Zwischenlager abgestellt sind, ein sicheres Endlager bereitgestellt werden.

a) Nenne geologische Formationen, in denen in Deutschland diese Stoffe endgelagert werden sollen.
b) Informiere dich über den aktuellen Sachstand der Endlagerung in Deutschland und in anderen Ländern, z. B. Finnland und Schweden.
c) Stelle die Ergebnisse deiner Recherchen zur Endlagerung in den verschiedenen Ländern in einer Präsentation für deine Klasse zusammen.

A7 **a)** Informiere dich auf www. bfs.de über die Unfälle in den Kernkraftwerken Tschernobyl in der Ukraine und Fukushima in Japan.
b) Stelle die Ergebnisse deiner Recherchen für jedes Kernkraftwerk getrennt auf einem Poster dar.

Projekt: Endlagerung radioaktiver Abfälle

Zeit:
Mindestens drei Schulstunden und Arbeit zu Hause

Ziele:
1. Fachliche Informationen über radioaktive Abfälle z.B. aus Kernkraftwerken – erläutern zu können.
2. Darstellen können, wie die radioaktiven Abfälle entsorgt und endgelagert werden sollten.
3. Einige Gründe kennenlernen, warum die Endlagerung radioaktiver Abfälle sehr umstritten ist.
4. Erfahren, dass die Entscheidung über eine Endlagerung radioaktiver Zerfälle nicht allein mit physikalischem Wissen zu treffen ist, sondern eine gesamtgesellschaftliche Aufgabe ist.

Arbeitsmaterial:
Dieses Lehrbuch und die zwei Berichte auf diesen Seiten unter → **Interessantes** sowie eine Internetrecherche, z.B. bei www.bfs.de.

Arbeitsaufträge:
1 Erläutere, woher die radioaktiven Abfälle mit zum Teil großen Halbwertszeiten stammen, die in einem Endlager entsorgt werden müssen.
2 Informiere dich über den Naturreaktor Oklo in Zentralafrika.
3 Nenne Bedingungen, die ein Endlager erfüllen muss.
4 Nenne Gründe, warum man die radioaktiven Abfälle in geeigneten geologischen Schichten tief unter der Erdoberfläche vergraben sollte.
5 Informiere dich über die Aufgaben, die die Endlager-Suchkommission des Bundestages hat.
6 Nenne Punkte, die bei der Entscheidung über ein Endlager nicht allein mit physikalischem Wissen zu beantworten sind.
7 Suche nach Gründen, warum Finnland bereits eine Entscheidung über den Bau eines Endlagers getroffen hat, Deutschland aber noch nicht.

Zwei Berichte aus „www.ingenieur.de", dem Nachrichten-portal des VDI-Verlages (VDI = Verband Deutscher Ingenieure).

A. 20.04.2015: Atommüll-Endlagerung in Deutschland könnte sich noch bis 2170 hinziehen

B1 Fässer mit hochradioaktivem Atommüll im Atomlager Morsleben. Es könnte noch bis Ende des Jahrhunderts dauern bis sie in ein Endlager kommen.

Der Atommüll wird die Deutschen noch lange Zeit begleiten: Erst zwischen 2075 und 2130 soll der letzte Atommüllbehälter eingelagert werden. Und erst zwischen 2095 und 2170 soll ein Endlagerbergwerk schließlich verschlossen sein. Das berichtet die Frankfurter Zeitung und beruft sich dabei auf ein aktuelles Papier einer Arbeitsgruppe der Endlager-Suchkommission des Bundestags. Das wäre eine lange Zeit, die der in Glas eingeschweißte Atommüll in den 16 Zwischenlagern verbringen müsste. Doch diese Lager sind meist nichts anderes als einfache Hallen direkt an den Atomkraftwerken.

Kommissionsmitglied Michael Sailer warnt vor den Konsequenzen der langsamen Suche: „Ohne zügige Abwicklung der Endlagersuche könnte Atommüll in einigen Zwischenlagern bis nach 2100 bleiben." Dabei bestünde die Gefahr, dass die oberirdischen Lager durch Krieg oder Terrorismus beschädigt und große Mengen Radioaktivität freigesetzt würden. „Die Zwischenlagerung als Quasi-Dauerzustand hinzunehmen, würde künftige Generationen unverantwortlich belasten."

Dass Zwischenlager auf Dauer keine Lösung sind, beweist auch ein Blick ins stillgelegte Atomkraftwerk Brunsbüttel in Schleswig-Holstein. Dort lagern 631 Fässer mit radioaktiven Abfällen. Viele sind mittlerweile so durchgerostet, dass Inhalt ausläuft. Für Betreiber Vattenfall ist das aber scheinbar kein Grund zur Sorge: „Die Kavernen sind sicher, weder für das Personal noch für die Bevölkerung besteht Gefahr." Auch die Kosten für die langsame Suche nach einem geeigneten Endlager drohen aus dem Ruder zu laufen. „Auf den Staat kommen erhebliche finanzielle Risiken zu, wie auch die Untersuchungen des Bundeswirtschaftsministeriums zeigen", sagt Michael Müller. Der Vorsitzende der Endlager-Suchkommission schätzt, dass die Kosten für die Entsorgung in den nächsten Jahrzehnten auf 50 bis 70 Milliarden Euro ansteigen.

Das Problem: Das Budget der Stromkonzerne E.ON, RWE, EnBW und Vattenfall für den Abriss der Atomkraftwerke und die Zwischen- und Endlagerung beträgt insgesamt nur 36 Milliarden Euro. Muss der Steuerzahler für den Rest aufkommen?

Die 33-köpfige Endlager-Suchkommission des Bundestags besteht aus Politikern, Fachleuten und Vertretern der Zivilgesellschaft. Sie soll eigentlich bis 2031 ein sicheres Endlager finden – Ende 2022 will Deutschland das letzte Atomkraftwerk abschalten. Bis dahin werden AKW-Betreiber laut Bund für Umwelt und Naturschutz Deutschland (BUND) weit mehr als 300.000 Kubikmeter Atommüll erzeugt haben. 17.000 Tonnen davon sind hochradioaktive Abfälle. Es besteht weltweit Konsens, dass hochradioaktiver Abfall am sichersten tief unter der Erde untergebracht ist. Das beweist z. B. der Naturreaktor Oklo in Zentralafrika, in der durch natürlich entstandene Urankonzentration eine nukleare Kettenreaktion einsetzte. Die bei der Kernspaltung entstandenen Radionuklide sind innerhalb von zwei Milliarden Jahren weniger als 50 Meter weit gewandert.

B. 17.11.2015: Finnland genehmigt weltweit erstes Endlager für Atommüll

B2 Luftbild der finnischen Halbinsel Olkiluoto: Im Hintergrund sind Atomreaktoren zu sehen. Das Areal im Vordergrund gehört zum Endlager Onkalo.

Auf der Halbinsel Olkiluoto an der Westküste Finnlands soll der hochradioaktive Atommüll in einem 450 m tiefen Tunnel 100.000 Jahre lang liegen können.

Die Einwohner der benachbarten Dörfer sollen den Plan der finnischen Regierung akzeptiert haben. Die Firma Posiva erhielt die entsprechende Lizenz von der finnischen Regierung für den Bau des Endlagers Onkalo, der mit Kosten von 3,5 Milliarden Euro eingeplant wird. „Die Entscheidung ist für uns ein großer Schritt", sagte Posiva-Geschäftsführer Janne Mokka. „In diesem Projekt stecken über 40 Jahre Forschung und Entwicklung." Der Baubeginn des Endlagers in Finnland ist für 2023 geplant. Bis dahin muss Posiva jedoch noch die Umweltverträglichkeit prüfen...

Das Endlager soll Platz für bis zu 6500 t Atommüll bieten. Sie sollen in Tunnellöcher in 450 m Tiefe verschwinden. Die verbrauchten Brennelemente sollen zunächst in einen kupferummantelten Container gesteckt werden und dann in die entsprechenden Tunnellöcher geschoben werden. Diese werden mit der Vulkanasche Betonit versiegelt. Die Asche enthält ein Mineral, das sofort aufquillt, wenn es in Kontakt mit Wasser kommt.

100.000 Jahre sind ein Zeitraum, der aus heutiger Perspektive kaum zu überblicken ist. Experten stehen dem Projekt deshalb kritisch gegenüber. Sollte z. B. eine neue Eiszeit beginnen und Dauerfrost entstehen, könnte sich der Permafrost bis in eine Tiefe von 800 m ausbreiten und die Sicherheit des Endlagers gefährden. Die Firma Posiva schlägt für diesen Fall eine Verlagerung der Container vor. Nicht sonderlich originell.

Aber: Die Zeit drängt nun mal, um eine Lösung für die endgültige Lagerung hochradioaktiven Atommülls zu finden. Weltweit gibt es derzeit etwa 270.000 t radioaktiven Abfalls, von dem ein großer Teil in sogenannten Lagerteichen unter Wasser aufbewahrt wird.

Atommüll wird in drei Kategorien eingeteilt: hochradioaktiv, mittel- und schwachradioaktiv.

Während die schwachradioaktiven Abfälle größtenteils in Krankenhäusern entstehen und einfach vergraben werden, sind mittelradioaktive Stoffe schon schwieriger zu entsorgen. Sie werden oftmals in Beton gegossen. Richtig problematisch ist die Entsorgung hochradioaktiver Stoffe. Zwar machen sie nur 10 % des verseuchten Mülls aus, ihr radioaktiver Anteil aber 99,99 %. Was Deutschland anbelangt steht es mit seiner Energiewende zwar gut da. Doch bei der Suche nach einem Endlager kommt man hierzulande bislang auf keinen grünen Zweig. Die deutsche Regierung geht davon aus, dass 2050 ein erstes Endlager für Atommüll in Deutschland in Betrieb genommen werden kann. Jahrzehnte später also als in Finnland. Es gibt sogar Prognosen, wonach es noch sehr viel länger dauern wird.

Das ist wichtig

1. Aufbau der Atome

a) Alle Stoffe sind aus Atomen aufgebaut. Ein Atom besteht aus einer Atomhülle und einem Atomkern

b) In einem Atomkern befinden sich Z positiv geladene Protonen und N ungeladene Neutronen. Protonen und Neutronen sind die Kernbausteine oder Nukleonen. Kernkräfte halten sie zusammen. $A = N + Z$ ist die Nukleonenzahl.

c) In der Atomhülle befinden sich Z negativ geladene Elektronen. Ein Atom ist nach außen elektrisch neutral.

d) Entreißt man der Hülle des Atoms Elektronen oder fügt welche hinzu, so entstehen Ionen.

e) Alle Atome eines chemischen Elements haben im Kern gleich viel Protonen. Im Periodensystem ist die Protonenzahl Z deshalb die Ordnungszahl.

f) Isotope eines chemischen Elements sind Atome mit gleichem Z, aber verschiedenem N.

g) Man kennzeichnet einen Atomkern (Nuklid) durch die Schreibweise $_{Z}^{A}X$ oder X-A. X ist das chemische Symbol des Elements.

2. Die Strahlung radioaktiver Stoffe

a) Die Strahlung radioaktiver Stoffe führt Energie mit sich und kann Atome und Moleküle ionisieren.

b) Für die Strahlung radioaktiver Stoffe hat der Mensch kein Sinnesorgan.

c) Ein Nachweisgerät für die Strahlung radioaktiver Stoffe ist das Geiger-Müller-Zählrohr.

d) Radioaktive Stoffe senden α-, β- bzw. γ-Strahlung aus. Diese bestehen aus energiereichen, einzelnen Teilchen (α-, β- bzw. γ-Teilchen), die aus Atomkernen stammen.

e) Eigenschaften der α-Teilchen sind:
Ein α-Teilchen ist zweifach positiv geladen, d.h. es trägt zwei positive Elementarladungen.
α-Teilchen sind energiereiche Heliumkerne ($_{2}^{4}He$).
α-Teilchen durchdringen ein Blatt Papier nicht.

f) Eigenschaften der β⁻-Teilchen sind:
β⁻-Teilchen sind einfach negativ geladen.
β⁻-Teilchen sind schnell fliegende Elektronen.
β⁻-Teilchen durchdringen 5 mm Aluminium nicht.

g) Eigenschaften der γ-Teilchen sind:
γ-Teilchen tragen keine elektrische Ladung.
γ-Strahlung, Röntgenstrahlung, UV-Strahlung und Licht sind sich ähnlich. Die γ-Teilchen und die Teilchen der Röntgenstrahlung transportieren aber mehr Energie als die Teilchen der UV-Strahlung oder der vom Licht.
Dicke Bleischichten bilden den besten Schutz vor γ-Teilchen.

3. Radioaktiver Zerfall

a) Viele Atomkerne zerfallen unter Aussendung ionisierender Strahlung. Man nennt sie radioaktiv.

b) Ein radioaktiver Stoff sendet seine Teilchen in unregelmäßigen zeitlichen Abständen aus, d.h. die Atomkerne der Substanz zerfallen in unregelmäßigen Abständen.

c) Die Zeitspanne, in der jeweils die Hälfte einer radioaktiven Substanz, also die Hälfte der Atomkerne, zerfällt, heißt Halbwertszeit.

d) Die Zahl der Zerfälle je Sekunde nennt man die Aktivität einer radioaktiven Substanz. Die Einheit ist 1 Becquerel (1 Bq). Es ist 1 Bq = 1/s.

e) Die Aktivität nimmt mit derselben Halbwertszeit ab wie die Zahl der noch nicht zerfallenen Kerne.

f) Beim α-Zerfall eines Kerns wird ein Heliumkern ausgeschleudert. Beim β⁻-Zerfall eines Nuklids verwandelt sich im Kern ein Neutron in ein Proton unter Aussendung eines Elektrons. Nach einem α- oder β-Zerfall hat der Restkern häufig überschüssige Energie. Er wird diese Energie los, indem er ein γ-Teilchen aussendet.

4. Strahlenexposition, Strahlenschutz

a) Eine Strahlenexposition, d.h. ionisierende Strahlung trifft einen Menschen, kann – muss aber nicht – zu einem Strahlenschaden führen.

b) Man unterscheidet deterministische und stochastische Strahlenschäden.

c) Die effektive Dosis erfasst das Strahlenrisiko des Menschen bei geringer Strahlenexposition. Sie wird in Sievert (abgekürzt: Sv) gemessen.

d) Jeder Mensch ist einer natürlichen und einer zivisatorischen Strahlenexposition ausgesetzt.

e) In Deutschland beträgt die mittlere natürliche Strahlenexposition eines Menschen 2,1 mSv pro Jahr und die zivilisatorische 1,9 mSv pro Jahr.

f) Im Strahlenschutz gelten vier Grundregeln („vier A"): Geringe Aktivität, Abschirmung, Abstand halten, kurze Arbeitszeit.

5. Kernspaltung

a) Beschießt man bestimmte Atomkerne mit Neutronen, so können Kernspaltungen auftreten.

b) Die bei einer Kernspaltung freigesetzten Neutronen können weitere Kerne spalten. Deshalb besteht z.B. in einem Block mit Uran U-235 die Möglichkeit einer Kettenreaktion.

c) In einem Kernreaktor findet eine kontrollierte Kettenreaktion statt. Eine unkontrollierte Kettenreaktion wird in einer Atombombe ausgelöst.

Das hilft bei der Verständigung

Erkenntnisgewinnung

- Du kannst die Ionisation von Atomen mithilfe des Kern-Hüllen-Modells des Atoms deuten.
- Du kannst beschreiben, wie die α-, β- und γ-Strahlung zustande kommt und welche Eigenschaften sie hat.
- Du kannst die Ähnlichkeit von Röntgen-, γ- und UV-Strahlung sowie Licht beschreiben und Unterschiede benennen.
- Du kannst einfache Experimente zur Absorption der Strahlung radioaktiver Stoffe in Materie planen und unter Beachtung der Strahlenschutzverordnung durchführen. Als Nachweisgerät für die Strahlung verwendest du das Geiger-Müller-Zählrohr.
- Du kannst das Abnehmen der Aktivität einer radioaktiven Substanz graphisch darstellen und kannst beschreiben, dass sie mit einer bestimmten Halbwertszeit abnimmt → B1.
- Du kannst die biologische Wirkung der Strahlung radioaktiver Stoffe beschreiben.
- Du kannst medizinische Anwendungen der Strahlung radioaktiver Stoffe sowohl zur Diagnose als auch zur Therapie von Erkrankungen erläutern → B2.

Kommunikation

- Du hast im Zusammenhang mit den Themen „Nutzung der Kernenergie" und „Entsorgung der radioaktiven Abfälle eines Kernkraftwerkes" gelernt, in geeigneten Quellen zu recherchieren und deine gewonnenen Erkenntnisse adressatengerecht zu präsentieren.

Bewertung

- Du kannst begründen, dass die Strahlenexposition eines Menschen durch die Strahlung radioaktiver Stoffe Strahlenschäden verursachen kann, aber nicht muss.
- Du kannst Strahlenschutzmaßnahmen beurteilen, da du das Absorptionsverhalten der Strahlung radioaktiver Stoffe in Materie kennst → B3.
- Du kannst notwendige Sicherheitsregeln beim Umgang mit ionisierender Strahlung begründen, z.B in der Medizin.
- Du kannst aufzeigen, dass physikalische Sichtweisen beim Bewerten einer Strahlenexposition Grenzen haben.
- Du kannst Stellung nehmen zur Frage der Entsorgung radioaktiver Abfälle.
- Du kannst die Auswirkungen der Entdeckung der Kernspaltung im gesellschaftlichen Zusammenhang benennen und dabei die Grenzen physikalisch begründeter Entscheidungen aufzeigen.

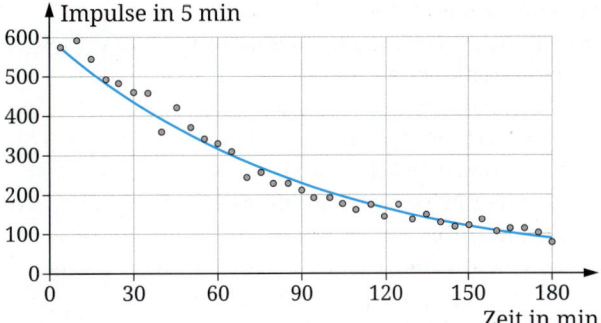

B1 In → V1, → Seite 95, bleibt die Spannung am Draht ca. 2 Stunden eingeschaltet. Anschließend wird der Draht mit einem feuchten Papierstück abgewischt. Dieses wird mit einem Tesafilm dicht vor dem dünnen Fenster eines Zählrohres befestigt und zwar so, dass der abgewischte Staub zum Zählrohrfenster weist. Man misst dann die Impulszahl in 5 Minuten so oft wie möglich über einen Zeitraum von drei Stunden.

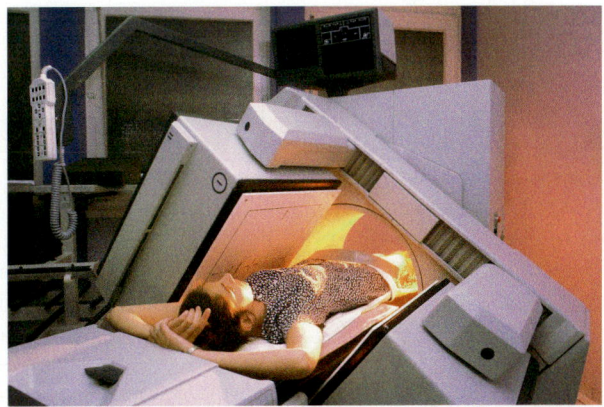

B2 Gammakamera mit Patientenliege zur Aufnahme von Szintigrammen → nuklearmedizinische Diagnostik

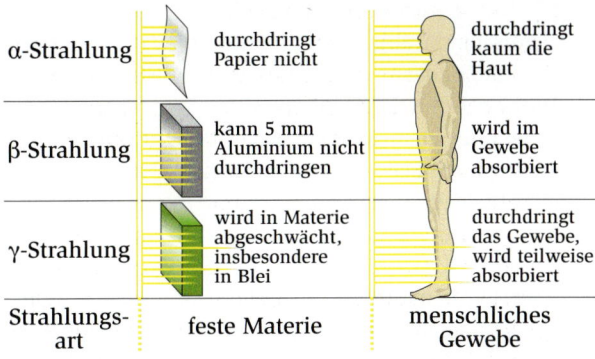

B3 Absorptionsverhalten von α-, β- und γ-Strahlung in fester Materie und in menschlichem Gewebe.

Kennst du dich aus?

A1 Erläutere die prinzipielle Funktionsweise eines Geiger-Müller-Zählrohrs.

A2 **a)** Nenne Eigenschaften von α-, β^-- und γ-Teilchen.
b) Beschreibe die beim α-, β^-- und γ-Zerfall im Atomkern stattfindenden Prozesse.

A3 H-3, C-14, Po-212, Bi-211 und U-233 sind radioaktiv. Beschreibe mit Hilfe der → **Nuklidkarte** deren Zerfälle.

A4 Hans behauptet:
1. „Trifft die Strahlung radioaktiver Stoffe Materie, so wird diese Materie radioaktiv."
2. „Eine radioaktive Substanz hört nach einer gewissen Zeit auf Strahlung auszusenden".
Erläutere, ob diese beiden Aussagen zutreffen oder nicht.

A5 Y-90 zerfällt durch einen β^--Zerfall mit $T_{1/2} = 64$ h.
a) Nenne den Endkern.
b) Zur Zeit $t = 0$ seien 10^6 Y-90-Kerne vorhanden. Bestimme die Zahl der Kerne, die in 8 Tagen zerfallen sind.

A6 Erläutere die Begriffe Energiedosis und effektive Dosis und beschreibe ihren Unterschied.

A7 Das folgende Bild zeigt die kosmische Strahlenkomponente der natürlichen Strahlenexposition in Abhängigkeit von der Höhe über dem Meeresspiegel. Avers Juf (Schweiz) ist das höchstgelegene Dorf in Europa (2126 m Höhe), das ganzjährig bewohnt ist.
Bewerte die natürliche Strahlenexposition eines Menschen, der in Avers Juf lebt, im Vergleich zu einem Menschen, der in Hamburg lebt.

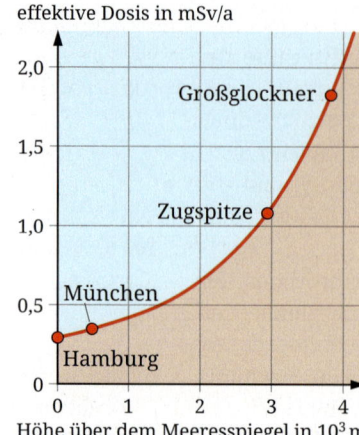

A8 Schadet Fliegen der Gesundheit? Die folgende Tabelle gibt die zusätzliche effektive Dosis durch die kosmische Strahlung an, die man bei Flügen ab Frankfurt/Main erhält:

Reiseziel	Dosis in µSv
Rom	3–6
Gran Canaria	10–18
New York	32–75
San Francisco	45–110

a) Vergleiche diese Strahlenexpositionen mit denen der natürlichen Strahlenexposition.
b) Sollte man wegen dieser Strahlenexposition vom Fliegen abraten? Begründe.

A9 **a)** Das nebenstehende Bild zeigt die Umweltradioaktivität in der Bundesrepublik Deutschland. Interpretiere das Bild.
b) Versuche mit einer Internetrecherche herauszufinden (z.B. über www.bfs.de), wie groß die Umweltradioaktivität an deinem Heimatort ist.
c) Informiere dich im Internet oder in diesem Buch über das Thema „Radon" und „die Radonkarte Deutschlands". Halte dazu ein Referat vor der Klasse.

A10 **a)** Erläutere die Strahlenexposition durch Radon.
b) Erkläre mit der Nuklidkarte, wie die Isotope des Radons Rn-222 und Rn-220 in der Natur entstehen.
c) Das folgende Bild zeigt die Konzentration von Radon und seiner Folgeprodukte in einer Wohnung. Erläutere!

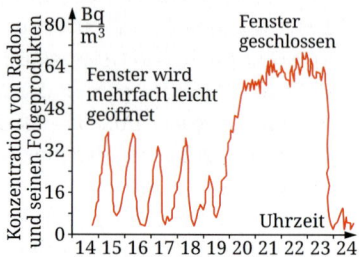

A11 Nimmt ein Mensch mit der Nahrung Cs-137 zu sich, so erhält er eine Dosis von $1{,}4 \cdot 10^{-8}$ Sv je Becquerel. Er isst 200 g Rehfleisch und 100 g Pfifferlinge, belastet mit 4200 Bq/kg bzw. 12 500 Bq/kg Cs-137. Berechne die effektive Dosis, die der Mensch erhält.

A12 **a)** Erläutere die Kernspaltung von U-235.
b) Begründe, warum man die Abfälle aus einem Kernkraftwerk sicher entsorgen muss.

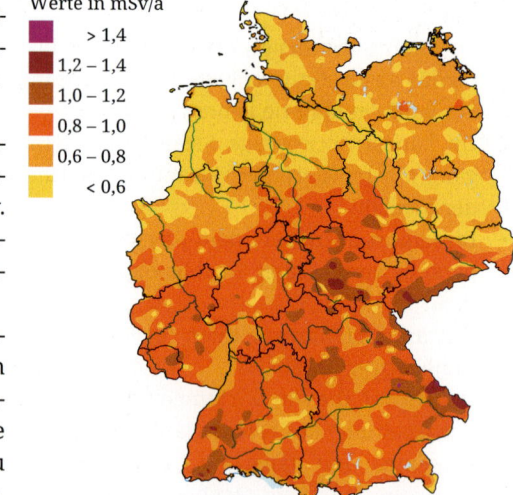

A13 In dem früheren Salzbergwerk Asse im Landkreis Wolfenbüttel wurden 1967 bis 1978 radioaktive Abfälle eingelagert, deren Gesamtaktivität 1980 etwa 11.000.000 Gigabecquerel und 2010 noch etwa 2.900.000 Gigabecquerel betrug. In das Bergwerk dringt Wasser ein. Nach derzeitigem Kenntnisstand ist die Rückholung der radioaktiven Abfälle und anschließende Stilllegung des Endlagers die beste Variante, größere Umweltschäden zu vermeiden. Ausführliche Informationen dazu findet man unter www.endlager-asse.de.

Die fünf Nuklide, die den größten Anteil an der Aktivität der radioaktiven Abfälle in der Asse haben, zeigt die Tabelle:

Anteil an der Aktivität		
Element	1980	2003
Co-60	30,9 %	4,2 %
Ni-63	10,3 %	24,5 %
Sr-90	6,6 %	10,6 %
Cs-137	11,0 %	18,2 %
Pu-241	38,7 %	35,7 %
sonstige	2,5 %	6,8 %

a) Erläutere, warum der prozentuale Anteil an der Gesamtaktivität von Co-60 und Pu-241 sinkt, die der anderen drei Nuklide aber steigt.

b) Der prozentuale Anteil an der Gesamtaktivität der sonstigen Nuklide steigt. Nenne die Folgerungen, die du daraus ziehst.

c) Von 1980 bis 2010 hat die Gesamtaktivität der radioaktiven Abfälle um mehr als 70 % abgenommen. Fällt die Gesamtaktivität der Abfälle (ohne Rückholung) von 2010 bis 2040 ebenfalls um mindestens 70 %? Begründe deine Aussage.

Projekt

Radioaktivität von Lebensmitteln

Nuklid	A/Bq
K-40	4200
C-14	3800
Rb-87	650
Pb-210, Bi-210, Po-210	60
Rn-220 + Folgeprodukte	30
Rn-222 + Folgeprodukte	15
H-3	25
Sonstige	32
Summe	**~8800**

Die → **körperinnere Strahlenexposition** von ca. 0,3 mSv/a rührt von der Radioaktivität der Lebensmittel her, die wir zu uns nehmen. Die Tabelle zeigt die Aktivität A der radioaktiven Nuklide, die sich im Körper eines Menschen mit 70 kg Körpermasse befinden und die für die körperinnere Strahlenexposition verantwortlich sind. Der Mensch ist demzufolge ein lebenslanger Strahler mit einer Aktivität von 8800 Bq.

Aufträge:
Hinweis: Die folgenden Aufträge sind meist mit einer Internetrecherche verbunden. Suchworte sind z. B. „Radioaktivität in Lebensmitteln".

1 Recherchiere im Internet nach der Aktivität in Bq/kg bzw. Bq/l der Lebensmittel Milch, Fleisch, Fisch, Gemüse und Paranüssen infolge ihres Gehaltes an natürlichen radioaktiven Stoffen.

2 Finde durch eine Recherche heraus, welchen Anteil das Nuklid K-40 an der körperinneren Strahlenexposition hat.

3 Ermittle die Aktivität in Bq/kg von Speisepilzen aus Deutschland infolge deren Belastung mit dem Nuklid Cs-137.

4 Hält man ein Zählrohr an eine Tüte Backpulver, kann es bei einigen Päckchen kräftig ticken. Versuche dafür eine Erklärung zu finden.

5 Das Bild zeigt die Konzentration der radioaktiven Isotope Cs-137 ($T_{1/2}$=30,1 a) und Sr-90 ($T_{1/2}$=28,8 a) in Rohmilch in Deutschland in Becquerel pro Liter in den Jahren 1960 bis 2010. Versuche für den Verlauf der Messkurven eine Erklärung zu finden.

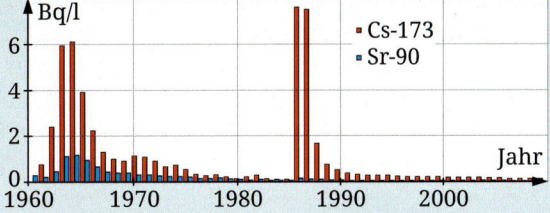

6 Lebensmittel dürfen u. a. nur verkauft werden, wenn deren Aktivität vom Gesetzgeber vorgegebene Grenzwerte nicht überschreitet. Stelle einige Grenzwerte zusammen.

Das kannst du in diesem Kapitel erreichen:

- Du weisst, dass in einem zusammengepressten Gas Druck herrscht und kannst dies mit einem einfachen Modell der Materie erklären.

- Du beschreibst das Verhalten von Gasen bei Druck- und Temperaturänderungen.

- Du kannst begründen, weshalb es einen absoluten Nullpunkt der Temperatur gibt.

- Du kannst die Funktionsweise eines Heißluft-Motors beschreiben.

- Du erkennst, dass es einen maximal möglichen Wirkungsgrad für thermodynamische Maschinen gibt.

- Du erläuterst konventionelle und erneuerbare Möglichkeiten der Energienutzung.

Druck und Temperatur

B1 Der Heißluftballon ist das älteste Luftfahrzeug des Menschen. Er steigt aber nur hoch, wenn er ausreichend und lange mit heißer Luft gefüllt wird. Was unterscheidet heiße Luft von kalter? Was verändert sich bei Stoffen, deren Temperatur steigt?

A1 Vielleicht habt ihr es schon einmal beobachtet: Mit einem großen Gasbrenner wird die Luft im Heißluftballon erhitzt. Dann steigt der Ballon in die Höhe → **B1**. Führt eine Umfrage durch: *Warum steigt ein Heißluftballon in die Höhe?* Sortiert die Antworten und fertigt eine Liste der Erklärungen an.

A2 Auf einen Teller mit etwas Seifenwasser wird ein erhitzter Becher mit der Öffnung nach unten gestellt. Zunächst bilden sich an seinem äußeren Rand Bläschen, später am inneren Rand. Erkläre diese Beobachtung.

Genialer Trick: Mann lädt sein Elektroauto über den Zigarettenanzünder auf

A3 Wie ist es möglich, mit Luft aus einem kleinen Behälter alle vier Autoreifen aufzupumpen? Stelle Vermutungen auf und frage an der Tankstelle nach.

A4 „... man muss nur darauf achten, dass der Motor läuft, wenn man sein Auto über den Zigarettenanzünder lädt", so der Erfinder. „Andernfalls zieht es einem die Batterie ruckzuck leer."
Das Bild und die Schlagzeile stammen von einer Satire-Webseite.
Erläutere die Idee des „Erfinders" und schreibe einen eigenen kurzen satirischen Text zu dem Bild. Analysiere die Idee physikalisch anhand einer Energieübertragungskette und beurteile ihre Umsetzbarkeit.

A5 Verbindet eine dünne und eine dicke Plastikspritze mit einem Schlauch. Legt vor den Kolben der dünnen ein Buch (die Spritzen müsst ihr festhalten). Schiebt nun den Kolben der dicken Spritze hinein. Tauscht die Seiten und wiederholt den Versuch. Beschreibt und erklärt.

B1 Antonia pumpt ihren Fahrradreifen härter auf.

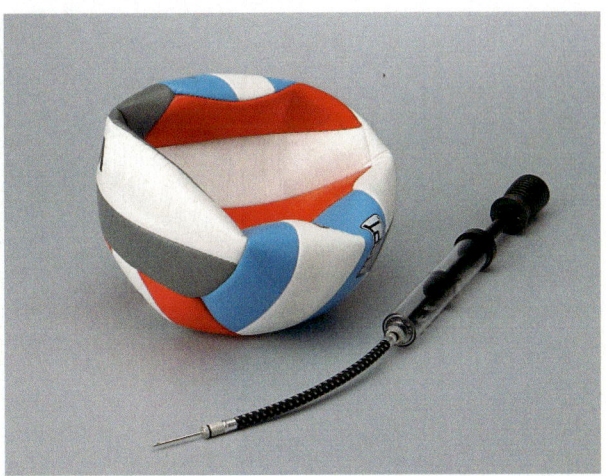

B2 Der Druck im Ball ist zu gering.

1. Luft lässt sich zusammenpressen

Wenn du einen Radreifen aufpumpst, wird er härter →**B1**. Er lässt sich nicht mehr so leicht eindrücken. Wie kann man das erklären?

Im Physikunterricht hast du bereits das Teilchenmodell kennengelernt. Mit ihm können wir den Vorgang verstehen: Die Luftteilchen fliegen wirr durcheinander, prallen gegeneinander und auf die Innenseite des Schlauchs. Durch das Pumpen wird die Anzahl der Luftteilchen im Reifen größer. Dadurch bleibt für jedes Teilchen im Mittel weniger Platz. Man sagt: Die Luft wurde gepresst. Als Folge davon treffen in jeder Sekunde mehr Teilchen auf die Innenseite des Schlauches.

Durch die häufigeren Stöße gegen die Innenseite des Reifens fühlt dieser sich härter an. Man sagt, der **Druck** im Reifen ist größer, als Zeichen dafür, dass die Luft stärker zusammengepresst ist als vorher.

Auch die Luft um uns besteht aus Teilchen, die wirr durcheinander schwirren. Sie prallen zusammen, aber auch auf unseren Körper. Sie erzeugen einen Druck, den **Luftdruck**. Von ihm werden wir nicht wie der Ball in →**B2** zusammengepresst, da in unserem Körper ein gleich großer Druck besteht ähnlich wie bei dem Stempel in →**B3a**.

Auch andere Gase lassen sich zusammenpressen. Aus dem Alltag kennst du Beispiele, in denen man diese Eigenschaft nutzt: Pressluftflaschen, in denen die Atemluft von Tauchern gespeichert ist, Gasflaschen, in denen Erdgas oder ein anderes Gas unter hohem Druck transportiert werden. Auf diese Weise kann man auf kleinem Raum viel Gas transportieren.

Merksatz

In einem eingeschlossenen Gas herrscht Druck. Je stärker das Gas zusammengepresst ist, umso größer ist der Druck.

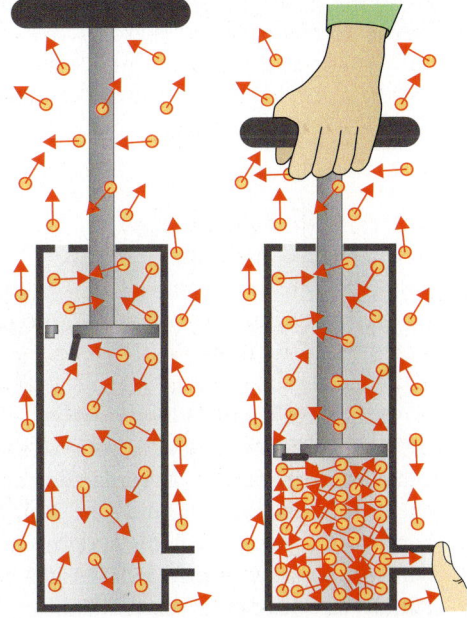

B3 **a)** Die Pumpe vor dem Zusammenpressen der Luft. Innen und außen ist Luft. Das bedeutet, es bewegen sich überall Luftteilchen, die gegeneinander und gegen den Pumpenstempel prallen. Von innen und außen treffen im Mittel in jeder Sekunde gleich viele Teilchen auf. Der Pumpenstempel bewegt sich nicht, da sich die Kräfte, die die Teilchen beim Aufprallen ausüben, ausgleichen. Auch an den Kolbenwänden ist die Situation die gleiche.

b) Nach dem Zusammenpressen prallen von innen je Sekunde mehr Teilchen auf den Stempel. Antonia muss kräftig halten, damit der Stempel nicht zurückschnellt.

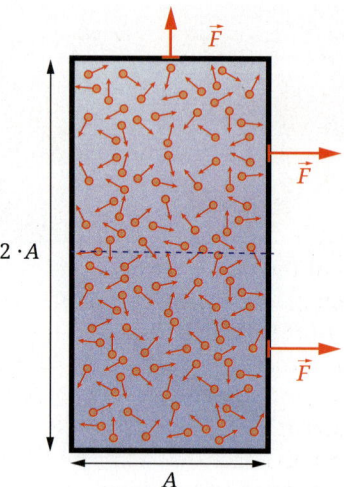

B1 Auf eine doppelt so große Fläche prallen in der gleichen Zeit doppelt so viele Teilchen. Die Kraft auf eine doppelt so große Fläche ist daher doppelt so groß.

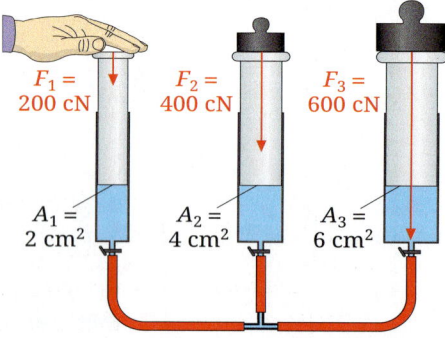

V1 Wird auf einen Kolben eine Kraft ausgeübt, so heben sich die anderen. Gleichgewicht und damit Stillstand der Kolben herrscht erst, wenn auch die anderen Kolben mit passend großen Kräften auf die Flüssigkeit oder das Gas einwirken.

Beispiel

Eine Fahrradpumpe hat eine Querschnittsfläche von 6,0 cm². Du pumpst damit einen Fahrradschlauch bis zu einem Druck von 4,5 bar auf. Berechne die Kraft, die du am Schluss auf den Kolben ausüben musst.
Lösung: Aus dem Zusammenhang $p = \frac{F}{A}$ ergibt sich durch Umstellen: $F = p \cdot A$.
F = 4,5 bar · 6,0 cm²
  = 450 000 Pa · 0,0006 m² = 270 N.
Man muss also sehr kräftig gegen den Kolben der Luftpumpe drücken.

2. Druck und Kraft

Mit dem Teilchenmodell haben wir uns veranschaulicht, warum sich ein aufgepumpter Fahrradschlauch härter anfühlt als ein weniger stark aufgepumpter. Wir haben uns dabei vorgestellt, dass die Luftteilchen ständig gegen den Schlauch prallen und zurückgeworfen werden. Dadurch wirkt auf jedes Flächenstück des Fahrradschlauches, z. B. der Größe von 1 cm², von innen eine Kraft F. Sie wird von den zurückprallenden Teilchen ausgeübt. Prallen pro Sekunde mehr Teilchen von innen auf den Schlauch, so ist die Kraft auf das Flächenstück größer, der Druck im Schlauch ist größer.

Wie sieht es aber aus, wenn wir uns verschieden große Flächenstücke des Schlauchstücks ansehen → B1? Dann prallen auf ein doppelt so großes Flächenstück in der gleichen Zeit doppelt so viele Teilchen. Die Kraft F auf ein doppelt so großes Flächenstück müsste also doppelt so groß sein – obwohl im Fahrradschlauch überall der gleiche Druck herrscht.

→ V1 bestätigt unsere Überlegungen. Dort sind drei Glaszylinder, die verschieden große Querschnittsflächen besitzen, über Schläuche miteinander verbunden. In den drei Zylindern befindet sich eine Flüssigkeit oder ein Gas. Drückt man mit einer Kraft auf den linken Kolben, so werden die beiden anderen Kolben nach oben geschoben. Legt man passende Massestücke auf diese Kolben, so kann die Gewichtskraft der Massestücke für einen Stillstand der Kolben sorgen. Man stellt fest, dass für einen Stillstand bei doppelter Querschnittsfläche die Gewichtskraft doppelt, bei dreifacher Querschnittsfläche dreimal so groß sein muss wie Kraft auf den linken Kolben. Das bedeutet, dass der Quotient F/A konstant ist.

Führen wir den Versuch mit anderen Kräften durch, finden wir beim Stillstand der Kolben einen jeweils konstanten Quotienten F/A. Es liegt also nahe zu sagen, dass bei Stillstand der Kolben überall in der Flüssigkeit oder dem Gas der gleiche Druckzustand herrscht und der Quotient F/A ein eindeutiges Maß für diesen Zustand ist. Man definiert daher die physikalische Größe **Druck** p durch $p = F/A$. Sie hat die Maßeinheit 1 N/m² = 1 Pa. 1 **Pa** ist die Abkürzung für 1 **Pascal**.

Merksatz
Erfährt die Begrenzungsfläche A einer Flüssigkeit oder eines Gases die Kraft F, so sagen wir, es herrscht dort der Druck p. Für ihn gilt

$$p = \frac{F}{A} \text{ mit der Einheit } 1\,\text{Pa} = 1\,\frac{\text{N}}{\text{m}^2}.$$

Der Druck 1 Pa ist ein kleiner Druck. Große Drücke, z. B. in Autoreifen, gibt man in Bar (1 bar) an. Es ist 1 bar = 100 000 Pa. Der Luftdruck wird in Hektopascal (1 hPa) angegeben. Es ist 1 hPa = 100 Pa.

3. Schweredruck

→ **V 2** zeigt, dass die eingeschlossene Luft in einem Becherglas zusammengepresst wird, wenn man das Glas in ein Wasserbecken eintaucht. Was bedeutet dies? Da in einer festen Tiefe die Grenzfläche zwischen der eingeschlossenen Luft und dem Wasser im Becken in Ruhe ist → **V 2a** , muss im Wasser derselbe Druck herrschen wie in der eingeschlossenen Luft. Um dies zu veranschaulichen, stellen wir uns eine sehr dünne Plastikfolie an der Grenzfläche Luft-Wasser vor. Sie bleibt nur dann in Ruhe, wenn infolge des Drucks in der eingeschlossenen Luft und des Drucks im Wasser gleich große und entgegengesetzte Kräfte auf sie wirken.

Der Druck im Wasser nimmt mit der Tiefe zu, da die eingeschlossene Luft umso mehr zusammengepresst wird, je tiefer wir das Glas in das Wasser eintauchen → **V 2b** . Überraschen wird dich das nicht, denn du kennst diesen Druck vom Tauchen im Schwimmbad.

Die Zunahme des Drucks mit der Tiefe kannst du dir auch plausibel machen. Auf die unteren Wasserschichten „drückt" das Wasser darüber, da es aufgrund der Gewichtskraft nach unten gezogen wird. Man spricht deshalb vom **Schweredruck**. Diesen gibt es auch in Gasen. In der uns umgebenden Luft ist es der Luftdruck.

In Flüssigkeiten und Gasen herrscht ein Schweredruck.

4. Druckmessung in Flüssigkeiten

Das einfache Messgerät für Druckunterschiede in → **V 3** besteht aus einer einseitig offenen Metalldose, über die luftdicht eine Membran gespannt ist (z. B. ein Luftballon). Aus der Dose, die als Drucksonde dient, führt eine Röhre zu einem U-förmig gebogenen Glasrohr, in dem sich Wasser befindet.

Gleiche Höhe der beiden Wasserstände im U-Rohr bedeutet gleichen Druck außen und an der Membran → **V 3a** . Eine Erhöhung des Drucks an der Membran äußert sich in einer Verschiebung des Wassers im U-Rohr → **V 3b** .

5. Richtungsunabhängigkeit des Drucks

In → **V 4** ist die Verschiebung der Wassersäule im U-Rohr nicht davon abhängig in welche Richtung die Membran zeigt. Sie muss sich nur in der gleichen Wassertiefe befinden. Die Größe der Kraft auf die Membran ist somit unabhängig von der Richtung in die sie zeigt. Der Druck p selbst hat also keine Richtung. Er ist eine skalare Größe.

Druck und Kraft darf man nicht verwechseln. Der Druck beschreibt einen Zustand der Flüssigkeit oder des Gases. Er hat keine Richtung. Auf eine Begrenzungsfläche einer Flüssigkeit oder eines Gases wirkt dagegen eine Kraft, die senkrecht zu der Fläche gerichtet ist.

 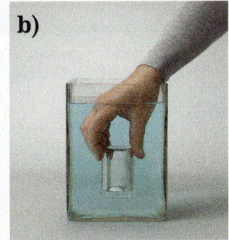

V 2 a) Tauchst du ein Trinkglas mit der Öffnung nach unten in ein Wasserbecken, wird das Wasser ein Stück weit in das Glas hineingeschoben. Die Luft im Glas wird zusammenpresst. In einer festen Tiefe ist die Grenzfläche Waser-Luft in Ruhe.
b) Je tiefer man das Glas ins Wasser eintaucht, umso stärker wird die eingeschlossene Luft zusammengepresst.

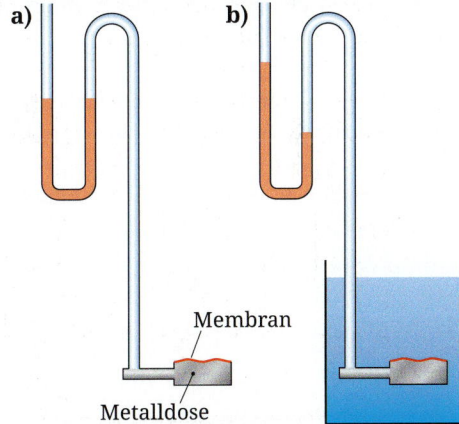

V 3 Mit einem U-Rohr-Manometer kann man Druckunterschiede messen.
a) in Luft, b) in Wasser.

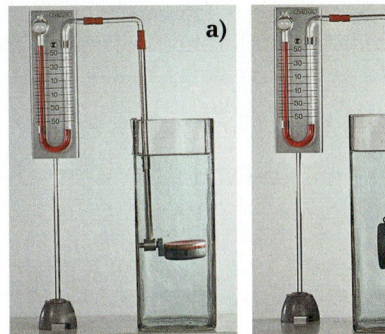

V 4 Die Drucksonde wird in so in das Wasser getaucht, dass die Membran sich jeweils in der gleichen Wassertiefe befindet:
a) Membran waagrecht nach oben zeigend,
b) Membran senkrecht nach rechts zeigend.

Der Schweredruck

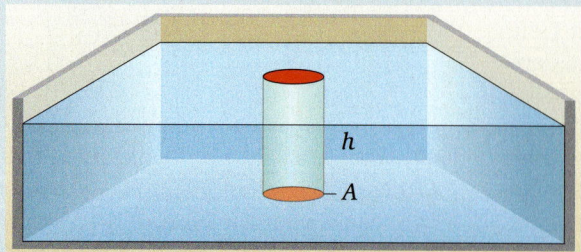

B1 Wassersäule als drückender Kolben

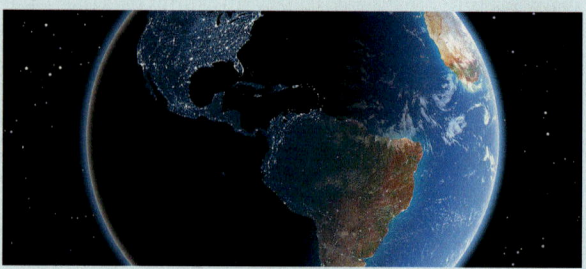

B2 Die Lufthülle der Erde

A. Warum schmerzen beim Tauchen die Ohren?

Beim Tauchen spürst du einen Druck am Trommelfell. Man nennt diesen Druck **Schweredruck**, weil er durch die Gewichtskraft des Wassers hervorgerufen wird (vgl. vorhergehende Seite). Er nimmt mit der Tiefe rasch zu.

Man kann die Zunahme des Schweredrucks mit der Tiefe leicht verstehen: Dazu betrachten wir ein Gefäß mit Wasser **→ B1**. In der Tiefe h liegt die Fläche A. Auf A wirkt die Gewichtskraft F der darüber liegenden Wassersäule: $F = m \cdot g$, die Masse der Wassersäule ist $m = \varrho \cdot V$, wobei das Volumen $V = A \cdot h$ und ϱ die Dichte ist.

Da der Druck $p = F/A$ ist, gilt für den Schweredruck $p = \varrho \cdot g \cdot h$.

Daraus folgt: Der Schweredruck ist der Tauchtiefe proportional. In Wasser beträgt er in 10 m Tiefe 1 bar.
Du verstehst nun, weshalb beim Tauchen die Ohren schmerzen. In 5 m Tiefe ist der Schweredruck 0,5 bar, das bedeutet, auf jeden cm^2 wirkt eine Kraft von 5 N. Nehmen wir an, das Trommelfell hat eine Fläche von 0,8 cm^2. Wenn noch kein Druckausgleich zwischen Innenohr und Wasser stattgefunden hat, wird das dünne Trommelfell mit der Kraft 4 N belastet.

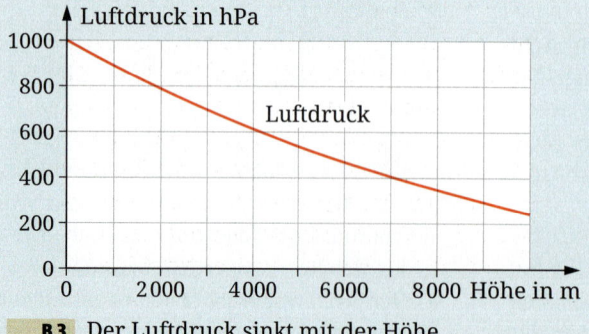

B3 Der Luftdruck sinkt mit der Höhe

B. Wie entsteht der Luftdruck?

Der Druck der uns umgebenden Luft kommt auf ähnliche Weise wie in Wasser zustande: Wir leben am Grunde eines „Luftmeeres" **→ B2**. Die Luft über uns wird von der Erde angezogen, sie erfährt eine Gewichtskraft. Diese erzeugt den Luftdruck, den wir messen können. Er beträgt in Meereshöhe etwa 1 bar.

Wir merken von diesem Druck nichts, da in unserem Körperinnern der gleich große Druck besteht.

Im Gegensatz zu Wasser ist Luft komprimierbar. Daher nimmt der Luftdruck mit der Höhe nicht linear ab: In 5 500 m sinkt er auf die Hälfte, in 11 000 m auf ein Viertel **→ B3**. Deshalb fliegen Flugzeuge oft in 11 000 m Höhe. Dort sind die Luftdichte und damit der Luftwiderstand auf ein Viertel gesunken.

Die Dichte der Luftschicht um die Erde wird nach außen hin allmählich geringer, es besteht keine feste Grenze zum leeren Weltall. Im Vergleich zum Radius der Erde bildet die Lufthülle eine sehr dünne Schicht. 75 % der Gesamtmasse der Atmosphäre befinden sich in der untersten, nur 10 km hohen Troposphäre.

Der Luftdruck wird in Hektopascal (hPa) angegeben:

$$1 \text{ hPa} = 100 \text{ Pa} = 1/1000 \text{ bar.}$$

Normaldruck in Meereshöhe: 1013 hPa.

Da der Zusammenhang zwischen Luftdruck und Höhe bekannt ist, kann man Manometer zur Höhenmessung benutzen. Dabei muss man die wetterbedingte Schwankung des Luftdrucks (im Bereich von 900 bis 1060 hPa) berücksichtigen. Hochdruckgebiete entstehen durch absinkende Luftmassen, die sich dabei erwärmen. Dies führt zur Auflösung von Wolken. Über Tiefdruckgebieten steigt Luft auf. Es kommt zur Abkühlung und damit zur Wolkenbildung.

Interessantes

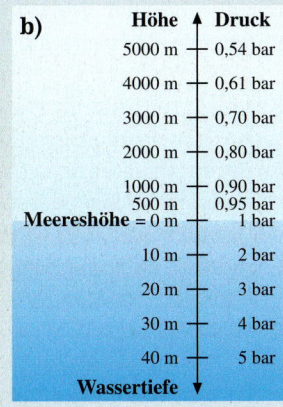

Höhe	Druck
5000 m	0,54 bar
4000 m	0,61 bar
3000 m	0,70 bar
2000 m	0,80 bar
1000 m	0,90 bar
500 m	0,95 bar
Meereshöhe = 0 m	1 bar
10 m	2 bar
20 m	3 bar
30 m	4 bar
40 m	5 bar

Wassertiefe ▼

B 4 **a)** Taucher mit Pressluftflasche; **b)** Druck in verschiedenen Höhen und Tiefen

Wassertiefe	Druck	Volumen
0 m	1 bar	6 ℓ
10 m	2 bar	3 ℓ
20 m	3 bar	2 ℓ
30 m	4 bar	1,5 ℓ
40 m	5 bar	1,2 ℓ

Atemluft, Atemraum, Hebel, Ventil, Druckluft, verbrauchte Luft, M_1, M_2

B 5 **a)** Schnittbild der 2. Stufe eines Lungenautomaten; **b)** Änderung des Lungenvolumens mit der Tiefe

C. Vom Tauchen

Im Schwimmbad hast du sicher schon einmal die Erfahrung gemacht, dass beim Tauchen aus einem leichten Druckempfinden mit zunehmender Tiefe ein Schmerz im Ohr wurde. Das ist leicht erklärbar, denn der zusätzliche Schweredruck des Wassers steigt proportional mit der Tiefe. In 10 m Wassertiefe beträgt er ungefähr $10\,\text{N/cm}^2 = 1\,\text{bar}$; in 20 m Wassertiefe 2 bar usw. Mit je 10 m Wassertiefe steigt der Schweredruck um 1 bar → **B 4b**.

Dem Tauchen ohne Hilfsmittel sind dadurch natürliche Grenzen gesetzt. Wenn der Schweredruck steigt, sind alle Körperhöhlen gefährdet, die Luft enthalten oder eine empfindliche Oberfläche besitzen. So wird z. B. die Lunge zusammengedrückt und in ihrer Funktion beeinträchtigt.

Tauchen in größeren Tiefen erfolgt deshalb nur mit Geräten und Hilfsmitteln: mit Pressluft, in Taucherglocken oder Tauchkugeln → **B 4a**. Zusätzlich müssen verschiedene die Gesundheit schützende Regeln beachtet werden. Taucher werden z. B. durch längeren Aufenthalt in Druckkammern auf den Einsatz in größeren Tiefen vorbereitet.

Gerätetaucher führen ihre Atemluft in Flaschen unter Druck mit. Damit die Luft geatmet werden kann, muss der Druck auf den jeweils herrschenden Umgebungsdruck in der Tauchtiefe angepasst werden. Das geschieht in zwei Stufen:
In der 1. Stufe des Atemreglers wird der Pressflaschendruck auf einen einstellbaren Mitteldruck reduziert. Diese 1. Stufe ist vergleichbar mit dem Druckminderer an den Gasflaschen in der Chemie.

Der **Lungenautomat** (2. Stufe → **B 5a**) regelt den Mitteldruck auf den jeweilig herrschenden Umgebungsdruck herunter. Beim Einatmen entsteht im Atemraum Unterdruck gegenüber der Umgebung. Die Membran M_1 gibt dem Wasserdruck nach. Sie betätigt einen Hebel, der das Ventil öffnet. Luft strömt in den Atemraum. Das geschieht, solange Luft aus dem Atemraum in die Lungen strömt. Ist das Einatmen beendet, steigt der Druck im Atemraum, bis die Membran M_1 in ihre Ausgangsstellung zurückkehrt und das Ventil schließt. Beim Ausatmen entsteht Überdruck im Atemraum. Die Membran M_2 öffnet. Die verbrauchte Atemluft entweicht ins Wasser.
Beim Tauchen sorgt der erhöhte Druck der eingeatmeten Luft aus den Flaschen dafür, dass die Lunge nicht zusammengedrückt wird. → **B 5b** zeigt, wie ein Lungenvolumen von 6 ℓ mit zunehmender Tiefe verkleinert wird. Bei einem Volumen von etwa 1,5 ℓ verliert die Lunge ihre Funktionsfähigkeit.

Das Auftauchen schon aus geringeren Tiefen erfolgt in Intervallen mit so genannten Dekompressionszeiten, damit sich der Körper an die geänderten Druckverhältnisse anpassen kann.
Durch zu schnelles Auftauchen kann in der Lunge ein Überdruck entstehen, der zunächst asthmaähnliche Atemprobleme bereitet und sogar zur Lungenembolie führen kann. Außerdem kann es zum Ausperlen von Gasen (Stickstoff) in Blut und Gewebe kommen – wir kennen diesen Vorgang vom Öffnen einer Mineralwasserflasche. Das Gas verursacht Schmerzen unter der Haut und an den Gelenken; in extremen Fällen wird das gesamte Nervensystem beeinträchtigt, mit lebensbedrohenden Folgen.

D. Druck in der Tiefsee

Tiere und Pflanzen, die in den tieferen Regionen der Weltmeere leben, müssen sich an den enormen Druck anpassen, der in großer Wassertiefe herrscht. Laternenfische (deren Name daher kommt, dass sie Leuchtorgane an ihrem Körper haben) nehmen ihre  Nahrung in der Nacht an der Meeresoberfläche zu sich. Tagsüber wandern sie in mehr als 500 m Tiefe, um dort vor Fressfeinden geschützt zu sein.

Der Druck im Wasser nimmt alle 10 m um 1 bar zu → S. 116. Daher müssen die Laternenfische jeden Tag Druckunterschiede von 50 bar aushalten – das ist etwa zehn Mal soviel wie der Luftdruck in einem prall aufgeblasenen Fahrradreifen. Problematisch ist der Druckunterschied vor allem für die luftgefüllte Schwimmblase, die den Fischen den Auftrieb zum Schwimmen gibt.

Selbst am tiefsten Punkt des Meeres, in 11 000 m Tiefe, haben die Forscher Piccard und Walsh bei ihrer Rekord-Tauchfahrt im Jahr 1960 Tiere gefunden: Sie sahen einen Plattfisch und eine Garnele.

E. Blutdruckmessung

„Der Blutdruck beträgt 120 zu 80." Was ist mit dieser Aussage gemeint?
In der Medizin wird der Blutdruck noch in mmHg (Millimeter Quecksilbersäule) gemessen. Es gilt: 1 mmHg = 133,3 Pa. 120 mmHg (etwa 16 kPa) gibt den systolischen Druck an. Er entsteht, wenn der sich zusammenziehende Herzmuskel das Blut in die Arterien presst. Um neues Blut in das Herz strömen zu lassen, entspannt sich der Herzmuskel, der Blutdruck sinkt auf den diastolischen Wert 80 mmHg (etwa 11 kPa). Da die Blutgefäße elastisch sind, fällt der Wert nicht völlig ab.

Der Blutdruck nimmt mit zunehmendem Alter zu. Ursache ist meist die verminderte Elastizität der Blutgefäße durch Ablagerungen (Arteriosklerose). Bei körperlicher Anstrengung oder psychischer Belastung steigt der Blutdruck an. Sehr gefährlich ist andauernder Bluthochdruck, da Blutgefäße und Herz überlastet werden.

Einfache Geräte zur Messung des Blutdrucks bestehen aus einer Gummimanschette, die um den Oberarm geschlungen wird, einem Stethoskop und einem Druckmesser. Die Manschette wird aufgepumpt, bis sie die Oberarmarterie abdrückt. Der Blutfluss ist nun unterbrochen. Man lässt solange langsam Luft aus der Manschette entweichen, bis mithilfe des Stethoskops Pulsgeräusche zu hören sind. Das Druckmessgerät zeigt dann den systolischen Wert an. Bei weiterer Druckverminderung wird das Pulsgeräusch leiser. Beim diastolischen Wert verschwindet es ganz.
Der Blutdruck sollte in Ruhe, im Sitzen gemessen werden, der Ellenbogen sollte sich dabei in Höhe des Herzens befinden.

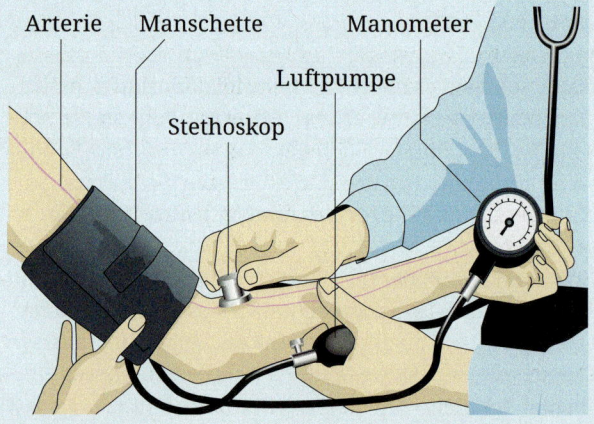

Arterie Manschette Manometer
Luftpumpe
Stethoskop

A1 Das Aufpumpen eines Fahrradreifens gelingt mit einer Standpumpe schneller als mit einer normalen Handpumpe. Erläutere, woran dies liegt. Beachte die Form der Pumpen.

A2 In einer Wasserleitung herrscht ein Druck von 3 bar. Bestimme die Kraft, die man braucht, um die Öffnung eines Wasserhahns ($A = 1,4\ \text{cm}^2$) zuzuhalten.

A3 Taucher nehmen die benötigte Atemluft in Pressluftflaschen mit. Begründe, weshalb der Luftvorrat in 30 m Tiefe nicht so lange reicht wie in 15 m.

A4 Erkläre, weshalb man vor Fahrten durch die Wüste den Druck in den Reifen vermindert.

A5 Begründe: Ein Ski sinkt weniger tief im Schnee ein als ein Schuh.

A6 Der Druck in Rennreifen ist höher als in Mountainbikereifen. Erläutere.

Vertiefung

Die brownsche Molekularbewegung

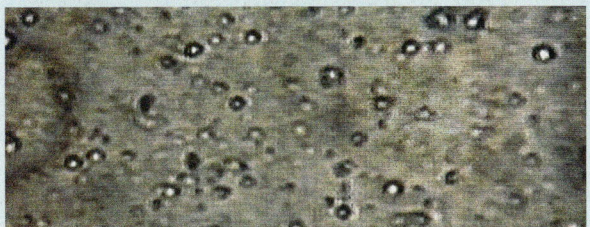

B1 Fetttröpfchen der Milch unter dem Mikroskop

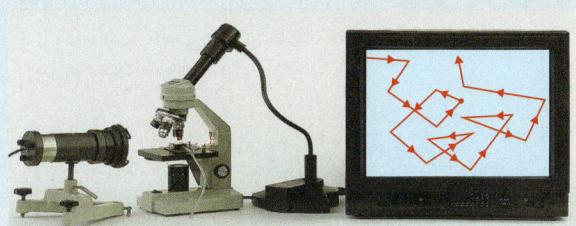

B2 Rauchkammer und Bahn eines Rußteilchens

Wir beobachten einen Tropfen verdünnter Milch bei 1000-facher Vergrößerung unter dem Mikroskop und sehen zahlreiche Kügelchen →**B1** . Sehen wir etwa Moleküle? Leider nein, denn Objekte dieser Größe (10^{-8} m) kann man mit einem Lichtmikroskop nicht mehr erkennen. Verdünnt man die Milch weiter, werden die Abstände zwischen den Tröpfchen größer – unsichtbare Wassermoleküle haben sich zwischen die Fetttröpfchen geschoben. Der Versuch hält eine große Überraschung bereit: Die Fetttröpfchen zittern ständig und unregelmäßig hin und her. Je kleiner die Fetttröpfchen sind, desto heftiger zittern sie.

Der schottische Botaniker BROWN beobachtete diese Erscheinung 1827 als Erster, man nennt sie nach ihm **brownsche Bewegung**. EINSTEIN konnte 1905 zeigen, dass auch so kleine Teilchen wie Moleküle diese Temperaturbewegung mitmachen, nur entsprechend schneller. Die beobachtete Zitterbewegung der Tröpfchen entsteht durch unregelmäßige Stöße aller Teilchen untereinander. Erhöht man die Temperatur der Milch, wird das Zittern heftiger, da alle Teilchen dann eine größere Geschwindigkeit haben. Man nennt die ständige Bewegung der Moleküle daher auch *thermische Bewegung*.

Wenn man eine Flüssigkeit mit einem Löffel umrührt, kommt die großräumige Bewegung, bei der sich sehr viele Moleküle langsam in die gleiche Richtung bewegen, durch Reibung bald zum Erliegen. Nicht so die thermische Bewegung der Moleküle: Sie hört nie auf, sie hängt von der Temperatur und der Masse der Teilchen ab. Bei Raumtemperatur beträgt die mittlere Geschwindigkeit von Wassermolekülen etwa 600 m/s.

→**B2** zeigt eine Rauchkammer unter einem Mikroskop. Bläst man Rauch in das Innere des Glaswürfels, so sieht man, dass die Rauchteilchen in ständiger zitternder Bewegung sind, wie die Fetttröpfchen in obigem Versuch.

Die Zitterbewegung kommt durch die unregelmäßigen Stöße mit den Luftmolekülen zustande. Sie bleibt auf Dauer erhalten und ändert sich erst, wenn die Temperatur verändert wird.

Beide Experimente zeigen, dass die Moleküle in Flüssigkeiten und Gasen in ständiger Bewegung sind.

Auch die Atome oder Moleküle eines Festkörpers sind in ständiger Bewegung: Sie schwingen um ihre Ruhelage. Die Amplitude dieser Schwingung hängt von der Temperatur ab. Bei genügend hoher Temperatur wird die Schwingung so heftig, dass das Kristallgefüge des Festkörpers zusammenbricht, er schmilzt.

Eine Kaliumpermanganatlösung, die vorsichtig auf den Boden eines mit Wasser gefüllten Glases geleitet wird, verteilt sich im Laufe von Tagen ganz gleichmäßig darin →**B3** . Aufgrund der ständigen thermischen Bewegung der Moleküle kommt es zu einer Durchmischung von Wasser und Kaliumpermanganat. Bei höherer Temperatur erfolgt die Durchmischung schneller. Auch dieser Versuch bestätigt unsere Vorstellung von der brownschen Bewegung.

B3 Diffusion bei Flüssigkeiten

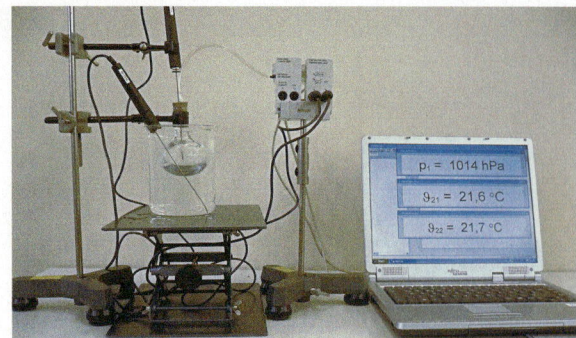

B1 Der Druck eines eingeschlossenen Gases steigt mit wachsender Temperatur.

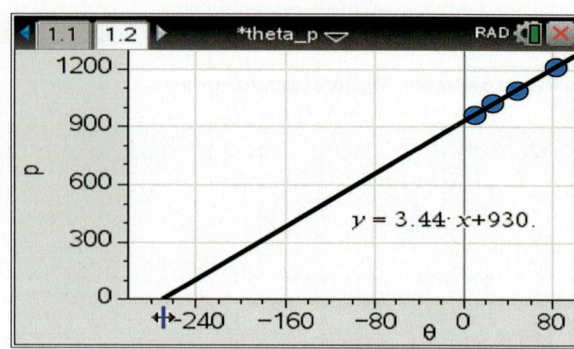

B2 Gib die gemessenen Werte für Druck und Temperatur in den grafikfähigen Taschenrechner ein, dann erhältst du diese Gerade.

V1 Durch den Korken eines luftgefüllten Rundkolbens werden die Sonde eines Thermometers und ein Röhrchen geführt, das mit einem elektronischen Druckmessgerät verbunden ist. Bei Zimmertemperatur wird der aktuelle Luftdruck (ca. 1020 hPa) angezeigt. Umfasst man den Kolben mit warmen Händen, zeigen Thermometer und Manometer steigende Werte an.

Nun wird der Kolben in verschieden temperierte Wasserbäder getaucht. Nach kurzer Zeit nimmt die Temperatur im Kolben den Wert des Wasserbades an. Temperatur ϑ und zugehöriger Druck p werden in ein ϑ-p-Diagramm **→ B2** eingetragen.

Die $(\vartheta; p)$-Wertepaare liegen auf einer Geraden. Dies bedeutet, dass sich der Druck stets um den gleichen Betrag ändert, wenn die Temperatur um 1 K geändert wird – unabhängig von der Ausgangstemperatur.

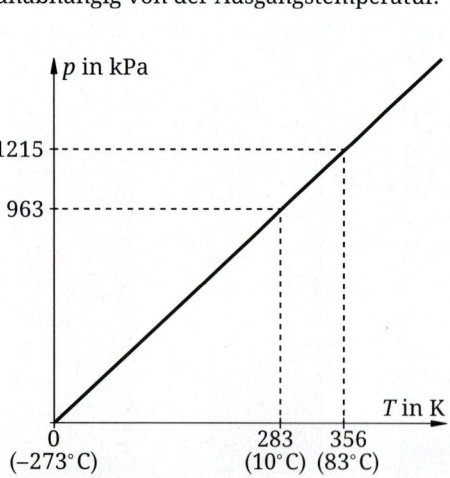

B3 In der Skala der absoluten Temperatur T wird die Gerade aus **→ B2** zur Ursprungsgeraden. Es gilt also $p \sim T$.

1. Temperaturerhöhung bei konstantem Volumen

Fahrradreifen können platzen, wenn sie durch kräftige Sonnenstrahlung stark erhitzt werden. Der Druck der im Reifen eingeschlossenen Luft steigt durch die Temperaturerhöhung. Diese Beobachtung bestätigt **→ V1**:

Der Luftdruck steigt, wenn man die Temperatur eines Gases bei konstantem Volumen erhöht.

Wir können dies mit dem Teilchenmodell verstehen: Bei höherer Temperatur sind die Gasteilchen schneller, prallen heftiger auf die Gefäßwände. Wir erwarten einen größeren Druck. Trägt man die $(\vartheta; p)$-Wertepaare aus **→ V1** in ein Diagramm ein **→ B2**, zeigt sich, dass die Messpunkte auf einer Geraden liegen.

2. Die absolute Temperatur

Die Gerade in **→ B3** schneidet die Temperaturachse bei $-273\,°C$. Bei dieser Temperatur ist der Druck null! Wie können wir uns das vorstellen? Nach dem Teilchenmodell prallen keine Gasteilchen mehr gegen die Wände, sie ruhen. Bei dieser Temperatur ist ihre Bewegung zum Stillstand gekommen. Diese Temperatur nennt man **absoluten Nullpunkt.** Verschiebt man die Temperaturachse so, dass ihr Nullpunkt dort liegt, so erhält man die Skala der **absoluten Temperatur,** LORD KELVIN zu Ehren auch **Kelvin-Skala** genannt.

In der Kelvin-Skala gibt es keine Minusgrade. Temperaturangaben in dieser Skala bezeichnet man mit T. $T = 0\,K$ ist die tiefste Temperatur. Sie kann nicht unterschritten werden. Celsiusskala und Kelvinskala haben gleich große Gradschritte. Eis schmilzt bei $\vartheta = 0\,°C$ oder $T = 273\,K$, Wasser siedet bei $\vartheta = 100\,°C$ oder $T = 373\,K$. Die in **→ V1** ermittelte Gerade wird in der Kelvinskala zur Ursprungsgeraden **→ B3**. Es gilt also $p \sim T$.

Für den Druck p eines idealen Gases gilt $p \sim T$, falls das Volumen konstant bleibt. T ist die **absolute Temperatur.**

Ein Gas, das dieser Beziehung streng genügt, heißt **ideales Gas.**

3. Temperaturerhöhung bei konstantem Druck

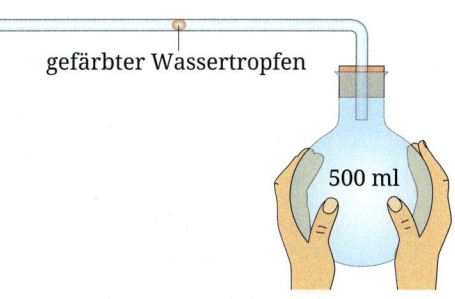

gefärbter Wassertropfen

500 ml

V2 Das Gasvolumen steigt bei Temperaturerhöhung. Der Druck bleibt bei dieser Versuchsanordnung konstant.

In **→ V2** wird eine Luftmenge durch einen Tropfen gefärbten Wassers von der Außenwelt abgegrenzt. Schon bei geringer Temperaturerhöhung wird das Volumen der Luftmenge erheblich größer. Da der Wassertropfen reibungsfrei verschiebbar ist, ist der Druck innen stets gleich dem Außendruck.

Das Teilchenmodell hilft uns, dies zu verstehen: Bei gestiegener Temperatur sind die Teilchen schneller, prallen heftiger auf die Gefäßwände. Das Volumen nimmt zu. In jeder Volumeneinheit sind dann weniger Teilchen, es finden also weniger Stöße pro Sekunde gegen die Wände statt. Das Volumen wird solange vergrößert, bis die Kraft auf beide Seiten des Tropfens gleich groß ist. Der Druck bleibt also konstant.

Man kann zeigen, dass die $(\vartheta; V)$-Wertepaare auf einer Geraden liegen, die die Temperaturachse bei $-273\,°C$ schneidet – ganz analog zu der Geraden mit den $(\vartheta; p)$-Wertepaaren aus **→ V1**.

In der Kelvinskala wird diese Gerade zu einer Ursprungsgeraden. Es gilt also: $V \sim T$.

Für das Volumen eines idealen Gases gilt $V \sim T$, falls der Druck konstant ist.

Wir können den Einfluss der Temperatur auf ideale Gase zusammenfassen (**Gay-Lussacsche Gesetze**):

Merksatz

$p \sim T$ für konstantes Volumen,
$V \sim T$ für konstanten Druck.

Ideale Gase genügen dieser Beziehung exakt. Reale Gase weichen bei sehr tiefenTemperaturen und sehr hohem Druck davon ab (Verflüssigung der Gase). Helium kommt dem Ideal sehr nahe.

Mach's selbst

A1 Begründe, weshalb die Kelvinskala nach unten, aber nicht nach oben begrenzt ist.

A2 Übertrage die Messwerte aus **→ V1** in deinen GTR und stelle sie grafisch dar. Lege eine Ausgleichsgerade durch die Messpunkte und bestimme den Schnittpunkt der Ausgleichsgeraden mit der Temperaturachse. Messwerte:
$(10\,°C; 963\,hPa)$, $(26\,°C; 1021\,hPa)$,
$(48\,°C; 1097\,hPa)$, $(83\,°C; 1215\,hPa)$.

A3 Den Druck in Autoreifen soll man nicht unmittelbar nach schneller Fahrt messen. Erläutere diese Empfehlung.

A4 Erwärmte Luft steigt auf. Begründe diese Beobachtung. Erkläre das Zustandekommen von Land- und Seewind.

Interessantes

Physik im Heißluftballon

Bei gleichem Druck hat 1 kg heiße Luft ein größeres Volumen als 1 kg kalte; ihre Dichte ist also durch das Erhitzen geringer geworden. Deshalb wird heiße Luft in kalter Umgebung nach oben gedrückt.

Nun stellen wir uns eine große Luftblase mit dem Volumen $V_1 = 5\,000\,m^3$ bei $\vartheta = 0\,°C$ ($T = 273\,K$) vor. Ihre Masse $m = \rho \cdot V = 1{,}3\,kg/m^3 \cdot 5\,000\,m^3 = 6\,500\,kg$ ist erheblich. Dennoch schwebt sie in der Luft, die sie umgibt. Wird sie auf etwa $110\,°C$ ($383\,K$) erhitzt, so ist ihr neues Volumen etwa $7\,000\,m^3$ (rechne nach!)

Steckt die Luftblase in einem Heißluftballon gleichen Volumens, der unten offen ist, so entweichen $2\,000\,m^3$, d. h. 2/7 der ursprünglichen Luftmenge. Der Ballon wird also um $2/7 \cdot 6\,500\,kg = 1\,857\,kg$ leichter. Haben Ballonhülle, Korb, Gasbrenner und Insassen insgesamt diese Masse, so schwebt der Ballon genauso wie vorher die kalte Luftblase.

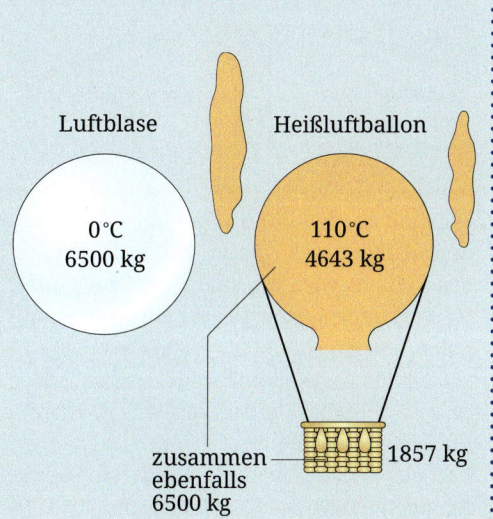

Luftblase

Heißluftballon

0 °C
6500 kg

110 °C
4643 kg

zusammen ebenfalls 6500 kg

1857 kg

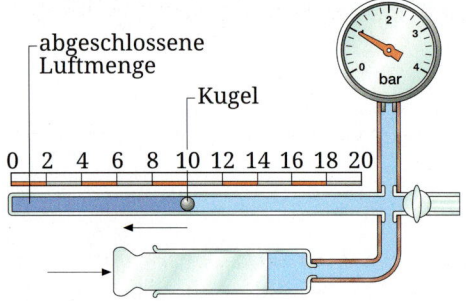

B1 Druck und Volumen werden gemessen.

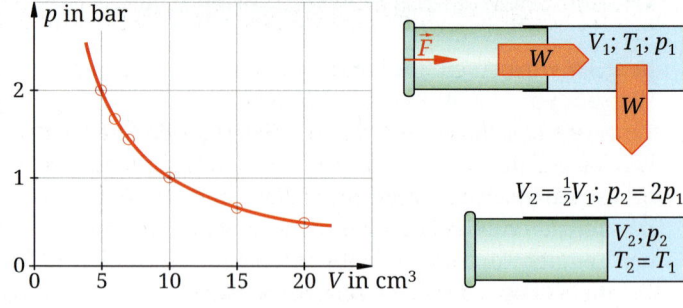

B2 Druck und Volumen sind antiproportional (T=konstant).

V1 In → **B1** begrenzt eine leicht verschiebbare Stahlkugel links eine Luftmenge. Mit dem Kolben der Glasspritze erzeugen wir unterschiedliche Druckzustände. Wir warten jeweils, bis die Kugel ruht. Dann herrscht links und rechts von ihr der gleiche Druck. Am Manometer lesen wir den Druck p der eingeschlossenen Luftmenge ab und an der Skala deren Volumen V. Die Tabelle und → **B2a** zeigen die Messwerte.

p in bar	0,5	1	1,5	1,75	2
V in cm³	20	10	6,7	5,7	5
$p \cdot V$ in bar·cm³	10	10	10	10	10

Vertiefung

Luftpumpe und Fahrradventil

Die Luft in der Luftpumpe hat zunächst den Außendruck. Beim Hineinschieben des Kolbens wird ihr Volumen von V_1 auf V_2 verkleinert, der Druck entsprechend von p_1 auf $p_2 = p_1 \cdot V_1/V_2$ vergrößert. Ist p_2 größer als der Reifendruck p, strömt Luft in den Schlauch und vergrößert p. Beim Entfernen der Pumpe strömt kurzzeitig Luft aus dem Schlauch und reißt den Stopfen nach unten. Das Ventil ist dicht.

4. Eine Gasmenge bei konstanter Temperatur

Mit einer Fahrradpumpe will man den Druck der eingeschlossenen Luftmenge erhöhen. Man erreicht dies durch Verkleinern ihres Volumens. Wir wollen untersuchen, wie Druck und Volumen einer Gasmenge zusammenhängen. Die Temperatur soll dabei konstant bleiben.

In → **V1** bestimmen wir zu verschiedenen Druckzuständen das zugehörige Volumen und tragen die Werte in ein Diagramm ein. Die Form der erhaltenen Kurve erinnert an eine Hyperbel. Zur Kontrolle bilden wir jeweils das Produkt aus p und V. Dieses ist konstant. Robert BOYLE und Edme MARIOTTE fanden dieses nach ihnen benannte Gesetz.

Es gilt:

$$p_1 \cdot V_1 = p_2 \cdot V_2 = p_3 \cdot V_3 = \text{konstant.}$$

Merksatz

Bei konstanter Temperatur ist das Produkt aus Druck p und Volumen V einer eingeschlossenen Gasmenge konstant:

$$p_1 \cdot V_1 = p_2 \cdot V_2 = p_3 \cdot V_3 = \text{konstant.}$$

Dieses Gesetz versteht man mit dem Teilchenmodell: Weil die Temperatur des Gases bei dem Vorgang konstant gehalten wird, bleibt auch die Durchschnittsgeschwindigkeit der Gasteilchen konstant. Das Gasvolumen halbiert sich allerdings: $V_2 = 1/2 \cdot V_1$. Es gibt nun doppelt so viele Teilchen pro Volumeneinheit, also erfolgen doppelt so viele Stöße je Sekunde auf die Wand. Jeder Stoß erfolgt aber genau so heftig wie vorher (unveränderte Temperatur heißt ja unveränderte Teilchengeschwindigkeit). Die Kraft auf jeden Quadratzentimeter der Wand wird dadurch verdoppelt. Das bedeutet, dass der Druck im Gas sich verdoppelt hat: $p_2 = 2 \cdot p_1$. Das Produkt aus Druck und Volumen ist gleich geblieben: $p_1 \cdot V_1 = p_2 \cdot V_2$.

Sporttaucher müssen das Gesetz von Boyle und Mariotte kennen. In 10 m Tiefe beträgt der Wasserdruck das Doppelte des Atmosphärendrucks → **S. 117**. Die Luft in der Lunge hat den gleichen Druck und ist entsprechend komprimiert. Mit dem Luftvorrat der Tauchflasche sind in dieser Tiefe daher nur halb so viele Atemzüge möglich wie an der Oberfläche.

Vertiefung

Alle Gasgesetze in einer Gleichung

Das Gesetz von Boyle und Mariotte liefert $p \cdot V =$ konstant, es gilt für gleich bleibende Temperatur. Schon vorher fanden wir als Gesetz für das ideale Gas die Proportionalität zwischen Gasdruck und absoluter Temperatur: $p \sim T$ bei konstantem Volumen.
Gibt es ein Gesetz, das beide zusammenfasst?

Betrachten wir dazu eine Gasmenge mit dem Volumen V und der Temperatur T, die unter dem Druck p steht.

p $\qquad$ V $\qquad$ T

Verdoppeln von T bei konstantem V:

$2p$ $\qquad$ V $\qquad$ $2T$ $\qquad$ da $p \sim T$

Verdreifachen von V bei konstantem T:

$2 \cdot \frac{1}{3} \cdot p$ $\qquad$ $3V$ $\qquad$ $2T$ $\qquad$ da $p \sim 1/V$

Für jeden Zustand gilt:

$$p \cdot \frac{V}{T} = 2\,p \cdot \frac{V}{2\,T} = 2 \cdot \frac{1}{3} \cdot p \cdot \frac{3\,V}{2\,T} = \text{konstant}.$$

Offenbar gilt für eine bestimmte Gasmenge bei beliebigem p, V und T:

$$\frac{p \cdot V}{T} \text{ ist stets gleich groß.}$$

Allgemein gilt für ideale Gase die **allgemeine Gasgleichung**:

$$\frac{p \cdot V}{T} = \textbf{konstant}.$$

Die Temperatur muss dabei immer in Kelvin angegeben werden. Ein ideales Gas erfüllt das Gesetz genau. Die wirklichen („realen") Gase gleichen dem idealen Gas umso mehr, je höher die Temperatur und je geringer der Druck ist.

In der allgemeinen Gasgleichung sind die von uns früher gefundenen Proportionalitäten

$p \sim T$ $\quad$ für $\quad V = $ konstant,
$V \sim T$ $\quad$ für $\quad p = $ konstant und
$p \cdot V = $ konstant für festes T als Spezialfälle enthalten.

Interessantes

Die Atmung des Menschen

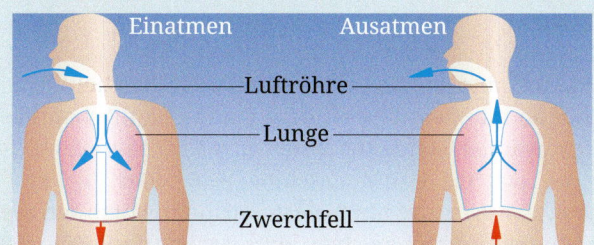

Die Lungen des Menschen liegen im luftdicht abgeschlossenen Brustkorb. Bei der Brustatmung hebt sich der Brustkorb, bei der Bauchatmung senkt sich das Zwerchfell ab. In beiden Fällen dehnen sich die Lungen aus und das Volumen der in ihnen befindlichen Luft wird größer. Nach BOYLE und MARIOTTE sinkt somit der Druck in dieser Luft. Er wird kleiner als der äußere Luftdruck. Da Luft immer von einem Ort mit höherem Druck zu einem Ort mit tieferem Druck strömt, kommt frische Luft in die Lungen.

Umgangssprachlich sagt man zwar „die Lungen saugen Luft ein", richtig ist aber, dass der größere, äußere Luftdruck die Luft in die Lungen presst. Beim Ausatmen ist es gerade umgekehrt: Der Brustkorb zieht sich zusammen, das Zwerchfell wölbt sich nach oben. Dadurch wird das Lungenvolumen kleiner und der Druck der Luft in den Lungen größer als der äußere Druck. Also strömt Luft nach außen.

Mach's selbst

A1 Atmen auf einem hohen Berg fällt schwerer als im Tal. Begründe dies.

A2 Ein Radreifen wird bei 20 °C auf 5 bar Überdruck aufgepumpt. Das Rad steht in der Sonne, die Temperatur im Reifen steigt auf 70 °C. Berechne den neuen Druck.

A3 Oft wird angenommen, dass der Raum zwischen den Scheiben einer Isolierverglasung evakuiert sei. Berechne die Kraft, die eine Scheibe von 1 m² aushalten müsste.

A4 Eine Sauerstoffflasche enthält bei Umgebungstemperatur 20 ℓ Gas unter 150 bar. Berechne, wie viele Liter man unter Atmosphärendruck entnehmen kann, wenn die Temperatur konstant bleibt.

B1 Das hölzerne Bootsmodell aus Ägypten (1900 v. Chr.) zeigt die Fahrt gegen den Wind. Der Mast ist umgekippt, die Mannschaft rudert.

B2 Benzinmotoren ermöglichen heute eine Fortbewegung ohne körperlichen Energieaufwand.

1. Mechanische Energie aus innerer Energie

Seit vielen hunderttausend Jahren nutzen die Menschen die Energie des Feuers, um sich zu wärmen und um ihre Nahrung zuzubereiten. Die mechanische Energie des Windes und des fließenden Wassers treibt seit Tausenden von Jahren Schiffe und Mühlen an und entlastet so die Menschen von schwerer körperlicher Arbeit. Aber Wind und fließendes Wasser stehen nicht immer, nicht überall und meist auch nicht in beliebiger Menge zur Verfügung. War auch der Einsatz von Haustieren nicht möglich, so mussten unsere Vorfahren selbst Hand anlegen und „im Schweiße ihres Angesichtes" hart arbeiten **→ B1**.

Diese Situation änderte sich erst, als die Menschen herausfanden, wie man mit Maschinen innere Energie in mechanische Energie umwandeln kann. Die erste Wärmekraftmaschine, die das konnte, war die Dampfmaschine **→ B3**. Der Engländer James WATT verbesserte um 1790 die schon in Vorstufen vorhandene Dampfmaschine so weit, dass sie eine große Verbreitung fand und dadurch die sogenannte industrielle Revolution einleitete. Damit war die Energie, die im Holz und in der Kohle steckt, über die Verbrennung zum Antrieb von Maschinen nutzbar.

Robert STIRLING gelang es 1816 als Erstem, einen praktisch einsetzbaren Heißluftmotor zu bauen. Die Erfindung des Benzin- und des Dieselmotors in der 2. Hälfte des 19. Jahrhunderts ermöglichte schließlich den Bau kleiner und trotzdem leistungsfähiger Motoren **→ B2**.

Heute steht in den reichen Ländern der Erde an jedem Ort und zu jeder Zeit mechanische Energie fast beliebig zur Verfügung. Zugleich wächst die Einsicht, dass der Vorrat fossiler Energiequellen begrenzt ist und dass es wichtig ist, bei der Energienutzung so sparsam wie möglich zu sein.

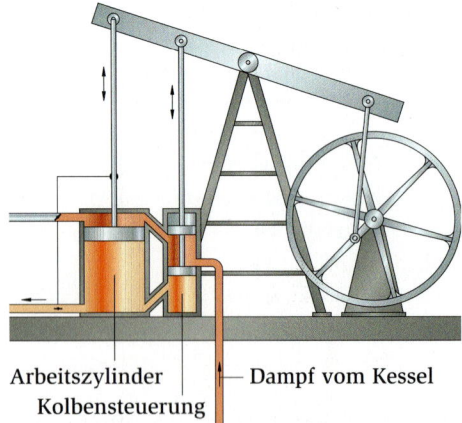

Arbeitszylinder — Dampf vom Kessel
Kolbensteuerung

B3 In einem Kessel wird Wasserdampf erzeugt und einem Zylinder mit Kolben zugeführt. James WATT nutzte in seiner „doppelt wirkenden Dampfmaschine" den Druck im Dampfkessel für die Auf- und Abwärtsbewegung.

2. Wir entwickeln einen einfachen Heißluftmotor

Wie gelingt nun die gewünschte Umwandlung der Energieformen? Im **→ V1** wandeln wir innere Energie aus einem Reservoir mit heißem Wasser in Höhenenergie von Wägestücken.

(1) Die mit Luft gefüllte Glaskugel wird in einen Behälter mit heißem Wasser getaucht. Der Kolben der aufgesetzten Spritze wird zunächst festgehalten. Energie fließt als Wärme Q_L aus dem heißen Wasser in die Glaskugel. Die Temperatur der eingeschlossenen Luft steigt. Bei konstantem Volumen gilt für Luft wie für ideale Gase $p \sim T$. Also steigt auch der Druck in der Glaskugel und der Spritze. Wir spüren eine Kraft, die den Kolben nach oben drückt. Im V-p-Diagramm zeigt die senkrechte Gerade die Druckänderung bei konstantem Volumen an.

(2) Nun lassen wir den Kolben los. Er wird mit drei aufgesetzten Wägestücken angehoben. Die beim Heben als Arbeit W_h übertragene Energie kommt aus dem Vorrat innerer Energie der heißen Luft. Die von der Luft abgegebene Energie wird aber praktisch sofort als Wärme Q_h aus dem heißen Wasserbad ersetzt; deshalb bleibt die Temperatur der Luft unverändert T_h. Die zugeführte Wärme Q_h wurde vollständig in Höhenenergie umgewandelt; es gilt $Q_h = W_h$. Könnten wir diesen Vorgang des Gewichthebens für sich allein beliebig oft wiederholen, so hätten wir einen idealen Motor! Dazu müssten wir den Kolben aber wieder in seine Ausgangsstellung bringen. Solange sich die Glaskugel weiterhin im heißen Wasserbad befindet, kostet dies aber die Rückgabe aller zuvor gewonnenen mechanischen Energie. Wir machen es daher anders:

(3) Wir bringen den Glaskolben mit der heißen Luft in eine kalte Umgebung. Wieder halten wir den Kolben zunächst fest. Energie geht jetzt als Wärme Q_L aus der anfangs heißen Luft in das kalte Wasserbad. Der Druck nimmt ab. Die Kraft auf den Kolben wird kleiner. Im V-p-Diagramm erkennen wir die Abkühlung an der Druckminderung bei konstantem Volumen.

(4) Bei niedrigerer Temperatur lässt sich der Kolben mit kleinerer Kraft zurückschieben als bei höherer Temperatur. Längs des gesamten Weges ist der Druck kleiner als bei b). Die Gewichtskraft zweier Wägestücke reicht aus, die Luft zu komprimieren.
Höhenenergie der zwei absinkenden Wägestücke erhöht als Arbeit W_t die innere Energie der Luft und geht praktisch sofort als Wärme Q_t in das kalte Wasserbad. Deshalb bleibt die Temperatur der Luft im Kolben konstant. Auch hier gilt $Q_t = W_t$.

In jedem folgenden Motorzyklus können wir erneut erst drei Wägestücke anheben und dann zwei Wägestücke wieder absenken. Jedes Mal gibt das System im Takt b) mehr mechanische Energie ab, als ihm im Takt d) wieder zugeführt wird. In jedem Zyklus überwiegt in der Energiebilanz die Abgabe von Energie.

(1) Erwärmen von T_t auf T_h

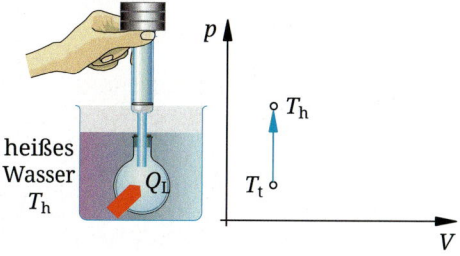

(2) Ausdehnung bei T_h

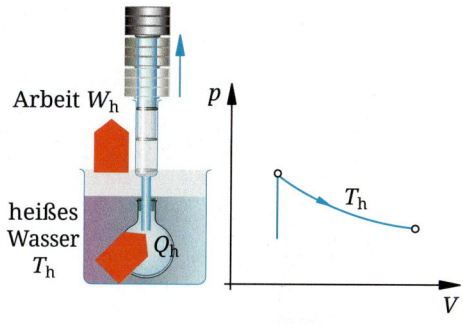

(3) Abkühlung von T_h auf T_t

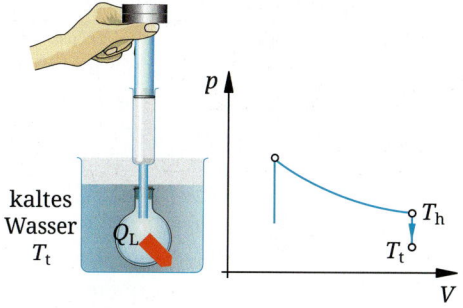

(4) Kompression bei T_t

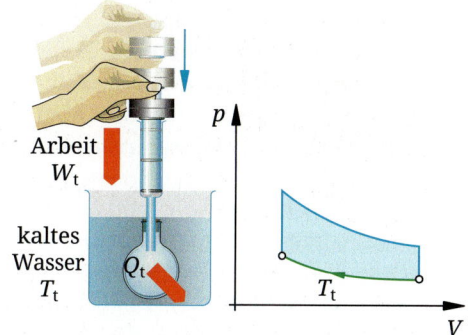

V1 Modellversuch zum Heißluftmotor: Nach vier Takten ist die eingesperrte Luft wieder im Ausgangszustand.

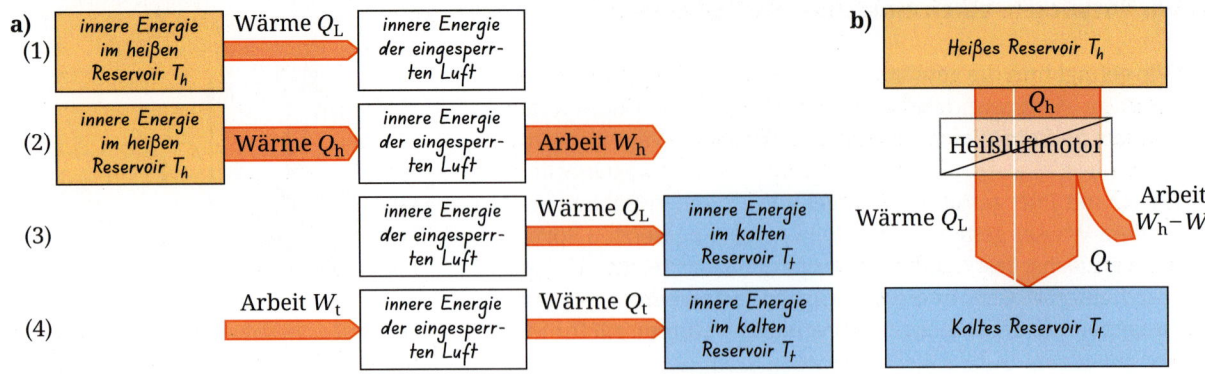

B1 **a)** Energieübertragung in den vier Takten eines Zyklus; **b)** Energiebilanz für den gesamten Zyklus

Robert STIRLINGS Idee

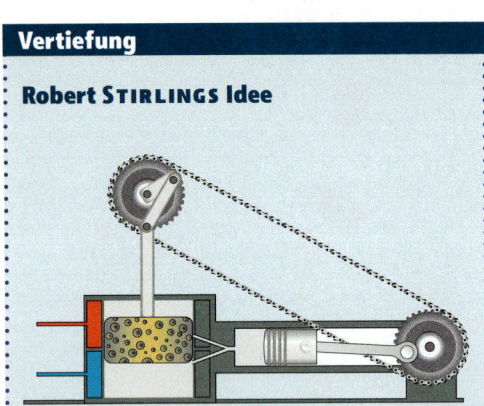

In dem von uns bisher betrachteten Kreisprozess wird die Energie, die das Gefäß und die Luft bei hoher Temperatur aufnehmen, anschließend nutzlos an das kalte Wasser abgegeben. Bei realen Heißluftmotoren vermeidet man, dass die Luft und das Gefäß, in dem sich die Luft befindet, abwechselnd erhitzt und abgekühlt werden muss. Robert STIRLING, der Erfinder des Heißluftmotors hatte die entscheidende Idee:

Ein zweiter luftdurchlässiger Kolben schiebt als **Verdrängerkolben** die eingeschlossene Luft zwischen dem heißen und dem kalten Bereich des Zylinders hin und her. So entfällt der Temperaturwechsel des Zylinders. Für die Luft dient der Verdrängerkolben als **Regenerator**. Auf dem Weg von der heißen zur kalten Seite strömt die Luft durch sein poröses Material (STIRLING benutzte ein Drahtgeflecht) und gibt die Wärme ab. Der Verdrängerkolben speichert die Energie und gibt sie der dann kalten Luft auf dem Rückweg zurück.

1. Kreisprozess als Energie-Übertragungskette

Auf der vorigen Seite haben wir einen Kreisprozess entwickelt, bei dem mechanische Energie aus innerer Energie gewonnen wird. Wir schauen die vier Takte des Zyklus noch einmal ausschließlich unter dem Aspekt der Energiebilanz an. Im → **B1a** finden wir die aus den vier Takten bekannten Energiepfeile in Energieübertragungsketten wieder.

- Q_L ist die Wärme, die der Luft im ersten Takt beim Erhitzen zugeführt und im vierten Takt beim Abkühlen wieder entzogen wird. Es handelt sich beide Male um die gleiche Energiemenge, weil Luftmenge und Temperaturdifferenz gleich sind. Die Blockpfeile sind deshalb gleich breit gezeichnet.
- W_h bezeichnet die im zweiten Takt beim Heben der Wägestücke als Arbeit abgegebene mechanische Energie. Sie ist so groß wie die gleichzeitig zugeführte Wärme, die für konstante Temperatur sorgte. Gleich breite Pfeile also für Arbeit W_h und Wärme Q_h.
- Gleich große Energiemengen werden auch durch die Pfeile für die Wärme Q_t und die Arbeit W_t beim Komprimieren der Luft im vierten Takt dargestellt.

Im → **B1b** fassen wir die *Energiebilanz des gesamten Zyklus* in *einer* Energieübertragungskette zusammen. Man erkennt, die Wärme Q_L als „durchlaufenden Posten", mit dem nur Energie vom heißen ins kalte Reservoir befördert wird und es wird deutlich, dass die als Arbeit nutzbar gemachte Energie $W_h - W_t = Q_h - Q_t$ von der Wärme Q_h abgezweigt wird, die dem heißen Reservoir entnommen wird.

Das Bild legt zwei Fragen nahe:
- Wie kann man die nutzlose Verschwendung der Wärme Q_L vermeiden? Die technische Lösung dieser Frage machte brauchbare Heißluftmotoren möglich → **Vertiefung**.
- Wie kann man möglichst viel von der Wärme Q_h als nutzbringende Arbeit abzweigen? Dies ist die Frage nach dem *Wirkungsgrad* eines Heißluftmotors, der wir im Folgenden nachgehen wollen.

1. Der Wirkungsgrad eines idealen Heißluftmotors

Wenn wir einem Heißluftmotor die Wärme Q_h zuführen, bekommen wir die mechanische Energie $W_{nutzbar} = W_h - W_t$ und müssen dazu bei tiefer Temperatur die Wärme Q_t abführen. Diese Energieabgabe beim Verdichten der Luft in der kalten Umgebung (T_t) ist *prinzipiell* unvermeidbar.

Das Verhältnis aus nutzbarer mechanischer Energie $W_{nutzbar}$ und zugeführter Wärme $Q_{zugeführt}$ bezeichnet man als **Wirkungsgrad η** (sprich „eta") einer Wärmekraftmaschine. Wir wissen:

$$Q_{zugeführt} = Q_h \quad \text{und} \quad W_{nutzbar} = W_h - W_t.$$

Da bei unserem Modell-Kreisprozess $Q_h = W_h$ gilt, können wir für den Wirkungsgrad schreiben:

(1) $$\eta_{max} = \frac{W_{nutzbar}}{Q_{zugeführt}} = \frac{W_h - W_t}{W_h} = 1 - \frac{W_t}{W_h}.$$

Der maximal mögliche Wirkungsgrad ist kleiner als 1. Mit dem am Kreisprozess entwickelten V-p-Diagramm → **B1** bestimmen wir den Wert des Quotienten W_t/W_h.

Es gibt einen praktischen Grund weshalb man in der Thermodynamik Prozesse oft in V-p-Diagrammen darstellt: Man kann an ihnen mit einem Blick die während eines Kreisprozesses verrichtete Arbeit ablesen. *Die Fläche unter der Kurve eines V-p-Diagramms ist ein Maß für übertragene Energie.* Die Betrachtung der Einheiten macht es plausibel: $1 \text{ m}^3 \cdot 1 \text{ N/m}^2 = 1 \text{ Nm} = 1 \text{ J}$. In der → **Vertiefung** steht eine vollständige Begründung.

Hier haben wir zwei Flächen. Die schraffierte Fläche ergibt sich für die hoheTemperatur T_h und entspricht der bei der Expansion bertragenen Energie W_h. Unter der Kurve für T_t findet man W_t (gefärbte Fläche). Die Höhen der beiden Flächen unterscheiden sich für jedes Volumen V um den Faktor p_t/p_h. Für konstantes V gilt aber $p \sim T$. Also gilt: $p_t/p_h = T_t/T_h$. Dies ist der Faktor, um den sich – wegen derselben Breite – auch beide Flächen unterscheiden. Für sie und damit für die übertragenen Energiemengen gilt also:

(2) $$\frac{W_t}{W_h} = \frac{T_t}{T_h}$$

Dies vereinfacht den Wirkungsgrad zu:

(3) $$\eta_{max} = 1 - \frac{W_t}{W_h} = 1 - \frac{T_t}{T_h}.$$

Eine Wärmekraftmaschine. die zwischen den Temperaturen T_h und T_t arbeitet, kann keinen höheren Wirkungsgrad besitzen als

$$\eta_{max} = \frac{W_{nutzbar}}{W_{zugeführt}} = 1 - \frac{T_t}{T_h}.$$

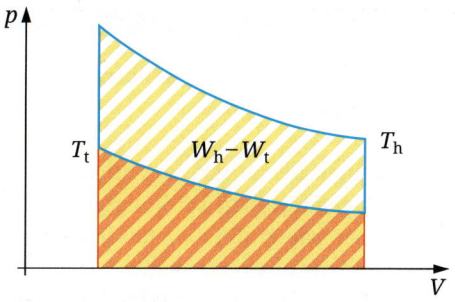

B1 V-p-Diagramm für einen Zyklus des Kreisprozesses. Die blau umrandete Fläche zwischen den beiden V-p-Kurven und der V-Achse ist ein Maß für die nutzbare Energie $W_{nutzbar} = W_h - W_t$.

Vertiefung

Energie im V-p-Diagramm

Wir betrachten Takt (2) im Kreisprozess. Die eingesperrte Luft übt über den beweglichen Kolben eine Kraft längs eines Weges aus. Bei konstanter Kraft F_s gilt für die übertragene Energie:

$$W_h = W_{mech} = F_s \cdot s.$$

Da der Druck und somit die Kraft nicht konstant sind, rechnen wir in kleinen Schritten ΔV. Dazu zerlegen wir die Fläche unter der V-p-Kurve in gleich breite Streifen mit jeweils konstantem p. Mit $F = p \cdot A$ gilt für einen beliebigen Streifen:

$$\Delta W_h = F_S \cdot \Delta s = p \cdot A \cdot \Delta s = p \cdot \Delta V.$$

A ist die Fläche des Kolbens, der den Druck in eine Kraft wandelt. $p_{h3} \cdot \Delta V$ ist die rot gefärbte Fläche des dritten Streifens. Sie ist ein Maß für die bei hoher Temperatur und Volumenänderung ΔV übertragene Energie. Jetzt müssen wir nur noch die Flächeninhalte aller Streifen zwischen V_h und V_t addieren. – Die Fläche der roten Treppenkurve ist ein Maß für die insgesamt übertragene Energie.

Wirkungsgrad eines Demonstrations-Stirlingmotors

Ein kleiner Demonstrations-Stirlingmotor muss keinen großen Wirkungsgrad besitzen. Aber wie groß ist er tatsächlich und wie kann man ihn ermitteln?

Eine Möglichkeit ist unten im Bild dargestellt: Mit einer Spirtusflamme wird der Verdrängerkolben ständig geheizt. Das Schwungrad läuft im Uhrzeigersinn und reibt dabei an einem leicht gespannten Faden. Die Reibungskraft wird abgelesen: $F = 0,16$ N. Mit Stroboskop oder Lichtschranke wird die Frequenz der Scheibe ($r = 7,1$ cm) gemessen: $f = 10/s$. In einem Vorversuch wurden 250 g Wasser mit der Spiritusflamme erhitzt. In 360 s stieg dabei die Temperatur um 25,5 K.

Arbeitsaufträge:

1 Werte den Versuch mit den angegebenen Daten aus und bestätige $\eta = 1\%$.

2 Wenn möglich, baue den Versuch nach und ermittle den Wirkungsgrad selbst.

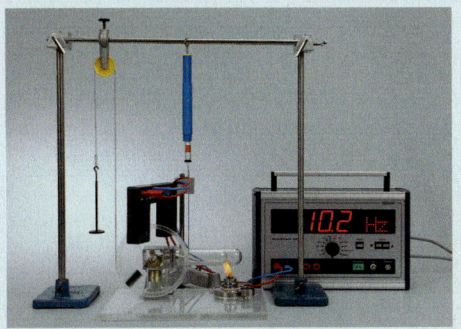

2. Reale Heißluftmotoren

Wenn wir davon ausgehen, dass die „Abwärme" einer Wärmekraftmaschine bei $T_t = 300$ K in die Umwelt abgegeben wird, dann ist auf der heißen Seite die Temperatur $T_h = 450$ K erforderlich, wenn ein Drittel der zugeführten Energie als mechanische Energie nutzbar sein soll:

$$\eta_{max} = 1 - \frac{300\text{ K}}{450\text{ K}} = 1 - \frac{2}{3} \approx 0,33 = 33\%.$$

Selbst dieser Wert ist noch ein theoretischer Wert, reale Maschinen liefern immer einen kleineren Wert.

Heißluftmotoren – oder Stirlingmotoren, wie sie wegen der Erfindung von Verdrängerkolben und Regenerator durch Robert STIRLING auch heißen – haben nie eine herausragende technische Bedeutung gewonnen, weil sich bei Temperaturen um 1000 K Dampfmaschinen und Dampfturbinen als wirtschaftlicher und für große Leistungen besser geeignet erwiesen haben.

Sucht man im Internet nach aktuellen Anwendungen von Heißluftmotoren, so findet man sie bei Herstellern von solaren Kleinkraftwerken, bei denen ein Hohlspiegel die Sonnenstrahlung im Brennpunkt auf die heiße Seite des Zylinders eines wassergekühlten Stirlingmotors lenkt.

In **Verbrennungskraftmaschinen** findet die Verbrennung nicht außerhalb des Kessels, sondern im Arbeitszylinder statt. Verbrennungsmotoren in unseren Autos funktionieren so: Im Zylinder wird der Brennstoff gezündet. Der bei der Verbrennung und Temperaturerhöhung auftretende Druck der Verbrennungsgase erzeugt eine Kraft auf den Kolben.

Die Erfindung des Benzin- und des Dieselmotors in der zweiten Hälfte des 19. Jahrhunderts ermöglichte den Bau kleiner und trotzdem leistungsfähiger Motoren, die z. B. in Autos eingebaut werden konnten. Im Verlauf des 20. Jahrhunderts hat das Auto vielen Menschen eine größere Mobilität ermöglicht, als vorher jemals möglich war und damit unsere Gesellschaft verändert.

Mach's selbst

A1 Gib Beispiele an für die Nutzung des Windes, des fließenden Wassers und einiger Haustiere als „mechanische Energiequellen".

A2 Ein idealer Heißluftmotor, dessen kalte Seite auf 50 C gekühlt wird, soll einen Wirkungsgrad von 50 % besitzen. Berechne die Temperatur des heißen Reservoirs in K und in °C.

A3 Das abgebildete Modell eines Heißluftmotors benutzt Hand und Umgebung als Temperaturreservoire.
a) Schätze den idealen Wirkungsgrad.
b) Erkläre die Funktion des Schwungrades.

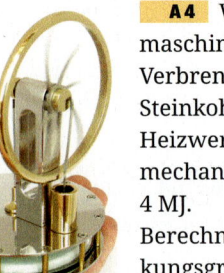

A4 Watts erste Dampfmaschine erzeugte beim Verbrennen von 100 kg Steinkohle (spezifischer Heizwert 31 MJ/kg) eine mechanische Energie von 4 MJ.
Berechne ihren Wirkungsgrad.

Vertiefung

Wärmepumpe und Kühlschrank

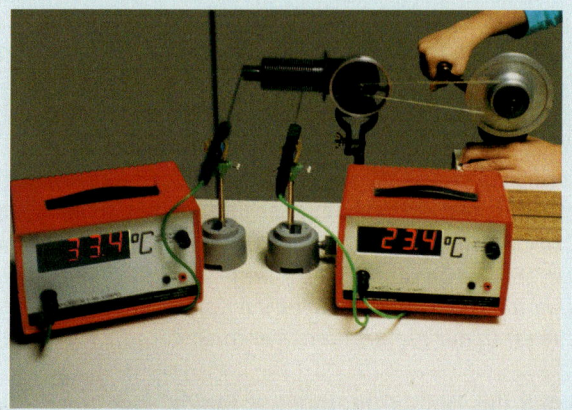

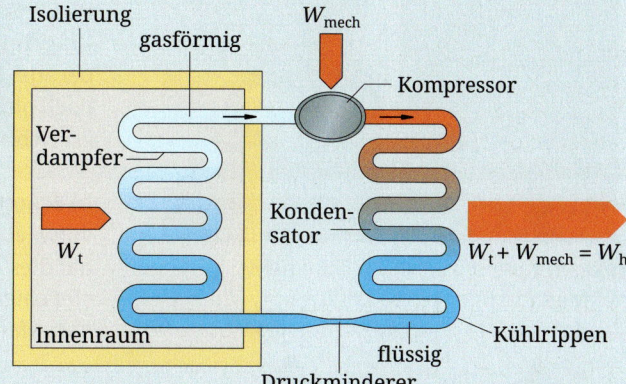

Isolierung
gasförmig
W_{mech}
Kompressor
Verdampfer
Konden-sator
W_t
$W_t + W_{mech} = W_h$
Innenraum
Kühlrippen
flüssig
Druckminderer

A. Kreisprozess im Rückwärtsgang

Was wird geschehen, wenn wir einem Heißluftmotor *von außen mechanische Energie zuführen*, anstelle ihm mechanische Energie zu entnehmen? Beim Antreiben des Motors (mit umgekehrter Drehrichtung) vergrößert sich die Temperaturdifferenz zwischen dem warmen linken und dem kalten rechten Zylinderende! Wir können diese Beobachtung mit unserem einfachen Heißluftmotor von → **S. 125** verstehen:

Die Vorgänge (1) bis (4) laufen jetzt in umgekehrter Reihenfolge (4) → (3) → (2) → (1) → ...) mit umgekehrten Bewegungsrichtungen des Kolbens ab. Alle Energiepfeile besitzen jetzt die entgegengesetzte Richtung, behalten aber ihren Betrag. Das kalte Wasser gibt Wärme an die sich ausdehnende Luft ab. Das heiße Wasser nimmt Wärme von der Luft auf, während diese zusammengedrückt wird. Das heiße Wasser wird dadurch im Laufe der Zeit heißer, das kalte Wasser kälter.

Der rückwärts angetriebene Heißluftmotor wird zur **Wärmepumpe**. Die ideale Wärmepumpe „pumpt" mit der zugeführten Arbeit W_{mech} die Wärme Q_t vom kalten Reservoir T_t ins heiße Reservoir T_h. Bei T_h wird die Wärme Q_h abgegeben. Es gilt auch hier $Q_h/Q_t = T_h/T_t$. Wenn bei $T_t = 300$ K 100 Joule als W_t aufgenommen werden, können bei $T_h = 450$ K 150 Joule als Q_h abgeliefert werden, vorausgesetzt man fügt die fehlenden 50 Joule als mechanische Arbeit hinzu.

B. Im Kühlschrank arbeitet eine Wärmepumpe

An der Rückseite der meisten Kühlschranke findest du schwarze, von einem schlangenförmigen Rohr durchzogene Kühlrippen → **Bild**. Während der Kühlschrank „läuft", besitzen die Kühlrippen eine höhere Temperatur als die Umgebung. Du kannst das mit der Hand nachprüfen! Offensichtlich transportiert eine *Wärmepumpe* Energie aus dem Inneren des Kühlschrankes dorthin. Derartiges geschieht niemals von selbst, es braucht Energiezufuhr von außen.

Die Wärmepumpe eines Kühlschrankes besteht im Wesentlichen aus einem geschlossenen Rohrsystem, in dem ein Kühlmittel zirkuliert. Als Kühlmittel eignen sich nur Stoffe, die eine Siedetemperatur von niedriger als -20 °C besitzen. Das Kühlmittel gelangt in flüssiger Form in das Innere des Kühlschrankes. Im Verdampfer, einem schlangenförmig verlegten Rohr, siedet es.

Die zum Verdampfen erforderliche Wärme entzieht das Kühlmittel der Luft im Kühlschrank. Der elektrisch angetriebene Kompressor pumpt das nun gasförmige Kühlmittel zum Kondensator, einem schlangenförmig verlegten Rohr an der Rückseite des Kühlschrankes. Wegen des hohen, vom Kompressor erzeugten Druckes, kondensiert es bei Umgebungstemperatur. Die wieder frei werdende Verdampfungswärme wird über die Kühlrippen an die Zimmerluft abgegeben. Anschließend fließt das flüssige Kühlmittel durch ein sehr enges Rohr zurück zum Verdampfer. Das enge Rohr hält den hohen Druck des Kompressors vom Verdampfer fern, wo der Druck klein sein muss.

Wärmepumpen zum Beheizen von Gebäuden sind im Prinzip genauso aufgebaut: Sie entziehen dem Erdboden, Gewässern oder der Außenluft Energie und pumpen diese in die Gebäude.

B1 a) Rudolf CLAUSIUS (1822–1888),
b) Max PLANCK (1858–1947)

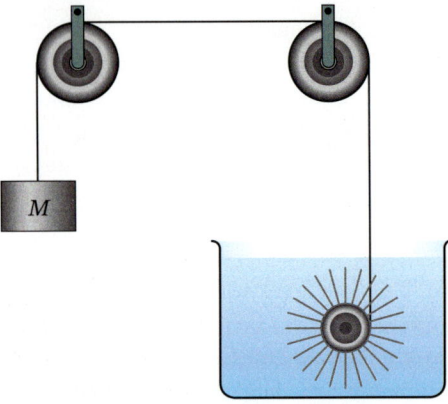

B2 Eine Maschine, die dem Wasser Energie entnimmt und allein damit die Masse hebt, kann es nicht geben.

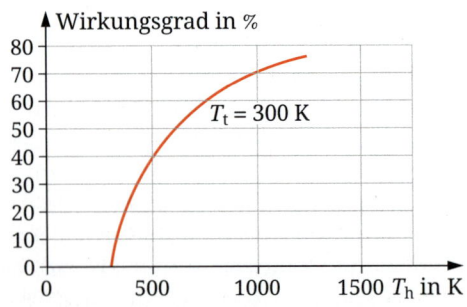

B3 Wirkungsgrad eines idealen Stirlingmotors in Abhängigkeit von der Temperatur T_h. Für T_t ist eine mittlere Temperatur der Umgebung mit 300 K angenommen. Der Wirkungsgrad beginnt für T_h = 300 K bei null und steigt mit wachsender Temperatur, zunächst mehr dann weniger. Für den Wirkungsgrad eins wäre gemäß $\eta = 1 - T_t/T_h$ eine „unendlich" große Temperatur T_h erforderlich. Bei 5500 K, der Temperatur der Sonne, berechnet man η = 95 %.

1. Unmögliche Vorgänge und Energieentwertung

a) Der Stirlingmotor entnimmt der als Wärme zugeführten Energie Q_h den Bruchteil $\eta_{max} = 1 - T_t/T_h$ als nutzbare Energie. Der Rest geht als Abwärme Q_t bei tieferer Temperatur in die Umgebung. Der Wirkungsgrad steigt, wenn man die Heiztemperatur T_h erhöht oder die Kühltemperatur T_h verringert. T_h ist nach oben immer begrenzt, der Wirkungsgrad 1 wäre also nur erreichbar mit T_t = 0 K. *Diese Temperatur ist* **unerreichbar**.

b) Schon früher hast du gelernt, dass Energie von alleine nur von Heiß nach Kalt übertragen wird. Rudolf CLAUSIUS →**B1a** hat dies um 1850 so formuliert: *Es ist* **unmöglich**, *dass Wärme von einem kälteren zu einem wärmeren Körper übergeht, ohne dass sich sonst in der Natur etwas verändert.*

c) Am Modell des Heißluftmotors mit Rundkolben und Glasspritze haben wir gesehen: Die „Maschine" läuft nur dann dauerhaft, wenn ihr im 4. Takt ein Teil der vorher gewonnenen mechanischen Energie wieder zugeführt wird und als Abwärme ins kalte Reservoir fließt. Max PLANCK →**B1b** verallgemeinerte 1880 in seiner Doktorarbeit: *Es ist* **unmöglich**, *eine periodisch arbeitende Maschine zu bauen, die nichts weiter bewirkt als die Hebung einer Last und die Abkühlung eines Körpers* →**B2**.

Diese Beschreibungen von „Unmöglichkeiten" stehen nicht im Widerspruch zum Energieerhaltungssatz, sie beschreiben Einschränkungen der Möglichkeit von Energieumwandlungen und bestätigen diese Beobachtung, dass viele natürliche Vorgänge von allein nur in einer Richtung ablaufen. Sie sind nicht umkehrbar. Die Ursache dafür ist die *Entwertung der Energie*. Bei allen natürlichen Prozessen vermindert sich der Vorrat an umwandelbarer Energie.

Merksatz

Durch jeden natürlichen Prozess wird der Vorrat an umwandelbarer Energie vermindert. Dieses Naturgesetz bezeichnet man als den **zweiten Hauptsatz der Thermodynamik**.

2. Was bestimmt den Wert von Energie?

Umwandelbarkeit ist für die Nutzung von Energie ein wichtiges Merkmal. Höhenenergie und Bewegungsenergie sowie Spannenergie und auch elektrische Energie sind theoretisch uneingeschränkt umwandelbar. Deshalb sind sie wertvoll.
Innere Energie können wir mit unserem Wissen über ideale Heißluftmotoren (als Beispiel für Wärmekraftmaschinen) bewerten, wenn wir die Temperatur der Umgebung als Bezugstemperatur setzen: T_t = 300 K. Für Vorräte innerer Energie bei Temperaturen T_h > 300 K zeigt →**B3** den Bruchteil, der von einer idealen Wärmekraftmaschine in mechanische Energie gewandelt werden kann.

Die Temperatur, bei der die Wärme Q_h abgeholt wird, bestimmt also den Wert der Energie. Der Wert der inneren Energie steigt mit wachsender Temperatur ihres Trägers. Innere Energie, die in Luft und den Weltmeeren bei ca. 300 K in großen Mengen vorhanden ist, ist praktisch nicht mehr umwandelbar, sie ist entwertet. Man könnte sie einer Wärmekraftmaschine nur dann in mechanische Energie wandeln, wenn man die Abwärme bei *niedrigerer* Temperatur los würde. Ein Reservoir, kälter als die mittlere Umgebungstemperatur, steht aber in der notwendigen Größe und auf Dauer nicht zur Verfügung.

3. Entwertung – wenn der Vorgang nicht umkehrbar ist

Ein *idealer* Heißluftmotor entwertet die zugeführte Energie noch nicht. Die Veränderungen, die er hervorruft, könnten durch eine ideale Wärmepumpe vollständig rückgängig gemacht werden → **B4** . Zwei solcher idealer Maschinen würden gemeinsam unentwegt laufen, ohne Energieaufnahme und ohne Energieabgabe. Diese Maschinenkombination wäre zwar nicht nützlich, würde aber auch keine Energie entwerten. Sie ist aber auch nicht realistisch.

In realen Heißluftmotoren sind *Wärmeleitung* und *Reibung* unvermeidlich. Im → **B5** ist die dadurch veränderte Situation dargestellt: Aus dem theoretischen Wirkungsgrad von 67 % ist ein praktischer Wirkungsgrad von 62 % geworden. 5 J gehen wegen der Reibung als Wärme in die Umgebung. Die dazugeschaltete ideale Wärmepumpe kann mit 62 J mechanischer Arbeit nur insgesamt 93 J Wärme ins heiße Reservoir pumpen. Pro Zyklus werden 7 J unumkehrbar vom heißen Reservoir ins kalte übertragen. Weil diese Energieübertragung nicht mehr umkehrbar ist, sprechen wir von Entwertung.

4. Es gibt kein Perpetuum mobile

Seit 1775 lehnt es die Pariser Akademie ab, Entwürfe für ein Perpetuum mobile zu prüfen. Die Einsicht in die Gültigkeit des Energieerhaltungssatzes war gefestigt, das **Perpetuum mobile**, das mechanische Energie „aus dem Nichts" bereitstellt, kann es nicht geben.

Es blieb die Frage, ob und wie es möglich ist, Arbeit aus der inneren Energie der Umgebung zu gewinnen → **B2** . Es gilt die von Max PLANCK formulierte Einschränkung des Energieerhaltungssatzes → **S.130**: Wer mechanische Energie aus innerer Energie gewinnen will, muss Abwärme in ein kälteres Reservoir abführen. Der Wirkungsgrad des idealen Heißluftmotors ist der bestmögliche. „Energiegewinnungs-Maschinen", die mit weniger oder gar ohne Abwärme auskommen sollen, lässt heutzutage das Patentamt nicht mehr als Erfindung zu.

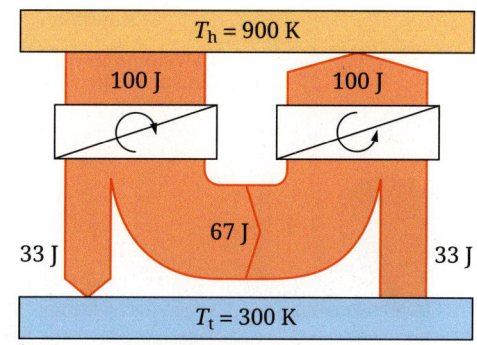

B4 Perfekter Kreislauf mit zwei idealen Maschinen – leider unmöglich.

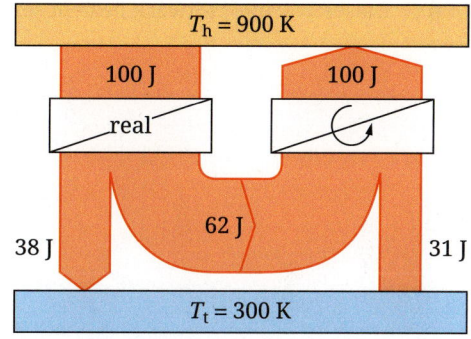

B5 Die Energieentwertung durch den realen Heißluftmotor kann die ideale Wärmepumpe nicht rückgängig machen.

A1 Einem realen Heißluftmotor werden 50 kJ Wärme bei 600 °C zugeführt. Er gibt 41 kJ als Wärme an die Umgebung. Wie viel Energie entwertet der Motor?

A2 Recherchiere zum Thema „Perpetuum mobile". Präsentiere die Ergebnisse.

A3 Ein Abgeordneter wird aufgefordert, einen Gesetzentwurf vorzulegen, nach dem Kohlekraftwerke keine Abwärme mehr abgeben dürfen, damit die in der Kohle gespeicherte Energie effizienter genutzt wird. Beurteile diesen Vorschlag aus physikalischer Sicht.

A4 Ein Erfinder behauptet, sein neu erfundener Heißluftmotor arbeite zwischen 900 K und 300 K mit einem Wirkungsgrad von 75 %. Kombiniere diese Maschine wie in → **B4** mit einer idealen Wärmepumpe, stelle die Gesamtbilanz auf und bewerte sie.

Wird der Erfinder mit einer Patentanmeldung Erfolg haben?

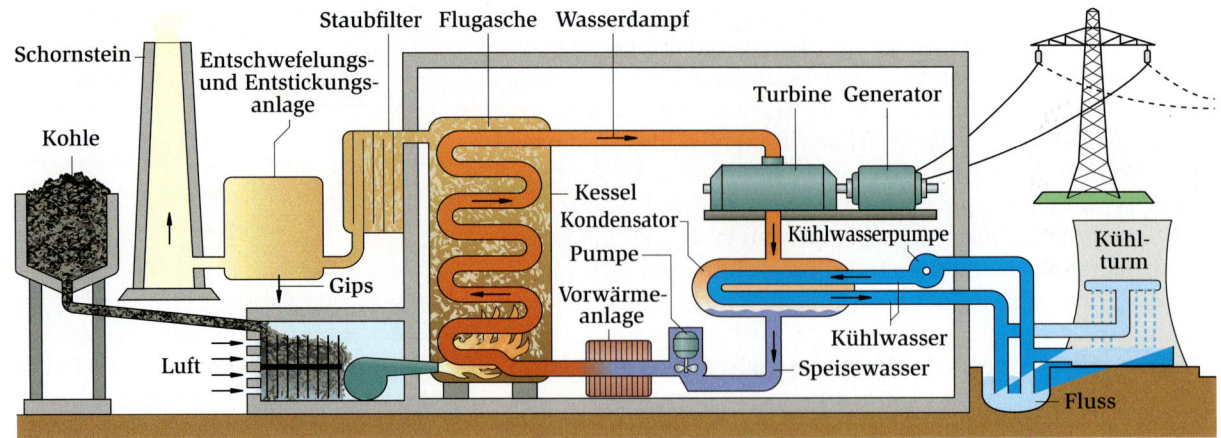

B1 Dieses Wärmekraftwerk bezieht seine Wärme aus der Verbrennung von Kohle.

B2 Kohlekraftwerk

B3 Schaufelräder einer Megawatt-Turbine

Der größte Teil der in Deutschland genutzten elektrischen Energie wird von Wärmekraftwerken geliefert. In ihnen wird die Energie fossiler Brennstoffe (Kohle, Erdöl, Erdgas) oder die Energie, die bei Kernspaltungen frei wird, in elektrische Energie umgewandelt.

Wir betrachten beispielhaft die Funktionsweise eines Kohlekraftwerks.

1. Kohlekraftwerke

In einem Kohlekraftwerk → **B1, B2** wird Kohle zu feinem Staub zermahlen und mit der richtigen Menge Luft in einen riesigen Ofen geblasen. Dort verbrennt der Kohlestaub bei Temperaturen von bis zu 1600 °C.

Die Verbrennungsgase erhitzen Wasser, das in Rohren durch den Brennraum fließt. Das Wasser verdampft, der Wasserdampf wird noch weiter erhitzt. Mit einem Druck von 280 bar und einer Temperatur von 600 °C erreicht der Wasserdampf die Turbine.

In der Dampfturbine strömt der Dampf gegen Turbinenschaufeln → **B3** und führt ihr dadurch Energie zu. Der angeschlossene Generator wandelt sie in elektrische Energie.

Der Dampf hat beim Durchströmen der Turbine einen Teil seiner Energie abgegeben, seine Temperatur und sein Druck sind nun geringer. In einem Kondensator wird der Dampf an Röhren vorbeigeleitet, die von Kühlwasser durchströmt werden. Der Dampf kondensiert zu Wasser, der Druck sinkt dadurch weiter. Der Druckunterschied an der Turbine ist nötig, damit sie dauerhaft angetrieben wird. Die Kühlung ist somit für die Funktion des Kraftwerks unerlässlich. Es muss also Energie als Wärme in die Umgebung abgeführt werden, dies ist nicht etwa Nachlässigkeit. Um das kondensierte Wasser gegen die Druckdifferenz erneut in den Kessel zu befördern, ist eine Pumpe notwendig.

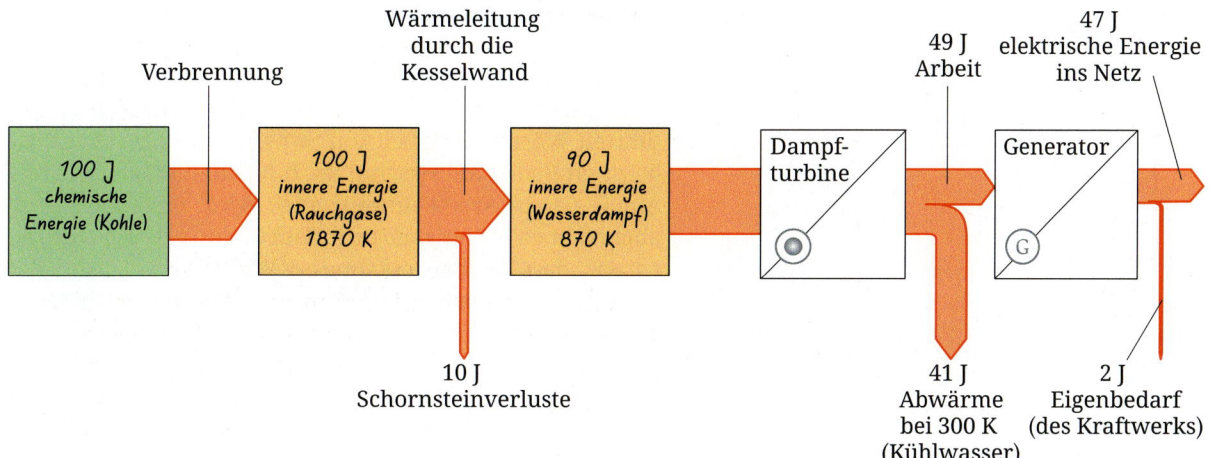

Energie-Übertragungskette eines Wärmekraftwerks. Die auf der vorigen Seite genannten Temperaturen sind in Kelvin umgerechnet und gerundet worden. Die Umgebungstemperatur nimmt man mit 300 K an.

2. Energieumwandlung beim Wärmekraftwerk

Wir verfolgen in → **B4** den Weg von 100 J durch ein Kohle-kraftwerk und untersuchen dabei auch, bei welcher Temperatur die Energie jeweils zur Verfügung steht. Wir haben bereits beim Heißluftmotor festgestellt, dass Temperaturunterschiede bei den Energiewandlungen eine große Rolle spielen.

Kohle und Sauerstoff der Luft stellen gemeinsam chemische Energie bereit. Bei der Verbrennung wird sie in innere Energie der Rauchgase umgewandelt, die bei 1870 K zur Verfügung steht. Die Rauchgase werden an den vergleichsweise kalten Kesselwänden abgekühlt. Erst dann wird die Energie auf den in Röhren strömenden Wasserdampf übertragen.
Weil etwa 10 J der ursprünglich 100 J mit den Rauchgasen in die Umgebung entweichen, sind 90 J auf den Wasserdampf (870 K) übertragen worden. Bei der Umwandlung der Energie in der Dampfturbine fließen 41 J als Wärme in die Umgebung und erhöhen dort – bei 300 K – die innere Energie.

Die Turbine liefert lediglich 49 J Arbeit, die im Generator in elektrische Energie umgewandelt wird. Zum Betrieb des Kraftwerks selbst werden davon 2 J benötigt, so dass 47 J ins Netz eingespeist werden können.

Der nutzbare Anteil (Wirkungsgrad) der in Kohle und Sauerstoff gespeicherten inneren Energie beträgt daher

$$\eta = \frac{47\,J}{100\,J} = 47\,\%.$$

Der Wirkungsgrad des Kraftwerks beträgt 47 %. Dieser Wert ist überraschend klein. Natürlich gibt es immer technisch bedingte Verluste. Aber ebenso wie beim Heißluftmotor setzt auch hier der zweite Hauptsatz eine natürliche Grenze.

Mach's selbst

A1 Das Bild zeigt ein Modell eines Wärmekraftwerks. Vergleiche es mit dem Schema eines großen Wärmekraftwerks → **B1**. Stelle eine für beide gültige Energie-Über-tragungskette dar.

A2 Suche mithilfe von → **B1** Eigenschaften eines Kohlekraftwerks, die die Ingenieure beachten müssen, wenn sie ein möglichst umweltfreundliches Kraftwerk bauen wollen.

A3 Auf der Welle der Turbine → **B3** sitzen drehbare und feststehende Schaufelräder mit zunehmendem Durchmesser. Recherchiere die Gründe dafür und berichte.

A4 Erkläre die Wirkung des Kondensators in → **B1** des Wärmekraftwerks.

A5 Recherchiere, welche Möglichkeiten bei Wärmekraftwerken genutzt werden, um die bei der Kondensation des Dampfes frei werdende Wärme abzuführen. Notiere auch Hinweise auf charakteristische Aus-wirkungen in der Nähe der Kraftwerke.

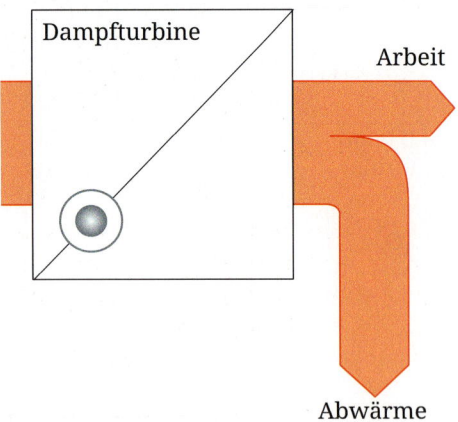

B1 Die Dampfturbine wandelt einen Teil der Wärme in Arbeit.

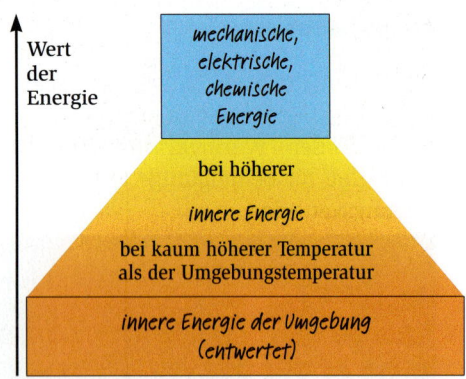

B2 Man kann den Wert der Energie durch drei Stufen beschreiben. Als Maß nutzen wir die Wandelbarkeit in mechanische Energie.

3. Energieentwertung beim Wärmekraftwerk

Warum ist der Wirkungsgrad eines Wärmekraftwerks prinzipiell begrenzt? Die Dampfturbine wandelt einen Teil der zugeführten Wärme in Arbeit um → **B1**. Man strebt einen möglichst großen Wirkungsgrad an, d.h. einen möglichst großen Anteil, der in Arbeit umgewandelt wird. Prinzipiell ist dies aber nicht vollständig möglich. Sadi CARNOT (1796–1832) fand heraus, dass für den maximalen Wirkungsgrad *jeder* denkbaren thermodynamischen Maschine die gleiche Obergrenze gilt, die wir schon beim Heißluftmotor gefunden haben:

$$\eta = 1 - \frac{T_t}{T_h}$$

Die Formel bestätigt die Aussage von → **S. 131**: Die innere Energie der Umgebung ist entwertet. Sie kann nicht mehr in mechanische Energie umgewandelt werden. Ist nämlich $T_t = T_h$, so ergibt sich aus der Formel: $\eta = 0$. Nur wenn die Wärme bei einer Temperatur oberhalb der Umgebungstemperatur zur Verfügung steht, kann ein Teil als Arbeit nutzbar gemacht werden.

4. Nicht mehr nutzbare Energie

Wir wenden unsere Formel nun auf die Dampfturbine des Kohlekraftwerks an: Der Dampf hat eine Temperatur von $T_{hoch} = 870\,K$. Gehen wir von einer Umgebungstemperatur von $T_{tief} = 300\,K$ aus, ergibt sich ein maximaler Wirkungsgrad von

$$\eta = 1 - \frac{T_t}{T_h} = 1 - \frac{300\,K}{870\,K} = 0{,}66 = 66\,\%.$$

Von 90 J der im Dampf gespeicherten Energie können also maximal 59 J in mechanische Energie gewandelt werden. Bei einem realen Kraftwerk ist es noch etwas weniger → **B2**. Der Wirkungsgrad lässt sich nur dadurch erhöhen, dass Materialien entwickelt werden, die noch höheren Dampftemperaturen standhalten.

Methode: Arbeitsteilige Gruppenarbeit – Energie für die Zukunft

A. Vergleich verschiedener Kraftwerksarten

1 Stellt Unterschiede und Gemeinsamkeiten der verschiedenen Kraftwerksarten und Energieanlagen zusammen.

2 Erörtert Vor- und Nachteile der verschiedenen Kraftswerksarten und Energieanlagen. Ihr habt darüber schon einiges im Physikunterricht gelernt, aber vielleicht auch in anderen Fächern (z.B. Erdkunde, Politik).

3 Diskutiert, welche Bedeutung die verschiedenen Kraftwerksarten und Energieanlagen für eine zukunftssichere Energieversorgung haben können.

4 Präsentiert eure Arbeitsergebnisse.

B. Bedarf und seine Deckung (global)

1 Recherchiert, wie groß der Bedarf an elektrischer Energie weltweit ist und wie er sich in den letzten Jahren entwickelt hat.

2 Recherchiert, welchen Anteil Wärmekraftwerke, Wasserkraftwerke, Windenergie- und Fotovoltaikanlagen an der Erzeugung elektrischer Energie haben.

3 Recherchiert, für welchen Zeitraum die Kohle-, Erdöl- und Erdgasreserven ausreichen werden.

4 Diskutiert, welche Folgen der steigende Energiebedarf haben wird.

5 Präsentiert eure Arbeitsergebnisse.

5. Höherer Wirkungsgrad mit Gasturbinen

Auch an anderer Stelle im Kraftwerk findet Energieentwertung statt: Das Rauchgas hat mit 1870 K eine höhere Temperatur als der Wasserdampf. Maximal könnte ein Anteil von

$$\eta = 1 - \frac{T_t}{T_h} = 1 - \frac{300\,\text{K}}{1870\,\text{K}} = 84\,\%$$

als Arbeit nutzbar gemacht werden. Nach der Übertragung der Energie des Rauchgases auf den Wasserdampf steht diese bei geringerer Temperatur zur Verfügung. Wie wir berechnet haben, können nur noch 66 % in mechanische Energie gewandelt werden.

Es wurden Lösungen gesucht und gefunden, um diese Energieentwertung zu vermeiden: Eine Gasturbine nutzt den Temperatursprung zwischen 1600 °C und 600 °C. In ihr → **B 3** geben die Rauchgase, ähnlich wie die Verbrennungsgase im Düsentriebwerk eines Flugzeugs, direkt Energie an sehr hitzebeständige Schaufeln ab. Nach Austritt aus der Turbine haben die Rauchgase immer noch eine Temperatur von mehr als 600 °C. Für die Gasturbine transportieren sie die Abwärme, für die Dampfturbine liefern sie die Energie zur Dampferzeugung. Dieses System heißt Gas- und Dampfturbinenanlage – kurz **GuD**. Der Wirkungsgrad bei der Bereitstellung elektrischer Energie steigt durch das Vorschalten einer Gasturbine auf etwa 60 %.

6. Kraft-Wärme-Kopplung nutzt Abwärme

Der Dampf, der die letzte Stufe der Dampfturbine schon weniger heiß verlässt, wird mithilfe von Kühlwasser kondensiert. Die dabei frei werdende Energie wird bei vielen Kraftwerken über einen Kühlturm an die Umgebung abgegeben → **B 4**. Man kann die mit dem Dampf gelieferte Energie auch als Fernwärme (Kraft-Wärme-Kopplung) zum Heizen von Räumen einsetzen. Die bei der Kondensation des Turbinendampfes frei werdende Energie wird – wieder mithilfe von Wasserdampf – über ein Rohrnetz verteilt. Sie gelangt dorthin, wo geheizt werden soll → **B 5**.

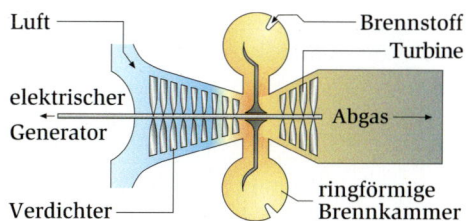

B 3 In der Brennkammer der Gasturbine wird der Brennstoff mit der verdichteten Luft gemischt und entzündet. Die Abgase liefern die Energie zur Dampferzeugung für eine Dampfturbinenanlage.

B 4 Heizkraftwerk mit Kühlturm

B 5 Fernwärmeleitungen für die Nutzung von Abwärme

Mach's selbst

A 1 Eine Dampfturbine in einem Kraftwerk arbeitet zwischen den Temperaturen 500 °C und 30 °C. Berechne ihren maximal möglichen Wirkungsgrad.

A 2 Eine ideale Wärmekraftmaschine soll einen Wirkungsgrad von 80 % haben. Berechne, bei welcher Temperatur die innere Energie zur Verfügung stehen muss. Gehe von einer Umgebungstemperatur von 20 °C aus.

A 3 Erkläre aus physikalischer Sicht die folgende Kurznachricht:

> Wegen niedrigen Wasserstandes kann das am Fluss gelegene Wärmekraftwerk nicht mit voller Leistung arbeiten.

A 4 Recherchiert, wie groß der Bedarf an elektrischer Energie weltweit ist und wie er sich in den letzten Jahren entwickelt hat. Diskutiert eure Ergebnisse unter dem Aspekt Klimawandel und CO_2-Problematik.

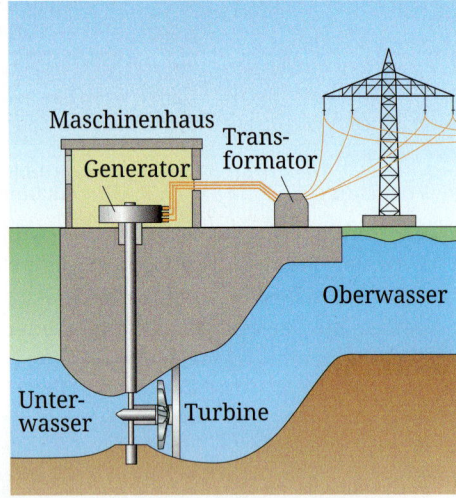

B1 Schnitt durch ein Laufwasserkraftwerk

B2 Das Laufwasserkraftwerk Griesheim

Kompetenz – Wirkungsgrad bewerten

Beim Wirkungsgrad muss man unterscheiden, ob der „Verlust" der Energie als Wärme aufgrund technischer Unzulänglichkeiten erfolgt (in der Realität immer vorhanden) oder ob es sich um einen prinzipiellen Verlust handelt, der durch die carnotsche Formel beschrieben wird.

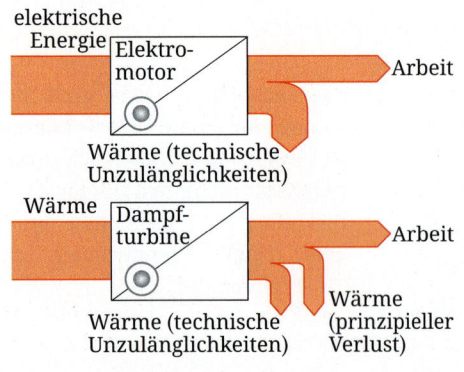

1. Wasserkraftwerke

Die Energie des Wassers ist die am häufigsten genutzte erneuerbare Energie. Weltweit werden etwa 16 % der elektrischen Energie in Wasserkraftwerken erzeugt, in Deutschland sind es 3 % (2012). Die vorherrschenden Kraftwerkstypen sind die **Laufwasserkraftwerke** und die **Speicherkraftwerke.**

Ein Laufwasserkraftwerk → **B1** nutzt das natürliche Gefälle eines Flusses. In der Regel wird dafür der Fluss durch ein Wehr gestaut. Durch den Höhenunterschied hat das Wasser vor dem Wehr eine größere Höhenenergie als dahinter. Die Energiedifferenz wird von einer Turbine mit angeschlossenem Generator in elektrische Energie umgewandelt.

→ **B2** zeigt das Laufwasserkraftwerk Griesheim im Stadtgebiet von Frankfurt am Main. Die drei ins Wasser eingelassenen Turbinen werden pro Sekunde von durchschnittlich 70 m³ Wasser durchströmt. Diese Wassermenge hat eine Masse von

$$m = \rho \cdot V = 3 \cdot 1000 \, \frac{\text{kg}}{\text{m}^3} \cdot 70 \, \text{m}^3 = 210\,000 \, \text{kg}.$$

Bei einem Höhenunterschied von $h = 4{,}50$ m zwischen Ober- und Unterwasser beträgt die zur Verfügung stehende Höhenenergie je Sekunde

$$W = m \cdot g \cdot h = 210\,000 \, \text{kg} \cdot 9{,}81 \, \frac{\text{N}}{\text{kg}} \cdot 4{,}50 \, \text{m} \approx 9\,270\,000 \, \text{J}.$$

Nicht die ganze Höhenenergie wird in elektrische Energie gewandelt, sondern nur 4 900 000 J, das sind etwa 53 %. Diesen Anteil nennt man auch hier Wirkungsgrad η. Wir dürfen ihn nicht mit dem maximal möglichen Wirkungsgrad bei der Umwandlung von Wärme in Arbeit verwechseln.

Da die elektrische Energie $W_{el} = 4\,900\,000$ J in einer Sekunde zur Verfügung gestellt wird, ergibt sich für das Kraftwerk Griesheim eine Leistung von

$$P = \frac{W_{el}}{t} = \frac{4\,900\,000 \, \text{J}}{1 \, \text{s}} = 4\,900\,000 \, \text{W} = 4{,}9 \, \text{MW}.$$

Zum Vergleich: Kohlekraftwerke haben meistens eine Leistung von mehreren Hundert Megawatt.

Im Laufwasserkraftwerk wird die im Wasser gespeicherte Energie kontinuierlich genutzt. Beim Speicherkraftwerk dagegen wird das Wasser in hochgelegenen Seen gespeichert und nur bei Bedarf durch Rohrleitungen den Turbinen des niedriger gelegenen Kraftwerks zugeführt. Auch hier wird die Differenz der Höhenenergie genutzt.

Ein Spezialfall sind die **Pumpspeicherkraftwerke:** In Zeiten, in denen wenig elektrische Energie benötigt wird, wird Wasser mithilfe von Elektromotoren mit Schaufelrädern in ein höher gelegenes Becken gepumpt. So wird die Energie als Höhenenergie gespeichert. Wird viel elektrische Energie benötigt, lässt man das Wasser wieder nach unten schießen und benutzt die Motoren mit den Schaufelrädern als Generatoren.

2. Windenergieanlagen

Deutschland erzeugt etwa 7 % des Bedarfs elektrischer Energie in Windenergieanlagen (2012). Damit ist die Windenergie die wichtigste erneuerbare Energie in Deutschland. Bis 2025 soll der Anteil sogar auf 25 % steigen. Nutzbar ist die Energie des Windes bei Windgeschwindigkeiten von 4 m/s bis 20 m/s. In Deutschland ist die Windenergienutzung bisher weitgehend auf die Küstengebiete und die Mittelgebirge beschränkt → **B 4** . In Zukunft sollen in der Nord- und Ostsee zahlreiche Windenergieanlagen entstehen. Der Wind weht über der Meeresoberfläche besonders gleichmäßig und mit höherer Geschwindigkeit als an Land.

Warum die Windgeschwindigkeit für die Nutzung der Energie eine bedeutende Rolle spielt, können wir mit unseren physikalischen Kenntnissen verstehen:
Trifft in der Zeit t eine Luftmenge der Dichte ρ mit dem Geschwindigkeitsbetrag v auf einen Rotor mit der Fläche A, so gilt für die von der auftreffenden Luft zur Verfügung gestellten Leistung → **Vertiefung**

$$P = \rho \cdot A \cdot v^3.$$

Der Betrag v der Windgeschwindigkeit geht in der dritten Potenz in die Leistung ein. Das heißt, dass eine Verdoppelung der Windgeschwindigkeit eine Verachtfachung der Leistung bedeutet!
Die Leistung hängt außerdem von der Dichte der Luft ab. Da diese mit steigender Temperatur abnimmt, ist die Leistung einer Windenergieanlage im Sommer kleiner als im Winter.

Selbst bei einem optimal konstruierten Windrad kann die in der Luft gespeicherte Bewegungsenergie nicht vollständig vom Rotor aufgenommen werden. Wäre dies der Fall, stünde die Luft hinter dem Rotor still und es könnte keine Luft nachströmen. Der Physiker Albert BETZ (1885–1968) fand heraus, dass der Rotor der Luft maximal 59,3 % der Energie entnehmen kann. Aufgrund weiterer Verluste werden bei einer modernen Windkraftanlage nur etwa 30 % der Bewegungsenergie der Luft in elektrische Energie gewandelt.

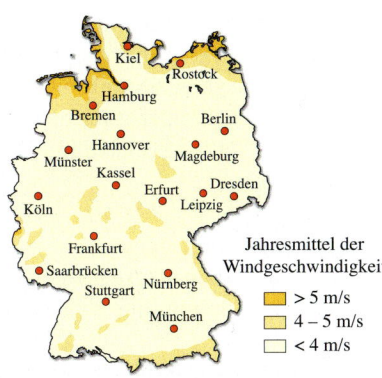

B 4 Jahresmittel der Windgeschwindigkeit 10 m über dem Boden.

Jahresmittel der Windgeschwindigkeit
☐ > 5 m/s
☐ 4 – 5 m/s
☐ < 4 m/s

Vertiefung

Leistung beim Windrad

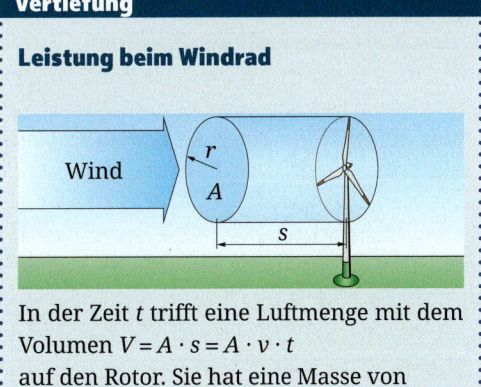

In der Zeit t trifft eine Luftmenge mit dem Volumen $V = A \cdot s = A \cdot v \cdot t$
auf den Rotor. Sie hat eine Masse von
$$m = \rho \cdot V = \rho \cdot A \cdot v \cdot t.$$
Wir wissen schon, dass für die Bewegungsenergie gilt: $W \sim m$ und $W \sim v^2$.
Daraus folgt:

$$W \sim m \cdot v^2.$$

Für die von der Luftmenge zur Verfügung gestellte Leistung gilt daher

$$P \sim \frac{m \cdot v^2}{t} = \frac{\rho \cdot A \cdot v \cdot t \cdot v^2}{t} = \rho \cdot A \cdot v^3$$

Mach's selbst

A1 Recherchiere, in welchen Ländern Wasserkraftwerke eine große Rolle bei der Bereitstellung elektrischer Energie spielen.

A2 Beim Pumpspeicherkraftwerk Limberg in Österreich werden die Turbinen pro Sekunde von 36 m³ Wasser durchströmt. Der Höhenunterschied zwischen Ober- und Unterwasser beträgt

360 m und die Leistung des Kraftwerks 113 MW. Berechne, welcher Anteil der Höhenenergie in elektrische Energie gewandelt wird.

A3 Begründe, warum man Speicherkraftwerke auch als Spitzenlastkraftwerke bezeichnet.

A4 **a)** Bei einer Windkraftanlage betrage die von der auftreffenden Luft zur Verfügung gestellte Leis-

tung 1,5 MW. Berechne, welche Leistung der Luft maximal entnommen werden kann.
b) Wie ändert sich der Wert bei Verdoppelung der Windgeschwindigkeit?

A5 Recherchiere die Funktionsweise eines Gezeiten- oder Wellenkraftwerks und halte einen kleinen Vortrag darüber.

Das ist wichtig

1. Absolute Temperatur

Die Kelvinskala beschreibt die absolute Temperatur. Sie hat keine Minusgrade. Der absolute Nullpunkt 0 K ist die tiefste mögliche Temperatur. Ihr entspricht die Celsiustemperatur −273 °C. Celsius- und Kelvinskala haben gleiche Gradschritte.

2. Ideales Gas

Die Teilchen eines idealen (gedachten) Gases besitzen keine räumliche Ausdehnung, zwischen ihnen gibt es keine Kraftwirkung.
Sie bewegen sich ständig. Die mittlere Geschwindigkeit nimmt mit der Temperatur zu.
Sie verhalten sich bei Zusammenstößen wie elastische Kugeln.

3. Druck in Gasen und Flüssigkeiten

Der Druck beschreibt einen Zustand einer Flüssigkeit oder eines Gases. Für Gase ist die folgende Veranschaulichung hilfreich: Je stärker das Gas zusammengepresst ist, umso größer ist der Druck.

Stehen Flüssigkeiten oder Gase unter Druck, so gilt: Auf jede Begrenzungsfläche A wirkt senkrecht zu ihr die Kraft F. Es gilt $F \sim A$.

Der Druck p ist definiert durch

$$p = \frac{F}{A}.$$

Er ist eine skalare (ungerichtete) Größe.
Einheiten des Drucks sind 1 Pa (Pascal) und 1 bar.
1 Pa = 1 N/m²; 1 hPa = 100 Pa = 1 cN/cm².
1 bar = 100 000 Pa = 10 N/cm².

4. Allgemeine Gasgleichung

Für eine gleichbleibende Menge eines idealen Gases gilt die allgemeine Gasgleichung

$$\frac{p \cdot V}{T} = \text{konstant}.$$

Sie umfasst die Einzelgesetze
 $p \cdot V$ = konstant bei konstanter Temperatur
 (Gesetz von Boyle-Mariotte).

$\frac{V}{T}$ = konstant bei konstantem Druck,

$\frac{p}{T}$ = konstant bei konstantem Volumen

 (Gesetze von Gay-Lussac).

Reale Gase (z. B. Luft) verhalten sich unter Normalbedingungen praktisch wie ideale Gase.

5. Wärmekraftmaschinen

Maschinen, die Wärme in mechanische Energie umwandeln, heißen Wärmekraftmaschinen. Es ist prinzipiell nicht möglich, die gesamte zugeführte Wärme in mechanische Energie umzuwandeln. Ein Teil der Wärme Q_h, die bei hoher Temperatur T_h zugeführt wird, geht unvermeidlich als Abwärme Q_t bei tiefer Temperatur T_t in die Umgebung.

Der Wirkungsgrad h einer Wärmekraftmaschine gibt den Anteil der zugeführten Wärme Qzugeführt an, den sie in wertvolle mechanische Energie W nutzbar umwandelt:

$$\eta = \frac{W_{\text{nutzbar}}}{Q_{\text{zugeführt}}}.$$

Der Wirkungsgrad einer Wärmekraftmaschine kann prinzipiell nicht größer sein als

$$\eta = 1 - \frac{T_t}{T_h}.$$

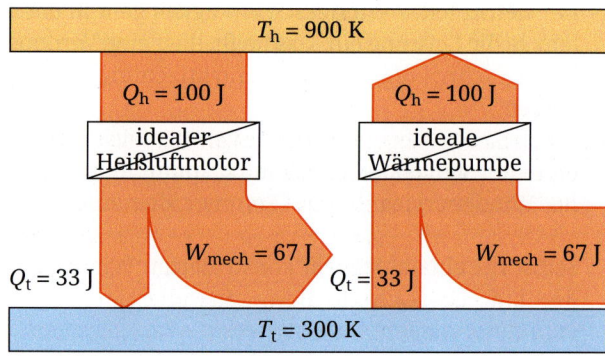

Mit den im Bild angegebenen Temperaturen berechnet man den maximalen Wirkungsgrad 66 %.

6. Wärmepumpen

Treibt man einen Heißluftmotor durch Zufuhr mechanischer Energie an, so laufen alle Vorgänge in umgekehrter Richtung ab.

7. Zweiter Hauptsatz und Perpetuum mobile

Natürliche Vorgänge laufen von allein nur in eine Richtung ab. Sie sind nicht umkehrbar.
Bei allen natürlichen Prozessen vermindert sich der Vorrat an umwandelbarer Energie.
Ein „Perpetuum mobile" gibt es nicht: Weder kann eine Maschine mechanische Energie „aus dem Nichts" bereitstellen, noch ist es möglich, eine periodisch arbeitende Maschine zu konstruieren, die nichts weiter bewirkt als Hebung einer Last und die Abkühlung eines Körpers.

Das hilft bei der Verständigung

Erkenntnisgewinnung

- Mit dem Teilchenmodell kannst du die thermodynamische Größe Druck auf mikroskopische Vorgänge zurückführen.
- Für ideale Gase kannst du den Zusammenhang zwischen den Zustandsgrößen Druck, Temperatur und Gay-Lussac und Boyle-Mariotte für Berechnungen nutzen.
- Du kannst Argumente anführen, weshalb es eine tiefste mögliche Temperatur gibt, die auf keine Weise unterschritten werden kann.
- Mit dem zweiten Hauptsatz der Thermodynamik kannst du begründen, dass es eine dauerhaft arbeitende Maschine, die zugeführte Wärme vollständig in mechanische Energieformen umwandelt, nicht geben kann.
- Du kannst erläutern, welches Naturgesetz dafür verantwortlich ist, dass Wärmekraftwerke einen maximal möglichen Wirkungsgrad haben.
- Du kannst die Vorstellung widerlegen, dass man ein Wärmekraftwerk betreiben könne, dass ohne die Abgabe von Abwärme in die Umgebung auskommt.

Kommunikation

- Mit deinen Mitschülern tauschst du dich über Alltagserfahrungen im Zusammenhang mit der physikalischen Größe Druck aus. Zum Beispiel kannst du erklären, weshalb beim Tauchen der Inhalt einer Druckluftflasche in unterschiedlichen Tauchtiefen unterschiedlich lange zum Atmen ausreicht.
- Du kannst an einem Heißluftmotor modellhaft erläutern, wie eine Wärmekraftmaschine arbeitet.
- Du recherchierst im Internet zur Energienutzung in Kraftwerken und zum sinnvollen Umgang mit Energie.
- Du erstellst Energiebilanzen für thermodynamische Prozesse mit Hilfe von Energieflussdiagrammen. Sie helfen dir bei der Veranschaulichung und Bewertung.

Bewertung

- In einer energiepolitischen Diskussion kannst du Maßnahmen zum effizienteren Umgang mit Energie beurteilen, zum Beispiel die Nutzung von Abwärme bei der Kraft-Wärme-Kopplung.
- Du diskutierst mit deinen Mitschülern über Vor- und Nachteile verschiedener Kraftwerksarten und ihre Bedeutung für eine zukunftssichere Energieversorgung. Dabei zeigst du auch die Grenzen physikalisch begründeter Entscheidungen auf.

B1 In 10 m Tauchtiefe reicht der Inhalt einer Druckluftflasche nur halb so lange zum Atmen aus wie dicht unter der Wasseroberfläche.

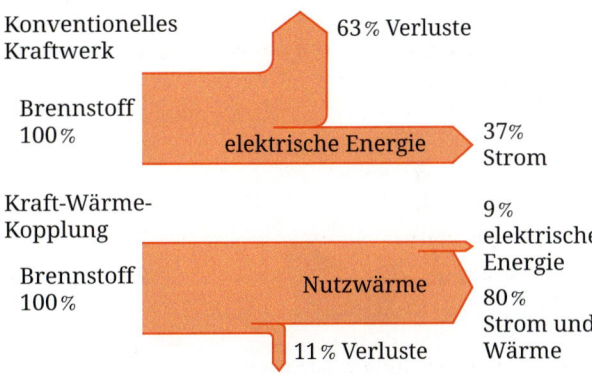

B2 Energieflussdiagramme helfen dir, thermodynamische Prozesse zu veranschaulichen und zu beurteilen. Hier wird zum Beispiel die Energienutzung bei der Kraft-Wärme-Kopplung und bei konventionellen Kraftwerken verglichen.

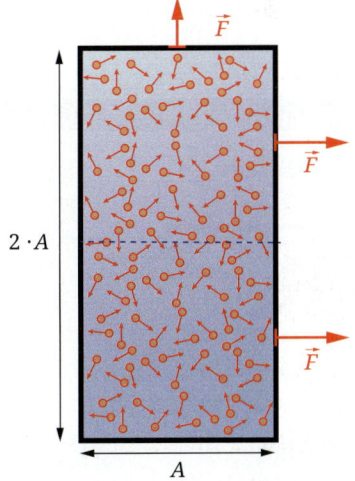

B3 Das Teilchenmodell hilft dabei, die Zustandsgröße Druck auf mikroskopische Vorstellungen zurückzuführen.

Kennst du dich aus?

A1 Wenn du einen Fußball aufpumpst, fühlt er sich anschließend härter an. Erläutere diese Beobachtung im Teilchenmodell.

A2 Diskutiere am Beispiel eines eingeschlossenen Gases den Unterschied zwischen den beiden physikalischen Größen Druck und Kraft.

A3 In einer Haus-Wasserleitung herrscht ein Druck von 600 kPa (6 bar). Könntest du den Wasserhahn mit dem Daumen zuhalten? Gib eine mathematisch begründete Abschätzung.

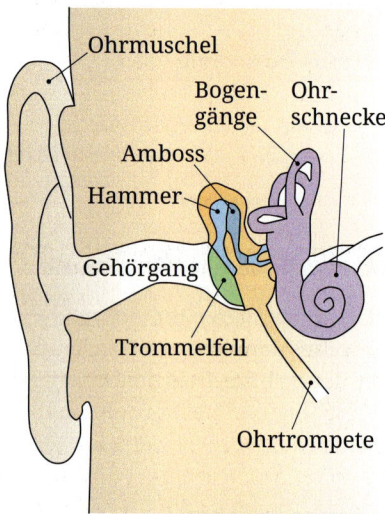

A4 Das Trommelfell grenzt im Ohr das Außen- vom Innenohr ab. Wenn der Luftdruck auf der Außenseite geringer ist als auf der Innenseite, dann wölbt es sich etwas nach außen. Ein unangenehmes Gefühl und schlechteres Hören ist die Folge.
Wenn man mit dem Auto im Bergland unterwegs ist, kann man dieses Phänomen manchmal erfahren. Recherchiere, warum es bei Bergfahrten manchmal in den Ohren „knackst" und man anschließend wieder besser hört.

A5 Recherchiere im Internet nach dem Applet „PhET Gaseigenschaften". Untersuche damit $p(V)$ bei konstanter Temperatur und $p(T)$ bei konstantem Gasvolumen. Stelle einen Zusammenhang mit den in diesem Kapitel gefundenen Gasgesetzen her.

A6 Eine bestimmte Menge idealen Gases hat das Volumen 4 Liter. Nun wird das Volumen bei konstanter Temperatur auf 8 Liter vergrößert. Welche der Aussagen ist richtig? Begründe deine Wahl: (1) Der Druck bleibt konstant. (2) Der Druck wird halbiert. (3) Der Druck wird verdoppelt.

A7 Erläutere den Vorteil der Kelvin-Temperaturskala gegenüber der Celsius-Skala.

A8 Beim Tauchen ohne Tauchgerät wird die Lunge durch den Wasserdruck komprimiert. An der Oberfläche hat die Lunge ein Volumen von ca. 6 Liter. Nimm an, dass die Luft in der Lunge sich wie ein ideales Gas verhält und schätze mit dem Boyle-Mariotte-Gesetz ab, auf welches Volumen sie sich in einer Wassertiefe von 20 m verkleinert. Der Druck beträgt dort 3 bar.
Vergleiche deine Ergebnisse mit der Grafik auf → **S. 117**.

A9 Schon beim Schnorcheln fällt das Atmen schwer. Im Inneren der Lunge herrscht (wegen des Schnorchels) der Atmosphärendruck von 1 bar; der Druck außen ist um den Schweredruck des Wassers höher. Die Brustmuskulatur muss gegen diesen höheren Druck arbeiten.
Der Wiener Militärarzt Robert STIGLER führte 1914 Experimente mit Freiwilligen im Wiener Stadionbad durch. In 60 cm Wassertiefe hielten es die Versuchspersonen nur knapp 4 Minuten aus.

Projekt

Das Peltier-Element

Ein Peltier-Element wirkt als *Thermogenerator* oder als *Wärmepumpe*. Als *System* gleicht es dem Stirling-Motor, der vor- oder rückwärts betrieben werden kann.

1. Sucht Informationen über das Peltier-Element als elektronisches Bauteil und seine Verwendung. Erläutert mithilfe selbst erstellter Energie-Übertragungsketten die Analogie zum Heißluftmotor.
2. Erklärt anhand des Cartoons, dass es auch beim Peltier-Element auf die *Temperaturdifferenz* ankommt. Beschreibt die Umkehrung des Vorgangs und zeichnet einen dazu passenden Cartoon.
3. Es gibt Kühlboxen fürs Picknick, die mit einem Peltier-Element kühlen. Untersucht eine solche Box, beschreibt ihre Bauweise.
4. Demonstriert anhand von eigenen Experimenten mehrere Anwendungen von Peltier-Elementen.

Schätze die Kraft ab, die die Brustmuskulatur in dieser Tiefe aufbringen muss (Wasserdruck 0,06 bar, Brustoberfläche ¼ m²).

A10 Erläutere die Druckverhältnisse in einer nach unten offenen Taucherglocke. Betrachte dazu Versuch 2 auf → S. 115.

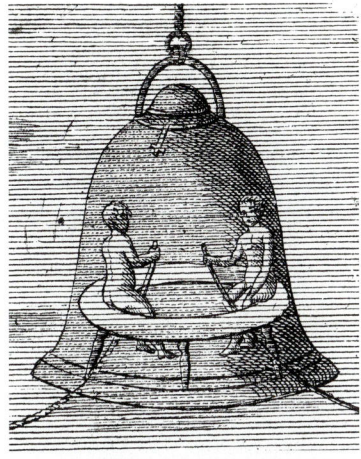

A11 1. Wenn die Flamme des Spiritusbrenners angezündet wird, heizt sie die Luft im vorderen Teil des Reagenzglases, diese dehnt sich aus, der Arbeitskolben wird angehoben, die Glaskugeln rollen nach vorne, … .
Überlegt weiter, wie dieser Murmelmotor funktioniert und beschreibt die vier Takte des Kreisprozesses.
2. Stellt dar und begründet, wie und wo beim Murmelmotor die vom Brenner gelieferte Wärme in die Umgebung fließt. Denkt auch an Energieumwandlung durch Reibung.
3. Sucht zum Murmelmotor im Internet Bilder und Videos. Erfunden hat den Motor W. SCHLANGENHAUF. Sein Name hilft bei der Recherche im Internet.

A12 Vergleiche den maximalen Wirkungsgrad einer Dampfturbine (Eintrittstemperatur des Wasserdampfs: 500 °C; Abdampftemperatur 30 °C) und einer Gasturbine mit 700 °C und 250 °C.

A13 Berechne, wie sich der Wirkungsgrad der Dampfturbine aus A12 verschlechtert, wenn man die Abdampftemperatur auf 130 °C heraufsetzt, um Energie zum Heizen (Fernwärme) zu verwenden. Nimm dazu Stellung.

Projekt

Menthol-Cola
Gib einen Menthol-Kaubonbon in eine geöffnete und gefüllte Flasche Cola (am besten eine 1- oder 1,5-Liter-Flasche.) Beobachte das Ergebnis und recherchiere eine Erklärung. *Versuch nur im Freien durchführen!*

Implosion einer Getränkedose
Gib ca. 10 ml Wasser in eine leere Getränkedose. Erhitze dann die Getränkedose in einer Zange über einem Gasbrenner, bis das Wasser einige Sekunden siedet. Stülpe dann die Getränkedose schnell kopfüber in ein Wasserbad. Erkläre deine Beobachtungen.

Tiefenmesser aus einer Plastikflasche
Aus einer Plastikflasche kannst du einen einfachen Tiefenmesser bauen, indem du den Boden der Flasche entfernst. Im Schwimmbad kannst du dann mit der oben verschlossenen Flasche (die du senkrecht hältst) abtauchen. Beobachte, wie sich der Wasserstand in der Flasche ändert, und markiere die Seite der Flasche anschließend mit einer Tiefenskala. Vielleicht gelingt es dir sogar, deine durch Ausprobieren erhaltene Tiefenskala rechnerisch zu überprüfen!

Luftballon in einer Flasche aufblasen
Bohre ein kleines Loch in den Boden einer Plastikflasche. Anschließend stülpst du einen Luftballon so über die Öffnung der Flasche, dass du den Luftballon in die Flasche hinein aufblasen kannst. Was passiert, wenn du das Loch dabei mit der Hand zuhältst? Erkläre deine Beobachtung.

Schnorcheln ist schwer
In der Regel liegt man beim Schnorcheln flach auf dem Wasser – der Schorchel dient vor allem dazu, dass man ohne Unterbrechung mit dem Kopf auf dem Wasser liegen und die Welt unter Wasser beobachten kann. Was passiert, wenn man sich nicht flach aufs Wasser legt, sondern steil im Wasser eingetaucht „steht" und den Schnorchel zum Atmen verwendet? Probiere dies aus und beschreibe dein Gefühl beim Atmen. Finde eine Erklärung und erläutere, warum Taucher mit Pressluft tauchen.

Wärmeleitfähigkeit λ

Material	Wärmeleitfähigkeit λ in $\frac{W}{m \cdot K}$	Material	Wärmeleitfähigkeit λ in $\frac{W}{m \cdot K}$
Stahlbeton	2,1	Gipsputz	0,70
Vollziegel	0,68	Kalkzementputz	0,87
Hochlochziegel	0,42 – 0,50	Mineralwolle	0,035 – 0,040
Kalksandstein	0,56 – 0,79	Polystyrol	0,040
Porenbeton	0,09 – 0,16	Holzfaserplatten	0,038 – 0,050
Gipskartonplatten	0,25	PUR-Hartschaum	0,030
Holzschalung (Nadelholz)	0,13	Schafwolle-Dämmmatten	0,044

Wärmedurchgangskoeffizient U-Wert

Material	U-Wert in $\frac{W}{m^2 \cdot K}$	Material	U-Wert in $\frac{W}{m^2 \cdot K}$
Beton 15 cm + 6 cm Dämmung WLG040	0,56	Kalksandlochstein 30 cm + 6 cm Dämmung WLG040	0,44
Beton 15 cm + 12 cm Dämmung WLG040	0,30	Kalksandlochstein 30 cm + 12 cm Dämmung WLG040	0,27
Hochlochziegel 30 cm + 6 cm Dämmung WLG040	0,43	Porenbeton 24 cm + 6 cm Dämmung WLG040	0,34
Hochlochziegel 30 cm + 12 cm Dämmung WLG040	0,26	Porenbeton 24 cm + 12 cm Dämmung WLG040	0,23

Maximaler U-Wert gemäß Energie-Einspar-Verordnung EnEV2014

Außenwand gegen Außenluft	$0,28 \frac{W}{m^2 \cdot K}$	Außenwand gegen Erdreich	$0,35 \frac{W}{m^2 \cdot K}$
Fenster	$1,3 \frac{W}{m^2 \cdot K}$	Außentüren	$1,8 \frac{W}{m^2 \cdot K}$

Strahlungs-Wichtungsfaktoren

Strahlenart	w_R
Röntgen- und γ-Strahlung	1
Elektronen, Myonen	1
Neutronen je nach Energie	5 bis 20
Protonen, Energie > 2 MeV	5
α-Teilchen, Spaltfragmente, schwere Kerne	20

Gewebe-Wichtungsfaktoren

Organ/Gewebe	w_r	Organ/Gewebe	w_r
Keimdrüsen	0,20	Leber	0,05
Knochenmark	0,12	Speiseröhre	0,05
Dickdarm	0,12	Schilddrüse	0,05
Lunge	0,12	Haut	0,01
Magen	0,12	Knochenoberfläche	0,01
Blase	0,05	übrige Organe und Gewebe	0,05
Brust	0,05		

Die Summe der Wichtungsfaktoren ist 1.

Das Periodensystem der Elemente

Legende (Beispiel):

26,98	Atommasse in u (Eine eingeklammerte Atommasse gibt die Masse eines wichtigen Isotops des Elements an)
Al	Elementsymbol
13	Ordnungszahl (Protonenzahl)
Aluminium	Elementname

Farbcode:
- schwarz = feste Elemente
- rot = gasförmige Elemente
- blau = flüssige Elemente
- weiß = künstliche Elemente
- grün = natürliche radioaktive Elemente

Hauptgruppen / Nebengruppen

Perioden / Schale	I	II	III	IV	V	VI	VII	VIII	VIII	VIII	I	II	III	IV	V	VI	VII	VIII
1 / K-Schale	1,01 **H** 1 Wasserstoff																	4,00 **He** 2 Helium
2 / L-Schale	6,94 **Li** 3 Lithium	9,01 **Be** 4 Beryllium											10,81 **B** 5 Bor	12,01 **C** 6 Kohlenstoff	14,01 **N** 7 Stickstoff	16,00 **O** 8 Sauerstoff	19,00 **F** 9 Fluor	20,18 **Ne** 10 Neon
3 / M-Schale	22,99 **Na** 11 Natrium	24,31 **Mg** 12 Magnesium											26,98 **Al** 13 Aluminium	28,09 **Si** 14 Silicium	30,97 **P** 15 Phosphor	32,07 **S** 16 Schwefel	35,45 **Cl** 17 Chlor	39,95 **Ar** 18 Argon
4 / N-Schale	39,10 **K** 19 Kalium	40,08 **Ca** 20 Calcium	44,96 **Sc** 21 Scandium	47,88 **Ti** 22 Titan	50,94 **V** 23 Vanadium	51,99 **Cr** 24 Chrom	54,94 **Mn** 25 Mangan	55,85 **Fe** 26 Eisen	58,93 **Co** 27 Cobalt	58,69 **Ni** 28 Nickel	63,55 **Cu** 29 Kupfer	65,39 **Zn** 30 Zink	69,72 **Ga** 31 Gallium	72,61 **Ge** 32 Germanium	74,92 **As** 33 Arsen	78,96 **Se** 34 Selen	79,90 **Br** 35 Brom	83,80 **Kr** 36 Krypton
5 / O-Schale	85,47 **Rb** 37 Rubidium	87,62 **Sr** 38 Strontium	88,91 **Y** 39 Yttrium	91,22 **Zr** 40 Zirconium	92,91 **Nb** 41 Niob	95,94 **Mo** 42 Molybdän	(99) **Tc** 43 Technetium	101,07 **Ru** 44 Ruthenium	102,91 **Rh** 45 Rhodium	106,42 **Pd** 46 Palladium	107,87 **Ag** 47 Silber	112,41 **Cd** 48 Cadmium	114,82 **In** 49 Indium	118,71 **Sn** 50 Zinn	121,75 **Sb** 51 Antimon	127,60 **Te** 52 Tellur	126,90 **I** 53 Iod	131,29 **Xe** 54 Xenon
6 / P-Schale	132,91 **Cs** 55 Caesium	137,33 **Ba** 56 Barium	**La–Lu** 57–71	178,49 **Hf** 72 Hafnium	180,95 **Ta** 73 Tantal	183,84 **W** 74 Wolfram	186,21 **Re** 75 Rhenium	190,23 **Os** 76 Osmium	192,22 **Ir** 77 Iridium	195,08 **Pt** 78 Platin	196,97 **Au** 79 Gold	200,59 **Hg** 80 Quecksilber	204,38 **Tl** 81 Thallium	207,20 **Pb** 82 Blei	208,98 **Bi** 83 Bismut	(209) **Po** 84 Polonium	(210) **At** 85 Astat	(222) **Rn** 86 Radon
7 / Q-Schale	(223) **Fr** 87 Francium	(226) **Ra** 88 Radium	**Ac–Lr** 89–103	(261) **Rf** 104 Rutherfordium	(262) **Db** 105 Dubnium	(266) **Sg** 106 Seaborgium	(264) **Bh** 107 Bohrium	(269) **Hs** 108 Hassium	(268) **Mt** 109 Meitnerium	(271) **Ds** 110 Darmstadtium	(272) **Rg** 111 Roentgenium	(277) 112						

Elemente der Lanthan-Reihe

138,91 **La** 57 Lanthan	140,12 **Ce** 58 Cer	140,91 **Pr** 59 Praseodym	144,24 **Nd** 60 Neodym	(147) **Pm** 61 Promethium	150,36 **Sm** 62 Samarium	151,96 **Eu** 63 Europium	157,25 **Gd** 64 Gadolinium	158,93 **Tb** 65 Terbium	162,50 **Dy** 66 Dysprosium	164,93 **Ho** 67 Holmium	167,26 **Er** 68 Erbium	168,93 **Tm** 69 Thulium	173,04 **Yb** 70 Ytterbium	174,97 **Lu** 71 Lutetium

Elemente der Actinium-Reihe

(227) **Ac** 89 Actinium	(232) **Th** 90 Thorium	(231) **Pa** 91 Protactinium	(238) **U** 92 Uran	(237) **Np** 93 Neptunium	(239) **Pu** 94 Plutonium	(241) **Am** 95 Americium	(244) **Cm** 96 Curium	(249) **Bk** 97 Berkelium	(252) **Cf** 98 Californium	(253) **Es** 99 Einsteinium	(257) **Fm** 100 Fermium	(258) **Md** 101 Mendelevium	(259) **No** 102 Nobelium	(262) **Lr** 103 Lawrencium

Auszug aus der Nuklidkarte (vereinfacht)

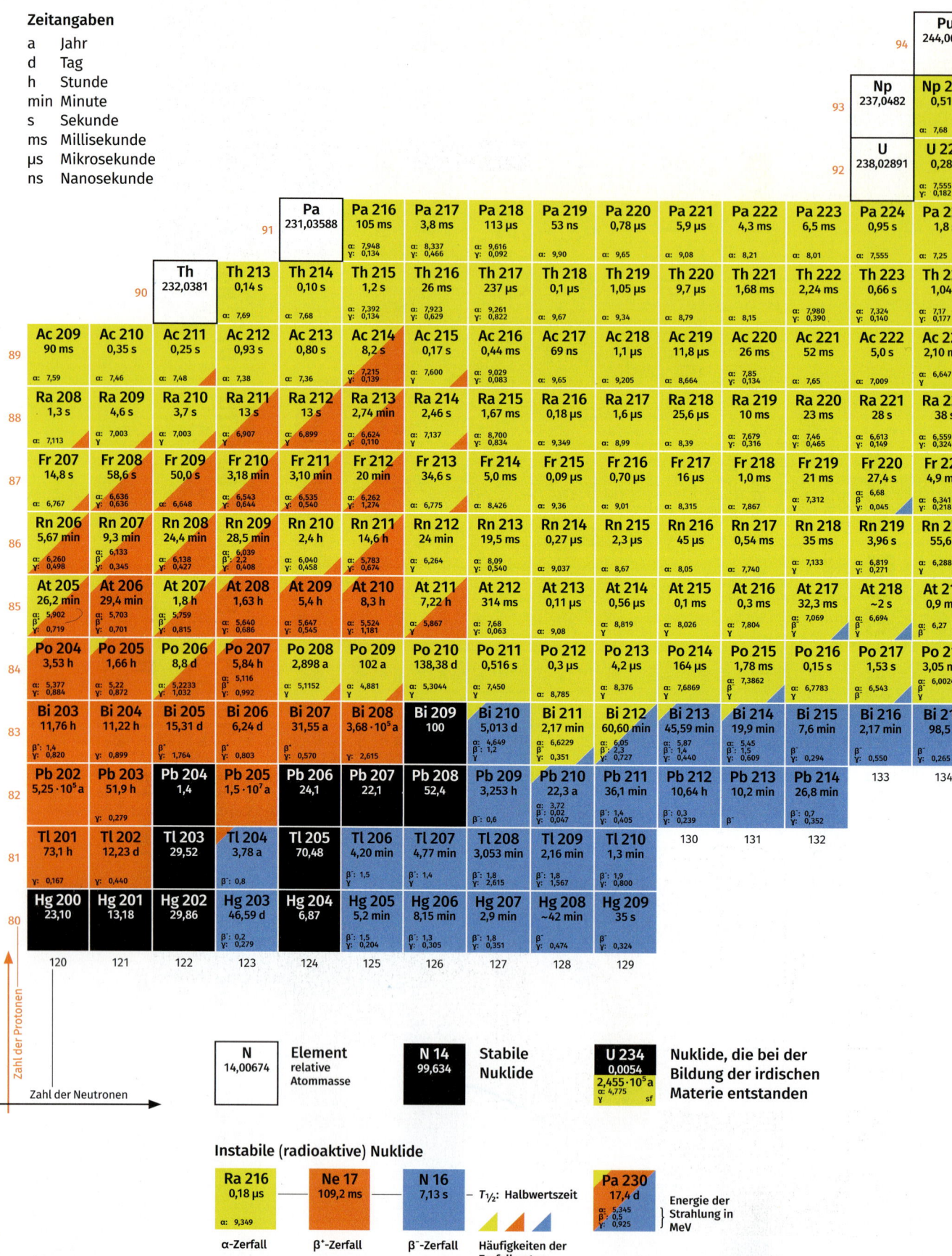

Zeitangaben

a	Jahr
d	Tag
h	Stunde
min	Minute
s	Sekunde
ms	Millisekunde
µs	Mikrosekunde
ns	Nanosekunde

Legende

N 14,00674	Element relative Atommasse	N 14 99,634	Stabile Nuklide	U 234 0,0054 2,455·10⁵a α: 4,775 sf	Nuklide, die bei der Bildung der irdischen Materie entstanden

Instabile (radioaktive) Nuklide

Ra 216 0,18 µs α: 9,349	Ne 17 109,2 ms	N 16 7,13 s	T½: Halbwertszeit	Pa 230 17,4 d α: 5,345 β⁺: 0,5 γ: 0,925	Energie der Strahlung in MeV
α-Zerfall	β⁺-Zerfall	β⁻-Zerfall	Häufigkeiten der Zerfallsarten		

Nuklidkarte (Ausschnitt)

Schwere Elemente

Am (95) — 243,0614
- Am 232 | 1,31 min | α: 6,780 | sf
- Am 233 | 3,2 min | α: 6,46 | sf
- Am 234 | 2,32 min | α: 6,46 | sf
- Am 235 | 10,3 min | α: 6,457 | γ: 0,291
- Am 236 | 3,6 min | α: 6,15? | γ: 0,719
- Am 237 | 73,0 min | α: 6,042 | γ: 0,280
- Am 238 | 1,63 h | α: 5,94 | γ: 0,963 | sf
- Am 239 | 11,9 h | α: 5,774 | γ: 0,278
- Am 240 | 50,8 h | α: 5,378 | γ: 0,988 | sf
- Am 241 | 432,2 a | α: 5,486 | γ: 0,060 | sf
- Am 242 | 16 h | β⁻: 0,7 | sf

Pu (94)
- Pu 229 | 90 s | α: 7,465
- Pu 230 | 1,7 min | α: 7,057 | γ: 0,096
- Pu 231 | 8,6 min | α: 6,72
- Pu 232 | 34,1 min | α: 6,60
- Pu 233 | 20,9 min | α: 6,31 | γ: 0,235
- Pu 234 | 8,8 h | α: 6,202
- Pu 235 | 25,3 min | α: 5,85 | γ: 0,049 | sf
- Pu 236 | 2,858 a | α: 5,768 | sf
- Pu 237 | 45,2 d | α: 5,334 | γ: 0,06 | sf
- Pu 238 | 87,74 a | α: 5,499 | sf
- Pu 239 | 2,411·10⁴ a | α: 5,157 | sf
- Pu 240 | 6563 a | α: 5,168 | sf
- Pu 241 | 14,35 a | β⁻: 0,02 | sf

Np (93)
- Np 228 | 61,4 s | α: ~7,15 | sf
- Np 229 | 4,0 min | α: 6,89
- Np 230 | 4,6 min | α: 6,66
- Np 231 | 48,8 min | α: 6,28 | γ: 0,371
- Np 232 | 14,7 min | γ: 0,327
- Np 233 | 36,2 min | α: 5,54
- Np 234 | 4,4 d | β⁺: 1,559
- Np 235 | 396,1 d | α: 5,025
- Np 236 | 1,54·10⁵ a | β⁻ / β⁺ | γ: 0,160
- Np 237 | 2,144·10⁶ a | α: 4,790 | γ: 0,029 | sf
- Np 238 | 2,117 d | β⁻: 1,2 | γ: 0,984
- Np 239 | 2,355 d | β⁻: 0,4 | γ: 0,106
- Np 240 | 65 min | β⁻: 0,9 | γ: 0,566

U (92)
- U 227 | 1,1 min | α: 6,86 | γ: 0,247
- U 228 | 9,1 min | α: 6,68
- U 229 | 58 min | α: 6,362 | γ: 0,026
- U 230 | 20,8 d | α: 5,888
- U 231 | 4,2 d | α: 5,456 | γ: 0,026
- U 232 | 68,9 a | α: 5,320
- U 233 | 1,592·10⁵ a | α: 4,824
- U 234 | 0,0054 | 2,455·10⁵ a | α: 4,775
- U 235 | 0,7204 | 7,038·10⁸ a | α: 4,398 | γ: 0,186 | sf
- U 236 | 2,342·10⁷ a | α: 4,494 | sf
- U 237 | 6,75 d | β⁻: 0,2 | γ: 0,060
- U 238 | 99,2742 | 4,468·10⁹ a | α: 4,1987 | sf
- U 239 | 23,5 min | β⁻: 1,2 | γ: 0,075

Pa (91)
- Pa 226 | 1,8 min | α: 6,86
- Pa 227 | 38,3 min | α: 6,456 | γ: 0,065
- Pa 228 | 22 h | α: 6,078 | γ: 0,911
- Pa 229 | 1,50 d | α: 5,580
- Pa 230 | 17,4 d | α: 5,345 | 0,5 | γ: 0,952
- Pa 231 | 3,276·10⁴ a | α: 5,014 | γ: 0,027
- Pa 232 | 1,31 d | β⁻: 0,3 | γ: 0,969
- Pa 233 | 27,0 d | β⁻: 0,3 | γ: 0,131
- Pa 234 | 6,70 h | β⁻: 0,5 | γ: 0,131
- Pa 235 | 24,2 min | β⁻: 1,4 | γ: 0,128
- Pa 236 | 9,1 min | β⁻: 2,0 | γ: 0,642
- Pa 237 | 8,7 min | β⁻: 1,4 | γ: 0,854
- Pa 238 | 2,3 min | β⁻: 1,7 | γ: 1,015

Th (90)
- Th 225 | 8,72 min | α: 6,482 | γ: 0,321
- Th 226 | 31 min | α: 6,336 | γ: 0,111
- Th 227 | 18,72 d | α: 6,038 | γ: 0,236
- Th 228 | 1,913 a | α: 5,432 | γ: 0,084
- Th 229 | 7880 a | α: 4,845 | γ: 0,194
- Th 230 | 7,54·10⁴ a | α: 4,687
- Th 231 | 25,5 h | β⁻: 0,3 | γ: 0,026
- Th 232 | 100 | 1,405·10¹⁰ a | α: 4,013 | γ | sf
- Th 233 | 22,3 min | β⁻: 1,2 | γ: 0,087
- Th 234 | 24,10 d | β⁻: 0,2 | γ: 0,063
- Th 235 | 7,1 min | β⁻: 1,4 | γ: 0,111
- Th 236 | 37,5 min | β⁻: 1,0
- Th 237 | 5,0 min
- 147

Ac (89)
- Ac 224 | 2,9 h | α: 6,142 | γ: 0,216
- Ac 225 | 10,0 d | α: 5,830 | γ: 0,100
- Ac 226 | 29 h | α: 5,34 | 0,9 | γ: 0,23
- Ac 227 | 21,773 a | α: 4,953 | γ: 0,04
- Ac 228 | 6,13 h | α: 4,27? | 1,2 | γ: 0,911
- Ac 229 | 62,7 min | β⁻: 1,1 | γ: 0,165
- Ac 230 | 122 s | β⁻: 2,7 | γ: 0,455
- Ac 231 | 7,5 min | β⁻ | γ: 0,282
- Ac 232 | 119 s | β⁻ | γ: 0,665
- Ac 233 | 145 s | β⁻ | γ: 0,523
- Ac 234 | 44 s | β⁻ | γ: 1,847

Ra (88)
- Ra 223 | 11,43 d | α: 5,7162 | γ: 0,269
- Ra 224 | 3,66 d | α: 5,6854 | γ: 0,241
- Ra 225 | 14,8 d | β⁻: 0,3 | γ: 0,04
- Ra 226 | 1600 a | α: 4,7843 | γ: 0,186
- Ra 227 | 42,2 min | β⁻: 1,3 | γ: 0,027
- Ra 228 | 5,75 a | β⁻: 0,04
- Ra 229 | 4,0 min | β⁻: 1,8
- Ra 230 | 93 min | β⁻: 0,8 | γ: 0,027
- Ra 231 | 103 s | β⁻ | γ: 0,410
- Ra 232 | 4,2 min | β⁻ | γ: 0,471
- Ra 233 | 30 s | β⁻
- Ra 234 | 30 s | β⁻
- 146

Fr (87)
- Fr 222 | 14,2 min | β⁻: 1,8 | γ: 0,206
- Fr 223 | 21,8 min | α: ? | β⁻: 1,1 | γ: 0,050
- Fr 224 | 3,3 min | β⁻: 2,6 | γ: 0,216
- Fr 225 | 4,0 min | β⁻: 1,6 | γ: 0,182
- Fr 226 | 48 s | β⁻: 3,2 | γ: 0,254
- Fr 227 | 2,47 min | β⁻ | γ: 0,090
- Fr 228 | 39 s | β⁻ | γ: 0,474
- Fr 229 | 50,2 s | β⁻ | γ: 0,310
- Fr 230 | 19,1 s | β⁻ | γ: 0,711
- Fr 231 | 17,5 s | β⁻ | γ: 0,433
- Fr 232 | 5 s | β⁻ | γ: 0,125

Rn (86)
- Rn 221 | 25 min | α: 6,037 | β⁻: 0,8 | γ: 0,186
- Rn 222 | 3,825 d | α: 5,48948
- Rn 223 | 23,2 min | β⁻ | γ: 0,593
- Rn 224 | 1,78 h | β⁻ | γ: 0,261
- Rn 225 | 4,5 min | β⁻
- Rn 226 | 7,4 min | β⁻ | γ: 0,162
- Rn 227 | 22,5 min | β⁻ | γ: 0,125
- Rn 228 | 65 s | β⁻
- 143 | 144 | 145

At (85)
- At 220 | 3,71 min | α: 5,493 | γ: 0,241
- At 221 | 2,3 min | β⁻
- At 222 | 54 s | β⁻
- At 223 | 50 s | β⁻
- 139 | 140 | 141 | 142

Bi 218 | 33 s | β⁻: 3,5 | γ: 0,510
- 135 | 136

Ausschnitt aus dem Bereich der leichten Elemente

Ne (10) — 20,1797
- Ne 17 | 109,2 ms | β⁺: 8,0 | γ: 0,495
- Ne 18 | 1,67 s | β⁺: 3,4 | γ: 1,042
- Ne 19 | 17,22 s | β⁺: 2,2
- Ne 20 | 90,48
- Ne 21 | 0,27
- Ne 22 | 9,25

F (9) — 18,998403
- F 17 | 64,8 s | β⁺: 1,7
- F 18 | 109,7 min | β⁺: 0,6
- F 19 | 100
- F 20 | 11,0 s | β⁻: 5,4 | γ: 1,634
- F 21 | 4,16 s | β⁻: 5,3 | γ: 0,351

O (8) — 15,9994
- O 13 | 8,58 ms | β⁺: 16,7 | γ
- O 14 | 70,59 s | β⁺: 1,8 | γ: 2,313
- O 15 | 2,03 min | β⁺: 1,7
- O 16 | 99,762
- O 17 | 0,038
- O 18 | 0,200
- O 19 | 27,1 s | β⁻: 3,3 | γ: 0,197
- O 20 | 13,5 s | β⁻: 2,8 | γ: 1,057

N (7) — 14,00674
- N 12 | 11,0 ms | β⁺: 16,4 | γ: 4,439
- N 13 | 9,96 min | β⁺: 1,2
- N 14 | 99,634
- N 15 | 0,366
- N 16 | 7,13 s | β⁻: 4,3 | γ: 6,129
- N 17 | 4,17 s | β⁻: 3,2 | γ: 0,871
- N 18 | 0,63 s | β⁻: 9,4 | γ: 1,982
- 12

C (6) — 12,011
- C 9 | 126,5 ms | β⁺: 15,5
- C 10 | 19,3 s | β⁺: 1,9 | γ: 0,718
- C 11 | 20,38 min | β⁺: 1,0
- C 12 | 98,90
- C 13 | 1,10
- C 14 | 5730 a | β⁻: 0,2
- C 15 | 2,45 s | β⁻: 4,5 | γ: 5,298
- C 16 | 0,747 s | β⁻: 4,7
- C 17 | 193 ms | β⁻ | γ: 1,375
- 11

B (5) — 10,811
- B 8 | 770 ms | β⁺: 14,1
- B 10 | 19,9
- B 11 | 80,1
- B 12 | 20,20 ms | β⁻: 13,4 | γ: 4,439
- B 13 | 17,33 ms | β⁻: 13,4 | γ: 3,684
- B 14 | 13,8 ms | β⁻: 14,0 | γ: 6,09
- B 15 | 10,4 ms | β⁻
- 9 | 10

Be (4) — 9,012182
- Be 7 | 53,29 d | γ: 0,478
- Be 9 | 100
- Be 10 | 1,6·10⁶ a | β⁻: 0,6
- Be 11 | 13,8 s | β⁻: 11,5 | γ: 2,125
- Be 12 | 23,6 ms | β⁻: 11,7

Li (3) — 6,941
- Li 6 | 7,5
- Li 7 | 92,5
- Li 8 | 840,3 ms | β⁻: 12,5
- Li 9 | 178,3 ms | β⁻: 13,6
- Li 11 | 8,5 ms | β⁻: ~18,5
- 7 | 8

He (2) — 4,002602
- He 3 | 0,000137
- He 4 | 99,999863
- He 6 | 806,7 ms | β⁻: 3,5
- He 8 | 119 ms | β⁻: 9,7 | γ: 0,981

H (1) — 1,00794
- H 1 | 99,985
- H 2 | 0,015
- H 3 | 12,323 a | β⁻: 0,02

- n 1 | 10,25 min | β⁻: 0,8
- 1 | 2 | 3 | 4 | 5 | 6

Perpetuum mobile 10, 112, 131

Phasenübergang 16

Plutonium 102

Positronen 87

Protonen 77

Pumpe

– Wärme- 129, 131

Pumpspeicherwerk 57

Q

Quantenobjekte 79

R

radioaktive 80

– Abfälle 102

– Zerfallsreihen 87

Radioaktivität

– Umwelt- 108

– von Lebensmitteln 109

Radiojodtherapie 98

Radium 80, 94

Radon 82, 93, 94

Radonstollen 94

Reaktor

– Kern- 101

Regelstäbe 101

Reibung 12

Reichweite 82, 84

Richtungsunabhängigkeit des Drucks 115

Röntgenstrahlung 86

Rutherford, Ernest 74, 76, 78

rutherfordsche Streuversuch 76

S

Schalenmodell der Atomhülle 79

Schmelzen 16

Schmelzwärme

– spezifische 16

Schnorcheln 140

Schrödinger, Erwin 79

Schrödingergleichung 79

Sieden 17

Solarzelle 50, 53

Spaltprodukte 100

Spannung 40

– Leerlauf- 50

– Schwellen- 46, 52

– Wechsel- 37, 61

Sperrrichtung 46

Spule

– Primär- 62

– Sekundär- 62

Stabhochsprung 10

Stahlfeder 26

Stirlingmotor 125, 128

Stirling, Robert 124

Strahlen

– gefahr 93

– Risiko- 96

– schutz 93

– zeichen 99

Strahlenexposition

– körperinnere 95

– natürliche 93, 95

– terrestrische 95

– zivilisatorische 93, 95

Strahlenschäden 96

– stochastische 97

– deterministische 97

Strahlung 80

– ionisierende 93, 96

– kosmische 95

Strassmann, Fritz 74

Stromstärke 40

– Kurzschluss- 50

System

– abgeschlossenes 24

Szintigramme 98

T

Tauchen 116, 117

Taucherglocke 141

Teilchenmodell 13

Temperatur 13

– absolute 120

– Mischungs- 18

– Siede- 17

Thermodynamik

– Zweiter Hauptsatz der 130

Thomson, John 76, 78

thomsonsche Atommodell 78

Tiefenmesser 141

Tiefsee 118

Totpunkt 58

Trampolinspringen 12

Transformator 62

Transistor

– Feldeffekt- 54

Treibhausgasemissionen 66

Tschernobyl 103

Turbine 132

– Gas- 135

U

Uran 100

V

Verbundnetz 64

Verdampfen 16, 17

Verdampfungswärme

– spezifische 17

Verdunsten 17

W

Wärmekapazität

– spezifische 14

Wärmekissen 19

Watt, James 124

Widerstand 43

Wiederaufarbeitungsanlage 102

Windenergieanlage 67, 137

Windgeschwindigkeit 137

Windrad 137

Windungszahlen 63

Wirkungsgrad 126, 127, 133, 136

Würfelexperiment 91

Z

Zahl

– Kernladungs- 77

– Nukleonen- 77

– Ordnungs- 77

– Protonen- 77

Zählrohr 75

Zerfall-Spiel 74

Zerfallsreihen 87

|A1PIX - Your Photo Today, Ottobrunn: JPP 49. |akg-images GmbH, Berlin: 78, 141; IAM / World History Archive 78; IAM/World History 100. |alamy images, Abingdon/Oxfordshire: age fotostock 98; BSIP SA 98. |bildagentur-online GmbH, Burgkunstadt: 139; TETRA Images 37. |BilderBox Bildagentur GmbH, Breitbrunn/Hörsching: Bildmaschine.de 112. |Blaß, Dirk, Schmelz-Dorf: 42, 42, 44, 46, 46, 70. |bpk-Bildagentur, Berlin: 74; aus „Die Technik", Unipart-Verlag Stuttgart 1987 124. |Carl Aero GmbH, Hückeswagen: 128. |CASIO Europe GmbH, Norderstedt: 51. |Deutsches Museum, München: 74, 79, 79, 83, 124. |Druwe & Polastri, Cremlingen/Weddel: 46. |ELEXS - das Online-Magazin für Elektronik in Hobby und Ausbildung, Bochum: 141. |ENERCON GmbH, Aurich: 67. |Eysholdt, Ruprecht, Stade: 58, 59, 59, 59, 59, 59, 60, 60, 60, 60, 61, 61, 62, 62, 63. |Fabian, Michael, Hannover: 7, 39, 39, 40, 41, 53, 56, 56, 56, 57, 91, 112, 113, 113, 115, 115, 128. |Feigenbutz, Peter, Radolfzell: 86. |Feldhaus, Hans-Jürgen, Münster: 38. |FG Mikrotechnik TU Berlin, Berlin: 57. |fotolia.com, New York: Artur Marciniec 10; Biker 33; Brian Jackson 71; Christian Schwier 37; delmonte1977 17; dudek 43; Henry Schmitt 109; JEFs-FotoGalerie.de 124; M. Schuppich 51; okinawa-kasawa 37, 38; RS.Foto 64; Schittenhelm, E. 37; Stephane Bonnel 22. |FRAMEPOOL AG, München: 11, 11, 11. |Friege, Gunnar, Hannover: 36. |GAMMA-SCOUT GmbH & Co.KG, Schriesheim: Gamma-Scout 74. |Gesundheit und Tourismus für Bad Kreuznach, Bad Kreuznach: 94, 94. |Getty Images, München: Hulton Archive 94; Kulka 116. |Gleixner, Dr. Christian, Iffeldorf b. München: 37, 37. |GNS Gesellschaft für Nuklear-Service mbH, Essen: 102. |Graubner, Dr. Friedemann, Fernwald: 129. |Gremblewski-Strate, O., Laatzen: 117. |Haberkant, Erwin-Klaus Dr., Heidelberg: 48, 53, 54, 54, 55, 55. |Hama GmbH & Co. KG, Monheim: 37. |Humboldt-Gymnasium Trier, Trier: 23. |Imago, Berlin: nordpool/Riediger 49; nph 10, 10, 10, 10. |Interfoto, München: Friedrich 130. |iStockphoto.com, Calgary: AntiMartina 19; Ben-Schonewille 3, 35; fotolinchen 64; mustafa deliormanli 37; ollo 37. |juniors@wildlife Bildagentur GmbH, Hamburg: N. Wu 118. |Kaps, Bernhard: 132. |Koch, Christian, Bensheim: 28, 28, 28, 28, 28, 28, 28, 28, 28, 29, 29, 29, 29, 29, 29, 29, 90, 92, 92, 92, 92, 92, 92, 120. |Kyutec, Hong Kong: 49. |mauritius images GmbH, Mittenwald: Alamy 98. |Medizinische Hochschule, Hannover: 95. |Mettin, Markus, Offenbach: 80. |NASA, Washington: 51. |Nebel, Jürgen, Muggensturm: 71. |Oberholz, Heinz-Werner, Everswinkel: 95. |OKAPIA KG - Michael Grzimek & Co., Frankfurt/M.: NAS/Omikron 78. |PantherMedia GmbH (panthermedia.net), München: Rudolf Güldner 112. |PHYWE Systeme GmbH & Co. KG, Göttingen: 75. |Picture Press Bild- und Textagentur GmbH, Hamburg: Wolfgang Neeb/Stern über Picture Press 89. |Picture-Alliance GmbH, Frankfurt/M.: akg-images 83; BSIP/BERANGER 107; dpa 57, 109; dpa-infografik 66; dpa/Felix Hörhager 71; Hans-Jürgen Wege/dpa 102; Jens Wolf/ZB 104; Markus C. Hurek 22; Sven Simon 76. |plainpicture, Hamburg: Siegfried Kuttig 3, 8. |planet radio, Bad Vilbel: 10. |Popko, Mathias, Meine: 37, 37, 39. |Posiva, Eurajoki: 105. |PreussenElektra AG, Hannover: 135. |Schloesser, Ulrich, Rodenberg: 49. |Science & Society Picture Library, Berlin: SSPL/Science Museum 78. |Science Photo Library, München: 4, 72; Modifiziert nach Patrick Blackett / Quelle der Originalaufnahme: Science Photo Library 81; SPL 74. |Shutterstock.com, New York: Mariia Golovianko (Mann)/J. Lekavicius (Auto) - Collage: www.der-postillon.com 112; smereka 135. |Siemens AG, München: 66, 69, 132; KWU 101. |Springer-VDI-Verlag GmbH & Co.KG, Düsseldorf: Genter, Mayer-Leibnitz, Bothe, Atlas typischer Nebelkammerbilder. Springer Verlag, Heidelberg/Berlin/New York 84; Gentner, Mayer-Leibnitz, Bothe, „Atlas typischer Nebelkammerbilder", Springer-Verlag, Berlin-Heidelberg-New York 82; Gentner, Mayer-Leibnitz, Bothe, Atlas typische Nebelkammerbilder. Springer Verlag, Heidelberg/Berlin/New York 82. |teamwork text + foto GbR, Hamburg: Strupp 49. |Tegen, Hans, Hambühren: 81, 88, 115, 115, 119, 133. |Texas Instruments Education Technology GmbH, Freising: 28. |Thinkstock, Sandyford/Dublin: the_guitar_mann Titel. |ullstein bild, Berlin: 100, 130; Viollet, Roger 74. |vario images, Bonn: 38, 66. |Visuals Unlimited, Milford NH: Louise Murray 5, 110. |Visum Foto GmbH, München: Stefan Kiefer 22. |Warmuth, Torsten, Berlin: 38. |Weber, Kim, Hannover: 36. |Wieder, Klaus, Karlsruhe: 119, 120. |wikimedia.commons: AxelHH/gemeinfrei 36; Eva Kröcher/CC-Lizenz CC BY-